APPLICATION TECHNOLOGIES OF ADVANCED MATERIALS

IN CHINA

ANNUAL REPORT (2024)

中国新材料技术应用报告 2024

中国材料研究学会

组织编写

· 北京 ·

内容简介

本书结合当前我国各行业对新材料的应用与需求情况，重点关注我国重点领域新材料的先进生产技术与应用情况、存在的问题与发展趋势，主要介绍了力致变色液晶材料、智能气体传感器、仿生功能高分子材料、柔性电控微纳执行器、热辐射光谱调控技术、可变形超材料、可穿戴光学汗液传感器、第四代同步辐射光源的光束线站和应用等各类新材料的特性、应用与先进技术，指出当前的技术难题，探究关键战略材料的工业融合模式，构筑新材料智能化、标准化、定制化应用体系建设。

书中对新材料产业各领域的详细解读，为未来我国新材料领域的技术突破指明了方向，将为新材料领域研发人员、技术人员、产业界人士提供有益的参考。

图书在版编目（CIP）数据

中国新材料技术应用报告. 2024 / 中国材料研究学会组织编写. -- 北京 : 化学工业出版社, 2025. 7.

ISBN 978-7-122-48532-8

Ⅰ. TB3

中国国家版本馆CIP数据核字第2025PL2554号

责任编辑：刘丽宏　　文字编辑：吴开亮

责任校对：田睿涵　　装帧设计：王晓宇

出版发行：化学工业出版社（北京市东城区青年湖南街13号　邮政编码100011）

印　　装：天津市豪迈印务有限公司

787mm×1092mm　1/16　印张$12^1/_4$　字数271千字　　2025年10月北京第1版第1次印刷

购书咨询：010-64518888　　售后服务：010-64518899

网　　址：http: //www.cip.com.cn

凡购买本书，如有缺损质量问题，本社销售中心负责调换。

定　　价：158.00元

总序

新一轮科技革命与产业变革深入发展，新的“技术-经济”周期加速酝酿。科学研究持续突破认知边界，技术创新空前活跃，自然科学与工程技术深度交融，推动前沿科技领域的重大群体性突破。全球竞逐新赛道，高技术领域成国际竞争主战场，科技创新版图深度重构，正重塑全球秩序与发展格局。我国建设科技强国面临环境更复杂、任务更艰巨、挑战更严峻。亟需强化基础研究，推动产业升级，从源头破解技术瓶颈，率先突破关键颠覆性技术，对掌握未来发展新优势、把握全球战略主动权至关重要。

新材料是新能源、人工智能、生物医药、电子信息等战略领域的核心引擎。历年公开出版的《中国新材料研究前沿报告》《中国新材料产业发展报告》《中国新材料技术应用报告》《中国新材料科学普及报告：走近前沿新材料》新材料系列品牌战略咨询报告，锚定全球科技创新关键阶段，面向国家重大需求，聚焦“卡脖子”与“前沿必争”领域突破，破解行业发展重大共性难题及新兴产业推进关键瓶颈，通过集群聚智，持续提升原始创新能力、构建产业技术体系、推动技术应用融合、强化科学普及，形成体系化国家战略布局。

本期公开出版的四部咨询报告为《中国新材料研究前沿报告（2024）》《中国新材料产业发展报告（2024）》《中国新材料技术应用报告（2024）》《中国新材料科学普及报告（2024）——走近前沿新材料6》，由中国材料研究学会组织编写，由中国材料研究学会新材料发展战略研究院组织实施。其中，《中国新材料研究前沿报告（2024）》聚焦行业发展重大原创技术、关键战略材料领域基础研究进展和新材料创新能力建设，定位发展过程中面临的问题，并提出应对策略和指导性发展建议；《中国新材料产业发展报告

（2024）》围绕先进基础材料、关键战略材料和前沿新材料的产业化发展路径和保障能力问题，提出关键突破口、发展思路和解决方案；《中国新材料技术应用报告（2024）》基于新材料在基础工业领域、关键战略产业领域和新兴产业领域中应用化、集成化问题以及新材料应用体系建设问题，提出解决方案和政策建议；《中国新材料科学普及报告（2024）——走近前沿新材料6》旨在推送新材料领域的新理论、新技术、新知识、新术语，将科技成果科普化，推动实验室成果走向千家万户。四部报告还得到了中国工程院重大咨询项目“关键战略材料研发与产业发展路径研究”“新材料前沿技术及科普发展战略研究”“新材料研发与产业强国战略研究”和“先进材料工程科技未来20年发展战略研究”等课题支持。在此，对参与这项工作的专家们的辛苦工作，致以诚挚的谢意！希望我们不断总结经验，提升战略研究水平，有力地为中国新材料发展做好战略保障与支持。

以上四部著作可以服务于我国广大材料科技工作者、工程技术人员、青年学生、政府相关部门人员。对于图书中存在的不足之处，望社会各界人士不吝批评指正，我们期望每年为读者提供内容更加充实、新颖的高质量、高水平图书。

二〇二四年十二月

前言

当前科技激变与国际竞争背景下，人工智能正驱动材料学科历史性变革，数字化渗透重构研发-制造体系，颠覆性技术加速新质生产力落地。聚焦“AI+材料”新范式，重点突破AI驱动的材料高通量计算、智能设计及实验室→工程化转化技术。通过政策引导与资本赋能，打造新材料应用生态，瞄准国家重大工程需求完善布局，保障新兴产业核心材料自主可控，推动中国从“材料大国”向“材料强国”跨越。

《中国新材料技术应用报告（2024）》（以下简称《报告》）是中国材料研究学会承担完成中国工程院重大战略咨询项目“先进材料工程科技未来20年发展战略研究”所取得的研究成果的基础上而完成的专题研究报告之一，也是中国材料研究学会品牌系列出版物之一。《报告》旨在探究关键战略材料的工业融合模式，构筑新材料智能化、标准化、定制化应用体系建设，围绕新材料产业标准化体系、关键领域应用、关键材料应用以及资源综合利用四大维度进行研究和论述，其中关键领域的应用包括力致变色液晶、智能气体传感器、仿生功能高分子、柔性电控微纳执行器、热辐射光谱调控技术、可变形超材料、可穿戴光学汗液传感器、第四代同步辐射光源等重大工程战略领域，以提升新材料产业的高端化、智能化、绿色化水平。

参与《报告》编写的人员都是来自材料技术应用和产业化第一线的专家、学者、教授和产业界人士，他们对各自领域内新材料的国内外现状、发展趋势、技术关键、市场需求有着全面的了解，他们的深入论述和分析使读者能够对我国当前新材料应用技术发展的现状和特点、主要问题以及对策和建议等得以较为全面的了解。

新材料应用场景广阔、日新月异，加之本《报告》时间仓促、水平所限，难免有失

偏颇，我谨代表编委会，诚挚欢迎广大读者提出宝贵意见。同时，对为本报告撰写专题报告的所有专家和作者及全体工作人员表示真诚的感谢！

特别感谢参与本书编写的所有作者与组织：

第1章　新材料研发智能化技术发展研究　宿彦京　杨明理　祝伟丽　周科朝　薛德祯　汪　洪　谢建新

第2章　力致变色液晶材料　兰若尘　陈欣雨

第3章　智能气体传感器　宗博洋　李秋菊　毛　舜

第4章　仿生功能高分子材料　吴　婷　瞿金平

第5章　柔性电控微纳执行器　王　宁　姚　晔　刘景全　刘清坤

第6章　热辐射光谱调控技术　吴小虎

第7章　可变形超材料　王惠添　王铖玉　陈　卓　殷　莎

第8章　可穿戴光学汗液传感器　陈艳霞　陶秦爽　秦　雷　张学记

第9章　第四代同步辐射光源的光束线站和应用　孙　喆　李　明

这是一部综合信息量大、时效性强、内容充实的战略咨询报告，希望本书的出版能够为有关部门的管理人员、从事新材料技术应用和产业化的科技工作者以及产业界人士提供重要参考。

谢建新

二〇二四年十二月

第1章

新材料研发智能化技术发展研究

宿彦京 杨明理 祝伟丽 周科朝 薛德祯 汪 洪 谢建新

1.1 概述

新材料是经济社会发展的物质基础，高新技术和高精尖产业发展的先导。发达国家重视新材料研发和产业化发展，提出了一系列旨在加速新材料发展的研究计划[1-6]，推动了材料大数据、人工智能（AI）在材料领域的应用，逐步构建了新材料研发智能化技术体系，正在形成有利于智能化关键技术研发与应用的科技、社会、市场生态。预计未来5~10年，新材料研发智能化将成为材料领域发展的主要模式；相应关键技术发展程度、基础设施与支撑平台建设水平、多学科交叉的复合型人才培养质量，将决定新材料领域原始科技创新能力，对高新技术发展产生深远影响。

新材料研发智能化以材料大数据为基础、AI为核心，融合材料计算设计和实验技术以开展材料高维空间全局寻优[7]；通过设计-开发-生产-应用全链条的协同创新和一体化研发，显著提升新材料研发效率。构建高效计算设计、先进实验、大数据、AI等融合的新材料研发智能化技术体系，是变革材料研发模式、提高新材料工程化应用水平、推动材料产业高质量发展的有效途径；建设材料数据资源体系、智能化研发基础设施支撑体系，将筑牢新材料研发智能化的发展基础，促进材料信息化、数字化、制造智能化发展。上述举措的实施，有助于破解高新技术、高端关键材料“卡脖子”困境，增强关键材料和高端构件自主保障能力。

近十年来，新材料智能化技术发展迅速，正在颠覆新材的研发理念和模式。例如，机器学习与材料计算融合，将突破材料跨尺度计算难题，实现材料多尺度、全流程的智能化计算模拟和设计；AI与材料实验的融合，将推动实验技术朝着自动化、自主化、智能化方向发展，提升新材料实验发现及验证的效率与水平；大数据和AI在新材料研发中的广泛应用，将推动材料研发技术、研发范式的变革，为实质性解决材料研发效率低下的瓶颈提供新途径。

在此背景下，本章针对新材料研发智能化技术体系构建问题，梳理国内外发展现状、辨明面临的发展挑战，构思技术体系发展重点，提出支持发展的举措建议，以期为新材料研发智能化的技术实践与管理研究提供基础参考。

1.2 新材料研发智能化技术国际研究进展

1.2.1 材料智能计算设计技术及软件

随着材料计算理论及相应算法的发展、计算机算力的提升，材料计算已经贯穿新材料研发的整个流程，成为新材料理性设计的重要手段和基础技术；支持材料物理和化学机制探索，建立材料结构-组成-性质之间的构效关系；支持材料成分筛选、结构设计、工艺优化，提高发现新材料的效率；支持材料性能优化、寿命预测，加速产品研发迭代，促进工程化应用。材料计算模拟与AI融合，提高了材料计算在新材料研发中的贡献度。相应研究范围持续拓宽，从解释实验、预测实验发展到替代实验，研究对象趋向多尺度、复杂和真实体系，应用范围从新材料研发链扩展到生产链、应用链。

AI技术快速融入材料计算，在多尺度计算、高通量计算、集成计算等方向进展明显。使用大数据和机器学习方法改进泛函，提高了密度泛函理论的计算精度和适用性[8]。利用第一性原理计算的数据，通过机器学习构建原子间的作用势，获得广泛应用[9]。基于第一性原理计算、深度神经网络、支持向量机等方法，构建碳的亚稳态物质相图并确定亚稳态材料的相对稳定性与合成域，为材料非平衡动/热力学计算、亚稳态材料设计提供了新手段[10]。将数据驱动材料建模的思路应用到多尺度仿真框架，发展了多尺度有限元方法，提高结构分析的计算效率，应用到纤维增强塑料等复合材料开发[11]。机器学习在材料集成计算工程的多个方向获得应用，如材料微结构表征、多尺度建模、高保真数据生成及传递、基于数字孪生的智能制造等[12]。

1.2.2 材料自主/智能实验技术及装置

AI与实验的深度融合，推动材料实验朝着自动化、自主化、智能化方向发展，孕育着材料实验技术的新变革。世界首套材料自主研究系统（ARES）[13]具有近100次/天的实验通量，与高效原位表征技术、逻辑回归算法降维参量网格相结合，从影响碳纳米管生长的10维参数网络中筛选出决定碳纳米管壁层数的温度和烃压条件，按照不同的预设生长速率制备出碳纳米管。基于ARES的增材制造自主实验系统[14]，与注射器挤压打印成型技术、云端机器学习优化算法相结合，通过自主调节打印参数实现单层打印特征的直接写入，在不到100次实验迭代后完成预定的打印目标。基于即插即用模块的连续流动化学合成系统[15]，将流动化学合成过程分解为可自由排列组合的模块；根据用户需求自由选择试剂、反应器、分离器、反应过程表征等模块，具有远程启动优化、监控实验进度、分析结果的能力，可依据测试结果自动优化。

称为“移动化学家”的自主实验系统[16]，将激光扫描、触摸反馈组合，实现实验室空间内的精确定位（空间精度为±0.12 mm，取向精度为$\theta\pm0.005°$）；可同时响应10个维度的变量，在8天内自主完成688个实验，获得了一种新型的化学催化剂。针对多个材料性能目标进行协同优化的自主实验系统[17]，可消除人员先验知识对相互冲突材料性能指标的主观偏向、实现多性能参数的协同平衡优化，使材料具有良好的综合性能。自主实验系统的应用，使新材料的发现过程表现为类“摩尔定律”[18]，高效完成多维参量空间内的研究工作，能够应对更为复杂、高维化的新材料研发需求。

1.2.3 数据驱动的材料研发与数字孪生

以材料大数据为基础、AI为核心的新材料研发智能化，孕育着材料科技和产业的变革，成为颠覆性前沿技术。多个国家从抢占未来科技制高点的角度，前瞻布局材料数据基础设施建设，积极研发材料AI核心软件。针对材料数据“多源、多模态、多粒度、多维度”特点，研究材料数据存储技术、数据交换标准与协议、云资源管理技术等[19]。应用非关系型数据库技术，提升材料数据存储系统的可扩展性，便于数据的个性化表达、高效存储及检索[20]。基于自然语言处理算法[21]实现机器的语义知识理解，直接从科技文献等文本语言中获取材料知识，支持新材料预测和发现。

以主动学习、贝叶斯优化为代表的自主决策技术，在对巨大材料探索空间进行有效采样的基础上，以较少的实验验证和迭代即可筛选出具有最优目标性能的材料，成为数据驱动新材料研发方面的通用技术策略。深度学习用于挖掘材料复杂的构效关系，增强新材料的发现效率。基于自行发展、具有广泛适用性的主动学习框架[22]，从数百万种高熵合金成分中开发了2种高熵因瓦合金（300 K时热膨胀系数极低），展示了主动学习框架在小样本数据条件下、在广域空间内优化多目标性能的潜力。基于神经网络的深度学习框架，能够预测数十种新的晶体结构及相应的分子材料特性[23]，逆向生成分子合成路线以显著提升搜索效率[24]。

将数字孪生技术用于复杂的材料/器件服役性能优化，可完善材料/工艺的理性设计，驱动上游材料设计、下游制造过程的革新。以计算-实验-数据技术融合为特征的材料基因工程，是解决新材料研发和应用效率低下问题的有效方法；在新材料研发中应用大数据、AI等，更是成效突出[25]。

1.2.4 材料研发智能化平台和基础设施

建设网络化协同的材料研发智能化平台、基础设施等条件，是新材料研发智能化技术发展、规模化应用的直接需求。以美国材料基因组计划为例，项目实施初期（2011年）即拟建15个创新平台，2015年扩大到45个，多个领域的科研机构、企业等参与创新平台建设；在国家级基础科研基金的支持下，建设界面材料分析发现、二维晶体材料、生物高分子材料、聚糖材料等智能化创新平台，形成材料制备/加工、表征/评价、理论/建模/仿真等研发模式及支撑条件[26]，工具/代码/样本/数据/技术的良好共享生态。美国国家标准与技术研究院牵头，集成近百家科研机构和企业的材料数据、代码、计算工具等资源与服务，开发“材料资源注册”“材料数据管理系统”等平台以支撑材料协同创新网络，实现材料高通量实验数据采集、计算建模软件工具的高质量集成，引领国际材料数据基础设施的发展潮流；AI和机器学习应用于制造企业的89个项目，投资回报率极为可观[27]。

材料加速平台[28]应用于清洁能源材料研发，获得了重要进展。融合AI模型、实验机器人、自主决策软件、数据库以及人工经验，基于自主实验的闭环反馈过程来调度各类算法、开展实时数据交互；机器人自动执行实验，自动调用数据训练机器学习预测模型，自主执行新的实验，形成反馈迭代和循环，以此快速发现新材料。研究认为[29]，材料加速平台相关的关键技术有：智能化的自驱动研发闭环系统、可组装多种制备表征手段的模块化材料机器人、跨时空尺度的材料计算模拟方法、适应材料研发特点的AI算法、支撑自主实验的逆向设计方法、先进的数据基础设施及交换平台；材料智能化平台和基础设施建设，将释放材料科学发现的“摩尔定律”效应，使材料研发速度至少加快10倍。

1.3 我国新材料研发智能化技术应用现状

在“十三五”国家重点研发计划“材料基因工程关键技术与支撑平台”项目的支持下，我国新材料研发智能化研究进展良好，以高通量计算设计、高通量实验、大数据为代表的材料基因工程技术取得突破[30-31]。相关进展推动了新材料研发理念的深刻转变，促进了材料研发技术体系的革新发展，提高了材料大数据、AI在材料研发中的应用水平。

1.3.1 材料高通量/智能计算与平台

开发了ALKEMIE、MatCloud、MIP、CNMGE等高通量/集成计算软件，具备微观-介观-宏观多尺度、并发式、自动流程的计算能力，支持材料高通量计算设计技术进入国际先进行列。在天津、长沙、广州等国家超级计算中心建立了材料高通量计算平台，提供了高通量计算、数据处理一体化技术，支持用户在互联网、云计算环境下开展大规模计算的远程信息交互。先进的材料高通量技术和软硬件平台，为材料智能计算技术的快速发展筑牢了基础。

利用AI技术构建了高精度的泛函，发展了深度势与高通量计算相结合的机器学习方法，据此预测出拓扑绝缘体、催化材料、二维材料等新类型。中国科学家参与的“深度势能”国际团队，结合分子建模、机器学习、高性能计算，将具有从头算精度的分子动力学模拟极限提升至1亿个原子规模（原本需要60年时间的计算任务压缩为1天），获得国际高性能计算应用领域最高奖（2020年）。目前，我国智能计算仅集中在部分材料方向，但表现出的技术先进性和应用优势，为未来全面实现AI与材料计算的融合积累了有益经验。

1.3.2 材料高通量/自主实验与平台

研发了薄膜、粉体、块体、复合材料等的高通量制备技术和30余种关键装置，涵盖材料芯片、粉体阵列，凝固、锻造、热处理等工艺，提高了新材料的实验筛选及发现效率。研发了材料高通量表征、服役行为评价技术及装置，基于同步辐射的高通量白光阵列散 / 衍射技术可提高材料成分、结构表征速率约100倍。建立了网络化的材料高通量制备实验平台，技术及装备水平达到国际领先。

面向新材料的自主研发和智能发现的需求，研发了固液异相的自动化、数字化反应平台，整合基于操作栈的硬件环境、由化学方案描述的语言层、数字化控制系统，可控制无人值守数字化实验流程，为自主实验系统构建确立基础。集成移动机器人、化学工作站、智能操作系统、数据库以构建数据智能驱动、覆盖全流程的“机器化学家”平台，实现大数据、智能模型共同驱动的化学合成-表征-测试全流程的自主化，形成的化学制品智能研发能力可用于光催化与电催化材料、发光分子、光学薄膜材料等。

1.3.3 材料大数据技术与平台

研发了基于无模式存储的材料数据库系统软件，建成了“数据采集-数据库-数据挖掘-材料设计”一体化的数据库示范平台，用于不同层次材料数据的累积和共享。基于材料数据云技术，实现数据库的统筹管理和集中开放共享，具有物理分散、逻辑统一、多节点融合的特征。相关数据库技术和软件在企业、科研院所进行了较广泛的应用，为规模化建设材料数据基础设施、材料数据网提供了基础能力。

数据驱动的新材料研发能力发展较快，率先在高性能金属材料[32-34]、高熵合金[35-37]、高温合金[38-39]等的研发方面中取得应用突破，部分实现了工程转化和应用。整体上看，我国材料AI应用技术达到国际领先水平。

1.3.4 应用成效

材料基因工程、智能化技术在前沿新材料探索与发现方面获得重要进展。利用材料高通量计算和数据技术，在近4×10^4种材料中发现了8000余种拓扑材料，超出历史上发现拓扑材料数量的10倍[40-41]。发现了新型无机塑性半导体Ag_2S、InSe [42]，研制出兼具良好塑性与优异热电性能的Ag_2S基无机半导体材料，开辟了无机塑性半导体和无机柔性热电器件的新方向。研发出国际上使用温度最高、强度最高、具有良好热塑成形性能的高温块体金属玻璃Ir-Ni-Ta-(B)[43]。

在高端关键材料研发和工程化应用方面也取得了一系列进展。通过高通量制备与表征、数据挖掘等技术，开发了用于强光照明光源器件的高热导率Ce:YAG荧光陶瓷，可量产光源芯片的功率、光通量等超过国际先进水平。开发了高性能铈基稀土永磁材料，形成5000吨级产能，促进了高丰度稀土的平衡利用。自主研发了新型结构分子筛催化材料，其反应活性、选择性超过国外同类产品，在超大型乙苯生产装置上实现工业应用。基于包括高通量计算、高通量实验、组织性能预测、工业应用在内的全链条技术，研制了铝基复合材料及大尺寸构件，在重大空间装备上实现在轨应用。材料基因工程技术加速了钛基合金结构件的研制过程及工程化，部分构件率先实现工程应用。研制的耐热腐蚀镍基单晶高温合金叶片应用于国产重型燃气轮机，高强耐热镁合金、舱体铸件等通过工程试验考核。

1.4 我国新材料研发智能化技术发展挑战

材料研发智能化技术的兴起和发展，对我国新材料科技和产业带来了机遇、创造了条件。虽然我国在此方面取得了可喜进展，部分进展甚至达到国际先进水平，但整体来看在思想理念、关键技术、基础设施、应用范围等方面仍存在若干不足；关键技术、核心软件受制于人的局面并未实质性化解，部分新兴领域和重要方向尚属空白。面向材料领域中长期的高质量发展要求，新材料研发智能化技术攻关面临严峻挑战。

（1）材料研发模式变革滞后于智能化技术发展

在我国，传统的“经验+试错”研发理念及模式仍是材料科技和产业的主流。针对新材料研发的战略布局不明晰、资源保障等缺乏稳定性，以“智能化”为核心要素的高水平团队和领军人才不充足，都导致系统性变革新材料研发理念及模式的条件仍不具备，材料智能化技术的综合水平仍滞后于国际先进。工业强国积极推动材料智能化发展，加速变革材料研发及应用模式，构成了新的比较优势；在此背景下，我国材料行业参与国际竞争面临着增量阻碍，与先发国家材料研制能力差距加大的风险不容忽视。

（2）材料研发智能化关键技术存在明显短板

我国材料计算设计类关键软件长期依赖进口的局面并未打破，国产软件虽有提升但差距依然存在，自主保障的能力和水平不够。在材料数据库建设方面，碎片化、孤岛化现象突出，数据生产、管理、共享的机制与模式不健全；加之数据基础设施建设方面存在统筹规划和部署不深入的情况，使材料计算软件、数据资源规模等成为材料创新发展“短板中的短板”。具有实力、长期坚持软件开发及数据库建设等基础性工作的科研队伍不够稳定，资源投入的连续性不足，市场化和商业化发展生态有待形成，制约了材料计算核心软件自主研发、数据资源整合的推进步伐，成为新的国际竞争形势下材料领域发展的隐患与掣肘。

（3）材料研发智能化关键装备存在受制于人的风险

我国材料科学研究、新材料研发所需的高端装置较多依赖进口。既需要高额的资金投入，也很难直接获得国际一流的高端装备，不利于材料科技原始创新和重大突破。AI技术与材料研发装置的融合趋势，蕴含着新一代高端装置的出现机遇以及对传统技术与装置的替代性。在此背景下，自主实验高端装置、智能软件的国际市场蓬勃发展，新的装备市场准入条件正在形成。相比之下，我国新一代高端装备和智能软件的市场化发展节奏较慢，若不及时加速，可能再次受制于人。

（4）材料研发智能化基础设施缺口严重

工业强国推动材料研发智能化技术发展及工程化应用，重在围绕颠覆性前沿材料、智能化关键技术研发等目标，建设国家级材料数据网络、“计算-实验-数据”技术融合且网络协同的创新中心，据此革新材料研发模式、加速新材料应用。相比之下，我国没有在新材料智能化研发创新平台、融合创新中心建设等方面开展系统布局，相关基础设施历史投入和新增投入均不足，不利于跨学科、有组织地协同创新，制约了材料智能化技术攻关和规模化应用。

1.5 构建我国新材料研发智能化体系的技术途径

1.5.1 材料智能计算设计技术与核心软件

（1）面向新材料研发的计算设计技术与核心软件

发展从微观、介观到宏观尺度的材料体系计算方法、算法和核心软件，建立涵盖原理、方法、算法、软件、应用的开发链和发展生态。研究适用于特定材料体系、具有技术特色的计算新方法，凸显技术特色、建立技术优势。开发基于AI的跨尺度计算方法，拓展跨尺度计算的应用范围。

（2）面向材料制备加工、产品制造、服役评价的模拟仿真技术与应用软件

研究多物理场与材料交互作用原理，开发材料制备及加工工艺优化、产品制造流程模拟、多场耦合作用材料服役行为及失效过程的计算模拟技术与应用软件。面向材料研发链、生产链、应用链，突破计算材料工程顶层设计、架构设计，建立支持材料全生命周期的计算模拟系统。

（3）材料智能计算核心算法与软件

研发材料高通量计算与AI相结合的基础算法及软件，构建功能完善的高通量智能计算系统。针对材料结构和性能，开发高效计算工作流，适应新材料设计和筛选的多样性、专业化、高效率需求。面向新材料设计、制备、加工、服役等工程应用以及融合AI需求，发展自主设计、筛选、迭代算法，建立计算材料工程核心软件和工业软件。

1.5.2 材料自主 / 智能实验技术与高端装置

（1）材料自动/自主高通量实验技术与装置

发展形态、合成工艺各异的材料高效制备新原理、新方法、新技术、新装备，优化高通量实验装备的软硬件功能，从原型机发展为商用装备。发展材料自主实验机器人以及相应的强化学习技术、材料实验自主决策算法与控制技术、复杂长流程制备及表征一体化的材料自主实验技术，开发标准化、商业化的材料自主实验装置。

（2）材料自动化表征技术与装置

基于先进光源、电子显微技术，开发四维电子显微镜、原位透射及扫描电镜的高通量表征技术。研发系列材料高效表征技术和装备，具有高时间分辨表征、跨尺度动态表征、超快同步辐射高通量衍射与成像、同步辐射多场耦合高通量表征、中子衍射三维成像等能力。

（3）工程构件高效表征技术与装备

基于先进光谱、质谱、能谱、磁探测、应力 /应变检测、电镜、先进光源等实验装置，开发空间尺度覆盖纳米至米级的材料及构件全域高通量表征技术。发展材料成分-结构-性能-工艺-服役环境的原位统计映射模型，提升材料产品、工程构件的表征能力。

（4）极端复杂环境材料服役行为智能评价装备

发展极端复杂环境材料服役行为、失效过程的计算模拟与机器学习技术，基于数字孪生的材料服役与失效智能化评价及预测技术，改善加速模拟实验的效率和等效性。研发多环境因素耦合材料服役行为高效评价、多损伤演化的多尺度关联实验技术，提高材料服役行为评价实验效率和寿命预测准度，加速新材料的工程化应用。

（5）材料智能实验和操作系统

发展材料实验数据自动采集、处理分析、实时交互，以及设备互联与组网等技术，开发网络化协同、模块化调度的材料智能实验操作系统。通过自主实验的互联互通、网络协同，实现材料制备-表征-评价全链条的自主化；通过计算-实验-数据的交互与融合，实现材料研发全流程的智能化。

1.5.3 材料 AI 基础算法及关键技术

（1）材料机器学习基础理论与核心算法

研究材料多体问题计算、跨尺度关联、多尺度耦合的机器学习等理论，发展材料晶体结构深度图神经网络、可解释性图表示学习方法。研究材料多模态数据表示学习算法、材料知识推理及因果关系挖掘算法，形成数据驱动的机器学习、知识驱动的符号计算相融合的新材料发现与知识构建方法。

（2）数据驱动新材料研发通用算法与软件

发展适应材料小样本、高噪声数据的机器学习算法，研发巨大搜索空间和广域探索空间多目标全域优化的高效率效能函数。针对材料组织结构图像，研发深度学习和图像生成 / 优化的通用算法及应用软件。针对材料多尺度、多过程耦合的高维数据，建立机器学习通用软件。

（3）面向AI应用的材料大数据技术

研发多渠道分散采集、多时序离散存储、多维度统合关联的材料大数据采集、处理、存储技术，多材料数据库节点融合且统一服务的混合云架构，材料大数据区块链与多中心化管理技术。突破多源异构数据集成表示技术，建立适用于AI应用的材料数据库体系结构及数据库软件，促进材料数据资源的整合与应用。

（4）材料数字孪生技术

开发材料智能计算-数据建模-自主/智能实验的数据实时双向交互和数字孪生技术，突破材料按需设计、逆向设计、全过程综合优化等颠覆性前沿技术，通过计算-实验-数据的融合，实现材料多尺度和全过程的智能化一体设计，以及材料多目标和全流程的协同优化。

1.5.4 智能化研发平台与协同创新网络

（1）材料计算设计平台

依托国家超级计算中心体系的充裕资源，建设材料高效计算国家、区域、专业、行业平台，自主发展材料多尺度计算、高通量计算、集成计算等材料软件，面向计算流程优化、计算数据分析等专有应用的AI软件。开发材料全流程模拟和仿真技术，覆盖发现、设计、开发、生产、服役等环节；开发国家材料计算平台网格共享系统，支持计算资源的高效共享。

（2）基于大科学装置的材料高通量表征实验平台

依托先进光源、散裂中子源等大科学装置，针对材料成分及结构的超快表征、损伤演化动态原位表征等需求，开发高时空分辨技术并建立应用装置。研发海量实验数据高效处理、基于机器学习的材料三维精准成像等技术以及图像深度学习算法及软件，实现材料微观结构及损伤演变规律的跨时空、多维度、高效率的表征和评价。

（3）材料数据基础设施和国家材料数据网络

开发多源异构材料数据集成表示、自动处理技术，发展数据采集、存储、挖掘、应用一体化的大数据云平台技术，建设面向AI应用的材料数据基础设施。应用区块链、AI等技术，建立材料数据标识、引用、评价、交易技术及相应标准，形成材料数据生产、管理、共享机制。探索形成数据商业化发展模式，提高国家材料基础设施和数据网络建设水平。

（4）材料研发智能化创新中心与协同创新网络

突破数据共享、资源共享、知识共享，任务分担、价值分配、网络互连、信息安全等方面的技术和机制瓶颈，以网络化互联互通材料计算设计平台、数据基础设施、智能实验系统，实现材料研发智能化关联技术、人力资源的高效协同。建设材料研发智能化创新中心、材料智能化协同创新网络，支撑团队化的技术协作、有组织的科研技术攻关。

1.6 支撑新材料研发智能化技术体系发展的措施建议

（1）完善新材料研发智能化创新生态

按照“整体部署、分步实施、分层落实”的原则，发挥新型举国体制优势，利用现有国家科技创新体系布局，在国家自然科学基金设立专项支持基础理论研究，在国家各类科研计划中设立专项，在国家实验室、全国重点实验室和技术创新等平台部署智能化研发内容，强化新材料研发智能化技术的应用，构筑全面参与、分级研发、整体推进的发展态势；完善促进新材料智能技术研发和应用的政策法规，探索建立创新发展模式，形成部门地方联动、多层次协作共享、多平台融合创新的生态环境；加大宣传力度，加强学术交流和成果推介，强化智能研发成果转化推广。

（2）建立稳定的政策和资金支持机制

启动实施“国家材料基因工程计划”，加速材料智能研发理念的变革，落实中央财政资金，加强基础理论研究、共性关键技术研发和国家材料数据基础设施建设；推动地方共同建设专业技术和工程应用平台，完善支持企业数字化和智能化发展的税收激励政策，促进与产业的深度融合；营造良好的商业环境，激励金融机构和各类基金对计算软件、数据库、高端装置的投入，推动新材料研发智能化的商业化发展。

（3）构建全面协同的产业化发展环境

全方位构筑国产材料核心软件的研发，加大材料智能化核心技术研发的力度，选择国家急需的高端关键材料开展示范应用研究，推动智能化研发关键技术的工程化应用；构筑“政-研-用-商”一体化的新材料研发智能化高端装置和核心软件商业化发展和应用的市场生态，推动国产装备和软件的标准化发展和规模化应用，保障智能化关键技术和核心软件与装备的自主可控；探索建立智能化研发和应用的激励机制，分类实施各类奖励措施，加大科研和成果应用的绩效奖励力度，建立基础研究激励机制，确保从事数据库建设和软件开发等基础性研发人员队伍的稳定性；成立由头部企业主导的新材料研发智能化专项基金，发挥基金的引导和撬动效应，建立灵活的领投和跟投机制，实行股权投资、贷款贴息等多种投入方式，解决科研成果“死亡之谷”问题，提高智能化技术的转化效率；探索技术融合、协同创新等新机制，形成协同创新网络，提升原始创新能力和水平。

（4）加强标准体系建设

加快推动国家标准制定，围绕新材料智能化技术细分领域，制定明确的国家标准建设路径，加快出台相应国家标准，规范发展秩序，推动新材料研发智能化产业标准化试点示范，提高标准化水平；加强知识产权保护，加强重大发明专利、商标等知识产权的申请、注册和保护，鼓励国内企业申请国外专利，制定适合新材料研发智能化发展的知识产权政策。

（5）改革一体化人才培养模式

推进材料科学与工程教育体系的变革，加快形成以材料科学理论、AI、材料数据科学等有机融合的学科新体系和人才培养新模式；变革材料科学与工程本科教育，建立材料研发智能化课程体系，强化与AI、数据技术等课程的交叉融合，增设新材料研发智能化研究生专业方向；积极培育和引进新材料研发智能化领军人才，打通分散学科之间的通道，大力培养复合型材料创新人才，形成多学科交叉融合的协同创新队伍；加大对科技管理人员的专题培训，将智能化研发理念融入科技管理工作；全方位推动材料产业发展文化和理念的转变。

（6）深化国际科技合作

主动布局和积极利用国际新材料研发智能化创新资源，努力构建合作共赢的伙伴关系，建立开放创新的国际合作机制，吸引国际高端科研机构和知名科学家参与新材料智能化研发，充分利用全球智力资源、技术和资金，利用国外已有的先进技术、高端装备和基础设施，广泛开展技术交流、知识共享、信息传递，建设国际合作基地和创新平台，推动新材料研发智能化基础理论、共性关键技术的研发和应用，确保研究成果的高质量、高水平和国际引领。

致谢

相关研究及本章写作得到以下同志的支持和帮助：陈立泉、王海舟、汪卫华、段文晖、梅金娜、金魁、韩恩厚、王鲁宁、黄晓旭、向勇、张劲松、李金山、冯强、姜雪、白洋、张雷、蔡味东、代梦艳、沈学静、柳延辉、张佩宇、付华栋、王毅、李佳、李乙、张林峰、王俊生、刘立斌、施思齐、杜云飞、陈超、王泽高、伍芳，谨致谢意。

参考文献

[1] Materials genome initiative for global competitiveness. (2011-06-15)[2023-04-15]. https://www.mgi.gov/sites/default/files/documents/materials_genome_initiative-final.pdf#:~:text=This%20Materials%20Genome%20Initiative%20for%20Global%20Competitiveness%20aims,materials%20in%20a%20more%20expeditious%20and%20economical%20way.

[2] Materials genome initiative strategic plan. (2014-12-15)[2023-04-15]. https://www.nist.gov/system/files/documents/2018/06/26/mgi_strategic_plan_-_dec_2014.pdf#:~:text=The%20Subcommittee%20on%20the%20Materials%20Genome%20Initiative%20%28SMGI%29,the%20goals%20of%20the%20Materials%20Genome%20Initiative%20%28MGI%29.

[3] Materials genome initiative strategic plan. (2021-11-15)[2023-04-15]. https://www.mgi.gov/sites/default/files/documents/MGI-2021-Strategic-Plan.pdf.

[4] Horizon 2020: Details of the EU funding programme which ended in 2020 and links to further information. [2023-04-15]. https://research-and-innovation.ec.europa.eu/funding/funding-opportunities/funding-programmes-and-open-calls/horizon-2020_en#Article.

[5] Horizon Europe: Research and innovation funding programme until 2027. [2023-04-15]. https://research-and-innovation.ec.europa.eu/funding/funding-opportunities/funding-programmes-and-open-calls/horizon-europe_en.

[6] The future of manufacturing: A new era of opportunity and challenge for the UK. [2023-04-15]. https://assets.publishing.service.gov.uk/government/uploads/system/uploads/attachment_data/file/255922/13-809-future-manufacturing-project-report.pdf.

[7] 谢建新，宿彦京，薛德祯，等. 机器学习在材料研发中的应用. 金属学报，2021, 57(11): 1343–1361.

[8] Friederich P, Häse F, Proppe J, et al. Machine-learned potentials for next-generation matter simulations. Nature Materials, 2021, 20(6): 750-761.

[9] Srinivasan S, Batra R, Luo D, et al. Machine learning the metastable phase diagram of covalently bonded carbon. Nature Communications, 2022, 13(1): 3251.

[10] Fish J, Wagner G J, Keten S. Mesoscopic and multiscale modelling in materials. Nature Materials, 2021, 20(6): 774-786.

[11] Yuan X, Zhou Y, Peng Q, et al. Active learning to overcome exponential-wall problem for effective structure prediction of chemical-disordered materials. NPJ Computational Materials, 2023, 9(1): 12.

[12] Park J H, Min K M, Kim H K, et al. Integrated computational materials engineering for advanced automotive technology: With focus on life cycle of automotive body structure. Advanced Materials Technologies, 2022, 10: 2201057.

[13] Nikolaev P, Hooper D, Perea-Lopez N, et al. Discovery of wall-selective carbon nanotube growth conditions via automated experimentation. ACS Nano, 2014, 8(10): 10214-10222.

[14] Deneault J R, Chang J, Myung J, et al. Toward autonomous additive manufacturing: Bayesian optimization on a 3D printer. MRS Bulletin, 2021, 46: 566-575.

[15] Azoulay P, Graff-Zivin J, Uzzi B, et al. Toward a more scientific science. Science, 2018, 361(6408): 1194-1197.

[16] Burger B, Maffettone P M, Gusev V V, et al. A mobile robotic chemist. Nature, 2020, 583(7815): 237-241.

[17] Han G, Li G, Huang J, et al. Two-photon-absorbing ruthenium complexes enable near infrared light-driven photocatalysis. Nature Communications, 2022, 13(1): 2288.

[18] Tabor D P, Roch L M, Saikin S K, et al. Accelerating the discovery of materials for clean energy in the era of smart automation. Nature Reviews Materials, 2018, 3(5): 5-20.

[19] Kaufman J, Begley E. MatML: A data interchange markup language. Advanced Materials and Processes, 2003, 161(11): 35-37.

[20] Jain A, Ong S P, Hautier G, et al. Commentary: The materials project: A materials genome approach to accelerating materials innovation. APL Materials, 2013, 1(1): 011002.

[21] Tshitoyan V, Dagdelen J, Weston L, et al. Unsupervised word embeddings capture latent knowledge from materials science literature. Nature, 2019, 571(7763): 95-98.

[22] Rao Z, Tung P, Xie R, et al. Machine learning-enabled high-entropy alloy discovery. Science, 2022, 378(6615): 78-85.

[23] Xie T, Grossman J C. Crystal graph convolutional neural networks for an accurate and interpretable prediction of material properties. Physical Review Letters, 2018, 120(14): 145301.

[24] Segler M H, Preuss M, Waller M P. Planning chemical syntheses with deep neural networks and symbolic AI. Nature, 2018, 555(7698): 604-610.

[25] Lori A W, Gopal R R. Frontiers of materials research: A decadal survey. MRS Bulletin., 2017, 42(7): 537.

[26] Rapp K. Artificial intelligence in manufacturing: Real world success stories and lessons learned. (2022-01-07)[2023-04-15]. https://www.nist.gov/blogs/manufacturing-innovation-blog/artificial-intelligence-manufacturing-real-world-success-stories.

[27] Flores-Leonar M M, Mejía-Mendoza L M, Aguilar-Granda A, et al. Materials acceleration platforms: On the way to autonomous experimentation. Current Opinion in Green and Sustainable Chemistry, 2020, 25: 100370.

[28] Peterson E, Lavin A. Physical computing for materials acceleration platforms. Matter, 2022, 5(11): 3586-3596.

[29] Aspuru-Guzik A, Persson K. Materials acceleration platform: Accelerating advanced energy materials discovery by integrating high-throughput methods and artificial intelligence. (2018-01-15)[2023-04-15]. https://dash.harvard.edu/handle/1/35164974?show=full.

[30] 宿彦京 , 付华栋 , 白洋 , 等 . 中国材料基因工程研究进展 . 金属学报 , 2020, 56(10): 1313-1323.

[31] Xie J, Su Y, Zhang D, et al. A vision of materials genome engineering in China. Engineering 2022, 10(3): 10-12.

[32] Zhang H, Fu H, He X, et al. Dramatically enhanced combination of ultimate tensile strength and electric conductivity of alloys via machine learning screening. Acta Materialia, 2020, 200: 803-810.

[33] Zhang H, Fu H, Zhu S, et al. Machine learning assisted composition effective design for precipitation strengthened copper alloys. Acta Materialia, 2021, 215: 117118.

[34] Wang C, Fu H, Jiang L, et al. A property-oriented design strategy for high performance copper alloys via machine learning. NPJ Computational Materials, 2019, 5(1): 87.

[35] Wen C, Zhang Y, Wang C, et al. Machine learning assisted design of high entropy alloys with desired property. Acta Materialia, 2019, 170: 109-117.

[36] Zhang Y, Wen C, Wang C, et al. Phase prediction in high entropy alloys with a rational selection of materials descriptors and machine learning models. Acta Materialia, 2020, 185: 528-539.

[37] Wen C, Wang C, Zhang Y, et al. Modeling solid solution strengthening in high entropy alloys using machine learning. Acta Materialia, 2021, 212: 116917.

[38] Liu P, Huang H, Jiang X, et al. Evolution analysis of γ'precipitate coarsening in Co-based superalloys using kinetic theory and machine learning. Acta Materialia, 2022, 235: 118101.

[39] Wang W, Jiang X, Tian S, et al. Automated pipeline for superalloy data by text mining. NPJ Computational Materials, 2022, 8(1): 9.

[40] Zhang T, Jiang Y, Song Z, et al. Catalogue of topological electronic materials. Nature, 2019, 566(7745): 475-479.

[41] Tang F, Po H, Vishwanath A, et al. Comprehensive search for topological materials using symmetry indicators. Nature, 2019, 566(7745): 486-489.

[42] Yang Q, Yang S, Qiu P, et al. Flexible thermoelectrics based on ductile semiconductors. Science, 2022, 377(6608): 854-858.

[43] Li M, Zhao S, Lu Z, et al. High-temperature bulk metallic glasses developed by combinatorial methods. Nature, 2019, 569(7754): 99-103.

作者简介

宿彦京，北京科技大学教授，博士生导师。兼任“十三五”工业和信息化部产业发展促进中心“材料基因工程关键技术与支撑平台”和“制造基础技术与关键部件”重点专项专家委员会委员，“十四五”科技部“稀土新材料”重点研发计划实施方案编写专家，国家自然基金委“可解释、可通用下一代人工智能技术”重大研究计划专家指导委员会委员。主要从事材料大数据技术，以及材料腐蚀和环境断裂研究。

杨明理，四川大学材料基因工程研究中心主任、教授、博士生导师。兼任“国家材料基因工程计划”、“十三五”和“十四五”国家重点研发计划重点专项专家组成员，国家科技重大专项产品首席专家，中国材料研究学会材料基因组分会副秘书长，中国材料与试验团体标准委员会材料基因工程领域委员会副主任委员，四川省生物材料基因工程研究中心主任。主要从事材料基因工程、计算物理和计算化学研究。

祝伟丽，苏州实验室科研部部长、战略部主任研究员，正高级工程师。兼任“十四五”国家重点研发计划“先进结构与复合材料”重点专项实施方案专家组副组长、指南编制专家组专家、总体专家组专家，科技部科技评估中心重点领域咨询专家组成员。主要从事科技发展战略规划、科技管理、战略性材料、研发智能化及智能制造等研究。

薛德祯，西安交通大学教授，博士生导师。国家级青年人才计划入选者、重点研发计划首席科学家，“重点新材料研发及应用”国家科技重大专项产品首席专家。主要从事材料基因工程领域研究，致力于材料学与信息学的交叉融合，在*Nat. Commun.*、*Adv. Mater.*、*PNAS.*等期刊发表相关学术论文150余篇。

汪洪，上海交通大学材料基因组联合研究中心主任，“致远”讲席教授，中国材料试验标准委员会（CSTM）材料基因工程领域委员会主任委员。获美国伊利诺伊大学材料科学与工程博士，曾担任中国工程院、中国科学院材料基因组重大咨询项目专家。牵头制定了世界上首部材料基因工程数据标准《材料基因工程数据通则》，率先提出变革性的“数据工厂”概念。当前研究集中在材料基因工程理论，数据标准，高通量材料制备与表征技术及机器学习在材料中的应用。

第 2 章

力致变色液晶材料

兰若尘　陈欣雨

2.1 力致变色液晶材料领域发展与技术概述

2.1.1 力致变色液晶材料概述

颜色在现实世界中无处不在，在沟通交流、辨别物体、检测周围环境等人类活动中起着至关重要的作用。颜色根据起源，可大致分为色素色和结构色两类[1-2]。色素色通过物质对入射白光的选择性吸收实现，具有高对比度和鲜艳色调，如植物叶子的绿色源于叶绿素对红光和蓝光的吸收，对绿光的反射[3-4]。与色素色不同，结构色源于周期性纳米结构与入射光的相互作用，在自然界中，蝴蝶无色素的翅膀因周期性纳米结构与光的相互作用而呈现出鲜艳的结构色，其纳米结构的周期性与可见光波长相似，导致选择性反射出鲜艳的色调，著名的孔雀绚丽尾羽的光彩也归因于能够选择性反射特定可见光的纳米结构[5-6]。

变色材料通常在刺激响应性、可调性和设计性方面优于静态颜色材料。经过数百万年的进化，许多生物掌握了变色能力，并利用这种能力进行交流、伪装和捕食[7]。例如，变色龙可通过调节虹膜细胞中鸟嘌呤光子纳米晶体的晶格间距来改变伪装颜色[8]；头足类动物的皮肤含有多种色素颗粒，包括黑色素、红色素和白色素，通过控制这些颗粒的位置和浓度，它们能根据周围环境迅速改变颜色[9]。这些生物现象不仅有助于人们理解自然界中的微妙机制，还为设计和制造有趣的材料提供了新视角。

液晶（LC）作为一种新兴的功能材料，结合了液体的流体特性与晶体的各向异性，在软响应材料领域展现出巨大潜力。近年来，变色液晶材料在信息加密[10-11]、光调制[12-14]、偏振光学[15-16]、软手性模板[17-18]和智能伪装[19-20]等多个领域得到广泛探索与应用，在先进智能材料发展中显示出战略潜力。由于液晶对各种刺激敏感，通过精细的分子设计和结构修饰，其颜色变化可由光、热、电场、化学物质、湿度等触发[17,21-25]。在刺激响应性变色液晶中，力致变色液晶材料具有独特优势：其一，颜色变化可通过简单的按压和拉伸触发，操作简便；其二，通过改变施加力的强度和方向实现的材料颜色改变高度稳定，避免了周围环境中光、水分和温度变化等不必要干扰；其三，力致变色液晶的颜色变化与形状变形同时发生，使其在应力和运动检测方面极具前景。迄今为止，已开发出多种力致变色液晶，包括液晶聚合物（LCP）、液晶弹性体（LCE）和纤维素纳米晶体（CNC）。

在液晶材料中实现力致变色通常有两种通用策略。一种策略是将可交联的功能分子引入液晶弹性体网络，在外力驱动下，弹性体发生可逆形变，功能分子随之发生键的断裂或异构化，从而诱导颜色变化，实现应力集中区域的可视化。另一种策略与合成复杂的机械响应性交联分子相比更为简单直接，胆甾相液晶弹性体（CLCE）结合了液晶弹性体的弹性和胆甾相液晶（CLC）的结构色，当材料被拉伸或压缩时，胆甾相的螺旋间距随之缩短或伸长，结构色即刻改变。基于上述两种策略制备的力致变色液晶材料已在防伪、信息加密和仿生学等多个领域展现出应用潜力。

2.1.2 力致变色液晶材料变色机制

2.1.2.1 力致色素色变色

机械响应性色素色源于共价键合发色团内部的应力/载荷诱导化学变化。该变化表现为分子结构的改变，如化学键的断裂或形成、几何异构化等，进而引起可见吸收光谱的可观测变化[1,26-27]。近年来，对机械响应性发色团的研究广泛展开，包括螺吡喃（SP）、罗丹明（Rh）和四芳基琥珀腈（TASN）等。

通过精细触发发色团的分子水平变化，可实现液晶材料中可控的色素色变化。制造色素色变化液晶材料的主要方法是通过共价键将响应性基序交联到聚合物体系中。当材料受到外部机械应力时，力沿着聚合物链传递到官能团，激活力致变色部分，使材料呈现动态变色效果[28]。

（1）螺吡喃基分子

螺吡喃基分子因其多响应性而备受研究关注。螺吡喃能够在光、质子酸、溶剂极性变化、热和机械力等多种刺激下发生结构转变[29-32]。在受到刺激时，螺吡喃的结构通过六元环的开环反应，从闭环结构的螺吡喃结构（SP）转变为开环的部花菁结构（MC），而当刺激移除后，部花菁结构又能可逆地恢复到原始的螺吡喃结构［图2-1（a)］。此外，螺吡喃中的C—O键是机械诱导激活的关键位点［图2-1（b)］。2007年，Moore等在螺吡喃力响应聚合物领域取得了重大突破：机械应力能够触发螺吡喃分子的开环反应[33-34]。

基于这一发现，Moore和Sottos将螺吡喃基团整合到聚（甲基丙烯酸甲酯）（PMA）弹性体中，成功制备了力致变色弹性体[28]。当螺吡喃基团位于PMA嵌段中心时，在机械应力作用下，螺吡喃基团能够有效发生结构变化，导致颜色从浅黄色变为红色；相反，当螺吡喃基团位于聚合物链末端时，机械应力无法有效传递到螺吡喃基团，颜色变化几乎可以忽略不计。这表明，观察到的力致变色现象仅由机械作用引起，与温度或光化学效应无关。通过密度泛

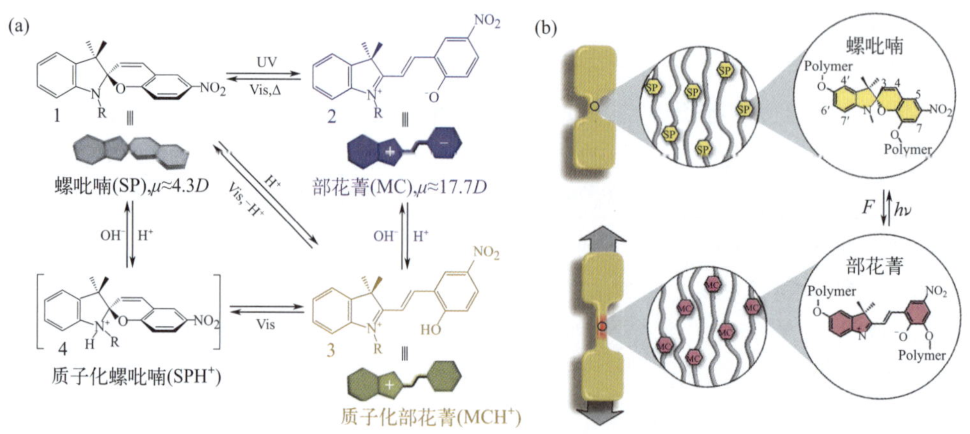

图 2-1 螺吡喃分子多响应变色示意图[30]（a）以及螺吡喃聚合物在应力下的变色示意图[28]（b）

函理论（DFT）和半经验计算，该研究证实力致变色分子的活性核可被机械触发，激活功能分子的共轭或带电状态，使其吸收特定波长的光。

一些具有高弹性模量和伸长率的材料，如聚氨酯（PU）[35-36]和水凝胶[37]，也能表现出力致变色特性，然而这些材料通常需要将样品拉伸到较高的伸长率才能触发活性核心。并且，由于聚合物体系通常弹性较差，外力移除后不能恢复原始形状。液晶弹性体材料是一种兼具液晶的分子各向异性和橡胶的熵弹性的新型软材料。Sun 等通过迈克尔加成反应将螺吡喃基团引入液晶弹性体网络（SP-LCE）[图 2-2（a）][20]。液晶弹性体具有足够的弹性，在受到机

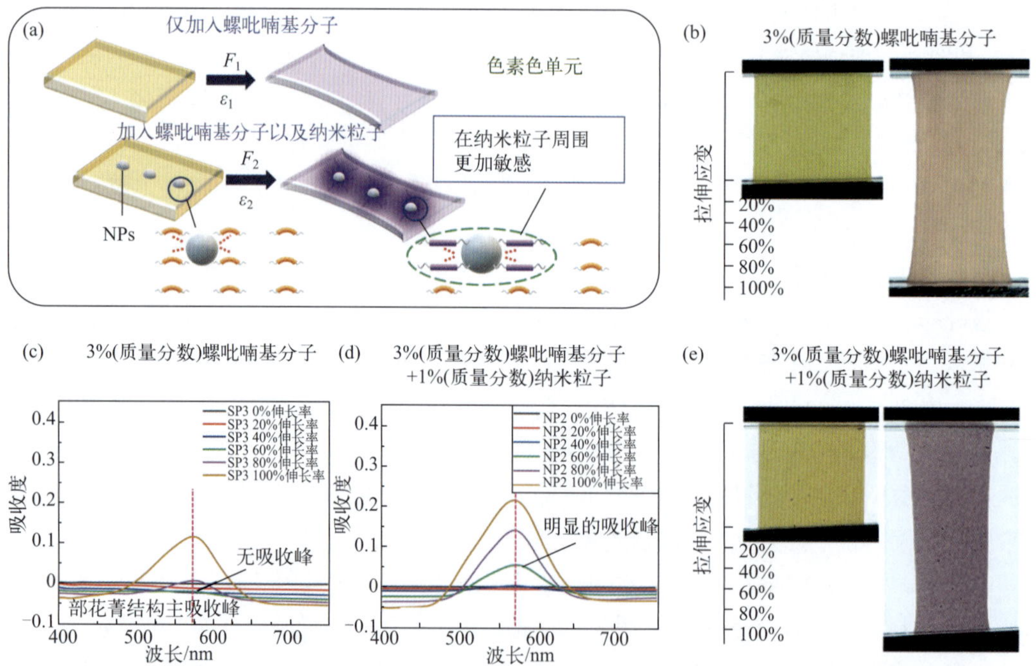

图 2-2 液晶弹性体薄膜的力致变色机制示意图（a）；样品 SP-LCE 在 0% 和 100% 伸长状态下的照片（b）；样品 SP-LCE 在不同伸长状态下的吸收光谱图（c）；样品 NP-SP-LCE 在不同伸长状态下的吸收光谱图（d）；样品 NP-SP-LCE 在 0% 和 100% 伸长状态下的照片（e）[20]

械应力时能触发螺吡喃基团的活性核。如图2-2（b）所示，当SP-LCE样品拉伸至100%时，样品颜色明显发生变化。然而只有当样品伸长率高于60%时，才能监测到明显的吸收峰转变，肉眼无法观察到［图2-2（c）］。由于纳米粒子会引起应力集中，将锑掺杂的氧化锡纳米粒子（NPs）掺入SP-LCE（NP-SP-LCE）将大大提高SP-LCE的灵敏度，如图2-2（d）所示，NP-SP-LCE样品在仅拉伸至40%伸长率时就显示出强吸收峰，且拉伸至100%伸长率时，吸收峰更突出，薄膜呈现肉眼明显可见的紫色［图2-2（e）］。

（2）罗丹明基分子

罗丹明（Rh）及其衍生物因其高摩尔吸光系数、稳定性、长波长发射和吸收等特性，被广泛应用于荧光染料领域[38-39]。当受到外界刺激时，罗丹明及其衍生物会发生开环反应，使罗丹明基团从扭曲的螺环结构转变为平面开环结构［图2-3（a）］，这种结构变化导致罗丹明的吸收峰发生显著红移，并产生强荧光发射[40]。在功能材料开发中，罗丹明作为机械响应基团的应用相对较少，主要还是将其作为稳定的光致变色分子加以利用。Jia的团队首先合成了双羟基罗丹明衍生物（Rh-OH），该衍生物展现出显著的力致变色特性[41]。然而，将Rh-OH引入聚氨酯薄膜后，薄膜需要近500MPa的压力才能显示出可见的变色，这表明该材料对机械刺激的灵敏度相对较低。此外，具有特定官能团的罗丹明分子受限于有限的发射波长光谱，极大地限制了其在可调光学器件中的适用性。液晶弹性体材料不仅具有出色的弹性，还能作为卓越的透明度可切换掩模，特别是当向列相液晶弹性体在拉伸力作用下从半透明多畴状态转变为透明单畴状态时[42]。例如，Cai等制备了底层涂有罗丹明B的力响应三明治薄膜。三层薄膜的拉伸性主要由中间液晶弹性体层的拉伸性决定，该薄膜在机械力低于1MPa时可实现200%的应变[43]。通过在VHB薄膜上选择性喷涂不同的Rh染料，可制备出多种颜色的薄膜。拉伸喷涂有三种染料的梯形薄膜时，由于三个区域的拉伸应力不同，薄膜会随着拉伸程度的增加呈现出逐渐的颜色变化［图2-3（b）］。

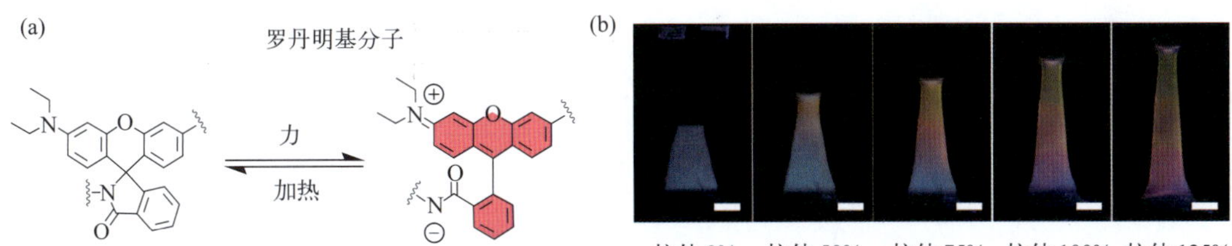

图2-3　罗丹明及其在力或光激活状态下的化学结构（a），以及具有三种颜色的梯形力致变色薄膜的照片（b）（比例尺单位长度代表1cm）

将罗丹明分子的荧光特性与LCE的结构色变化相结合，可以赋予材料独特的性能。Zhang等合成了酸敏感的罗丹明衍生物（Rh-AC）并将其掺入胆甾相液晶弹性体中，实现了液晶材料的双响应，即该材料既表现出力致变色行为，又具有化学变色特性[44]。当暴露于三氟乙酸时，Rh-AC从无色闭环形式转变为开环形式，呈现强荧光；此外，当薄膜拉伸时，胆甾相液晶弹性体的螺距减小，导致反射带蓝移。当反射带与荧光峰重叠时，薄膜的荧光增强，这大大拓展了罗丹明-液晶材料的潜在功能和应用场景。

（3）四芳基琥珀腈

四芳基琥珀腈（TASN）及其衍生物是一类动态共价发色团。与其他依赖化学结构、组成变化或聚集态变形来实现颜色变化的发色团不同，TASN在机械刺激下可产生亚稳态自由基，且能自主恢复到热力学稳定的原始状态，无任何副作用[45-46]。

Otsuka的团队在制备TASN的机械改性聚合物方面做出了重要贡献[47]。他们的团队合成了两个末端羟基官能化的四芳基琥珀腈（TASN-diol），TASN-diol粉末在受到机械力时，颜色从白色变为粉红色。电子顺磁共振（EPR）光谱分析表明，机械应力导致TASN-diol中心的C—C键断裂，从而产生碳自由基，粉末研磨后信号强度显著增加，估计的g值（2.003）与碳自由基的产生一致。然而，当粉末从20℃加热到70℃时，未发生变色现象，表明颜色变化是由机械刺激而非热刺激引起的。

受这些开创性工作的启发，Liu等合成了一种用两个末端乙烯基官能化的四芳基琥珀腈（TASN-diene），并将其用作硫醇-烯加成反应中的交联剂，制备了热/机械响应性的液晶弹性体（TASN-LCE）[48]。当枫叶状TASN-LCE薄膜受到1.0MPa的机械应力时，薄膜颜色从黄色变为红色，应力移除后，红色逐渐褪去（图2-4）。活化的TASN-LCE样品显示出显著的EPR信号，表明LCE基质中产生了碳自由基。值得注意的是，热刺激也会使TASN-LCE薄膜产生完全可逆的着色行为，当样品从30℃加热到100℃时，碳自由基的吸收强度显著增加（λ = 575nm）。聚合物网络中存在的动态共价键赋予TASN-LCE材料优异的自修复能力和可回收性。修复后的TASN-LCE样品在室温下储存4h后无EPR信号，表明TASN-LCE网络中的碳自由基已完全重组。此外，自修复TASN-LCE样品的弹性模量、应变和拉伸强度随着自修复时间的增加逐渐恢复。这些智能软驱动器具备变色伪装、自修复和回收等功能，使其在多功能仿生软机器人和可视化传感器等各种领域具有广泛的适用性。

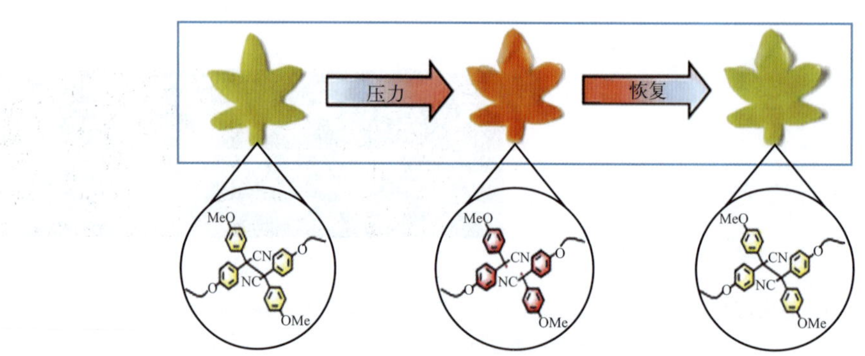

图2-4 TASN-LCE刺激响应变色[48]

2.1.2.2 具有结构色的力致变色液晶材料

结构色在自然界中广泛存在，从蝴蝶、甲壳类动物、热带鱼到变色龙，这些绚丽的虹彩色调是通过光与生物皮肤或组织中周期性微观结构的复杂相互作用而产生的。与色素色相比，结构色具有卓越的化学稳定性和抗褪色性。手性液晶因其独特的手性螺旋纳米结构，成为制造力致结构色变色材料的潜在候选。手性液晶可以根据其维度分为一维螺旋结构液晶［如胆甾相液晶（CLC）和纤维素纳米晶（CNC）］以及三维液晶——蓝相液晶（BPLC）。

(1)一维液晶

胆甾相液晶是一种具有一维光子晶体特性且具有自组装螺旋结构的材料，这些螺旋结构的手性取决于手性掺杂剂的螺旋性。如果螺旋结构的螺距长度与可见光波长匹配，则胆甾相液晶的光子带隙可调整以涵盖可见范围[49]。胆甾相液晶的反射带隙遵循布拉格公式：

$$\lambda = n \times p \times \cos\theta$$

式中，λ为折射峰波长；n为平均折射率；p为胆甾相液晶的螺距；θ为入射光方向与液晶表面法线方向之间的夹角。通过调整螺距，可在整个可见光谱范围内控制胆甾相液晶的反射波长[50-51]。

目前，已有多项理论研究探索了胆甾相液晶弹性体的力学行为，研究表明，当胆甾相液晶弹性体受到机械作用（如单轴拉伸）时，晶体的光子带结构会发生变化，薄膜厚度沿z轴方向改变，胆甾相液晶的螺距沿x轴方向减小，从而导致薄膜的光学性质改变[52-53]。

之前已有报告指出：当施加不对称单轴载荷时，螺旋结构会展开，导致其反射圆偏振光的能力丧失［图2-5（a）］。因此，理解各种变形引起的机械-光学性质和螺旋排列变化至关重要。Kwon等深入研究了不同拉伸模式对胆甾相液晶弹性体机械和光学性质的影响[54]。对称双轴拉伸有可能在应变诱导螺距收缩过程中保持结构，从而保持对手性圆偏振光的选择性［图2-5（b）］。在这两种拉伸模式下，胆甾相液晶弹性体均呈现蓝移，这是由于薄膜厚度变化导致螺旋螺距收缩。然而，由于体积守恒，双轴拉伸时薄膜厚度变化比单轴拉伸更快，双轴拉伸下，仅需50%的应变就能使胆甾相液晶弹性体薄膜的结构色从红色变为蓝色，而单轴拉伸则需要将近120%的应变。但在不同拉伸模式下，反射圆偏振胆甾相液晶弹性体的行为有所不同，单轴应变施加于胆甾相液晶弹性体时，在40%应变下，可观察到右旋和左旋圆偏振色，随着应变增加，左旋圆偏振色的强度更加明显［图2-5（c）］，这表明单轴拉伸导致胆甾

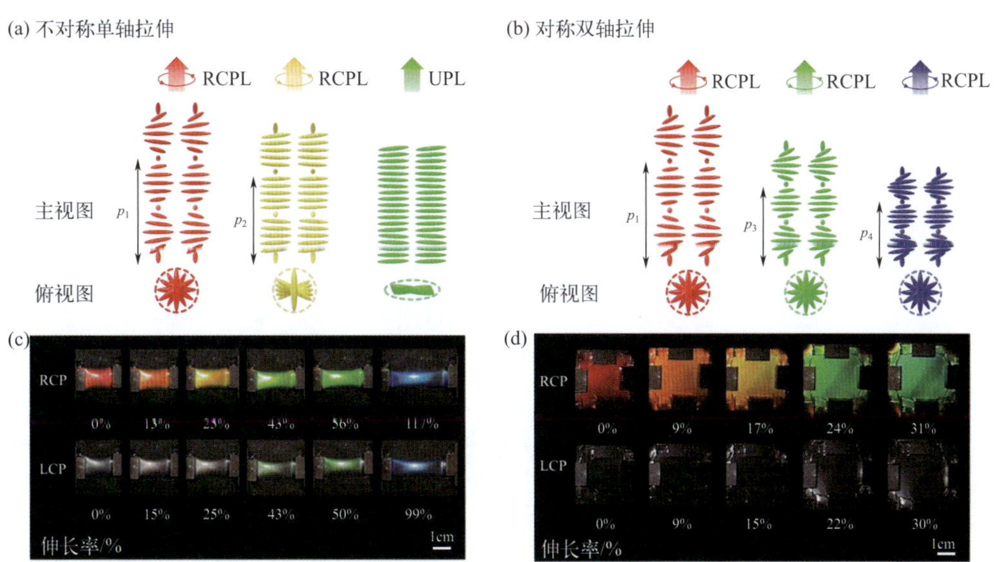

图2-5 单轴（a）以及多轴（b）拉伸下液晶弹性体光学变化的示意图；胆甾相液晶弹性体在单轴拉伸（c）以及多轴拉伸（d）下通过偏振光拍摄的照片[54]

相液晶弹性体的螺旋结构发生变化和解旋；而双轴拉伸的胆甾相液晶弹性体薄膜在应变下反射的圆偏振光的手性保持不变［图2-5（d）］，这表明双轴拉伸薄膜内胆甾相液晶弹性体分子的螺旋排列不会解旋。该研究还提出了面外拉伸方法，利用这种拉伸模式，胆甾相液晶弹性体在承受更高程度的拉伸时仍能保持其螺旋结构，从而产生更宽的反射颜色光谱和更多样的视觉可感知颜色变化。

纤维素纳米晶是将另外一种一维液晶材料，在结构完整性和多功能性方面与液晶弹性体具有共性。纤维素纳米晶薄膜的反射波长（λ）取决于螺距（p）、材料的平均折射率（n_{avg}）和入射角（$\sin\theta$），可通过以下公式计算：

$$\lambda = n_{avg} \times p \times \sin\theta$$

1950年，Rånby等成功从生物基质中提取出纤维素纳米晶[55]。Marchessault等发现了纤维素纳米晶的溶致变色液晶特性，为将纤维素纳米晶作为动态光子晶体的研究开辟了道路[56]。纤维素纳米晶由源自生物质材料的纳米棒组成，具有结晶度高、纵横比大、杨氏模量高和生物相容性好等特性[57]。特别是，纤维素纳米晶可自组装成为手性向列相的螺旋结构，类似于Bouligand结构，但纤维素纳米晶通过蒸发自组装形成的螺旋结构总是左旋的。当手性向列相的螺距在可见光波长范围内时，薄膜呈现虹彩结构色并选择性反射左旋圆偏振光。

当纤维素纳米晶薄膜受到外力时，其薄膜内的手性向列间距变形，导致反射波长发生偏移，从而引发颜色变化，外力移除后，纤维素纳米晶薄膜可恢复到原始状态[58-59]。

（2）三维液晶

蓝相液晶（BPLC）是兼具三维晶格结构和液体流动性的独特液晶材料，作为可调谐光子晶体极具吸引力，其选择性反射波长为

$$\lambda = 2nd\cos\theta = \frac{2na}{\sqrt{h^2 + k^2 + l^2}}$$

式中，n为平均折射率；a为蓝相液晶的晶格常数；h，k，l为晶体取向平面的米勒指数[60]。

蓝相液晶具有高度有序结构和固有液晶特性，对外部刺激响应性和适应性强，能调制选择性反射、晶格取向和晶体结构，但工作温度范围窄，限制了实际应用。为解决此问题，研究人员常引入聚合物[61]、纳米颗粒[62]或双介晶液晶元素[63-64]等添加剂，拓宽温度范围。如Castles等将液晶单体与各种丙烯酸酯单体混合，在液晶蓝相状态下原位聚合，制备出可拉伸蓝相液晶凝胶，拉伸时因晶格间距减小，结构色蓝移，且多次拉伸和松弛循环显示颜色变化行为可重复[64]（图2-6）。

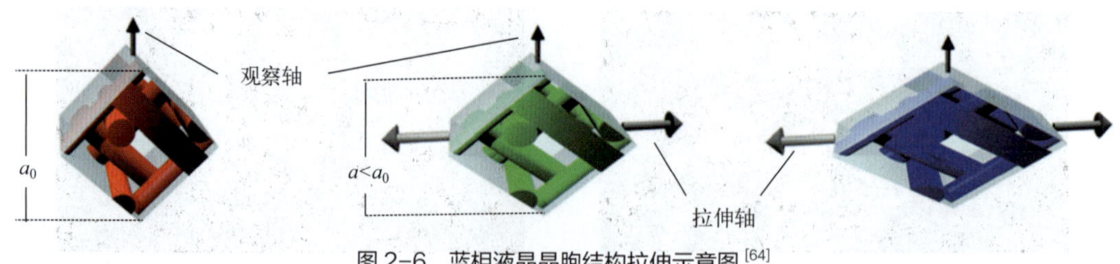

图2-6　蓝相液晶晶胞结构拉伸示意图[64]

蓝相液晶的立方结构使每组平面都能作为布拉格反射器，导致结构色具有角度依赖性，

White等通过一步光聚合制备蓝相液晶弹性体，研究应力与颜色相关性，未拉伸时，薄膜在垂直入射和45°样品角度间有从蓝色到紫色的轻微蓝移，施加40%应力时，薄膜厚度减小，晶格向薄膜表面倾斜，45°时反射红移[65]。

2.1.3 力致变色液晶材料的制备方法

（1）纯胆甾相液晶弹性体材料的制备

① **浇铸法** 将胆甾相液晶单体混合物熔融混合后，倒入带有间隔垫的PVA涂层玻片，经冷却、引发反应、热聚合等步骤，制备过程需控制温度、时间，实现对材料颜色和形状的控制，但受模具尺寸限制，难制备大面积薄膜。

② **各向异性溶胀法** 通常溶胀过程是各向同性的，在各方向均匀发生。而各向异性溶胀法借助特殊手段（如离心蒸发溶剂）使溶胀仅沿特定方向（如z方向）进行，以形成均匀的胆甾相液晶网络构象。如Finkelmann等采用高温离心长时间制备，需10h，过程复杂[66]。Lagerwall等改进后，在室温下蒸发溶剂，也能让样品纵向收缩形成均匀结构色的胆甾相液晶弹性体，且其薄膜拉伸时结构色响应快速可逆[53]。此方法利于精准调控材料微观结构和性能，对力致变色液晶材料制备意义重大。

（2）液晶复合材料制备

① **纤维素纳米晶基复合材料** 纤维素纳米晶薄膜脆性大，常与弹性材料复合。如添加PEG、PU、水凝胶等提升柔韧性、敏感性与稳定性。

② **胆甾相液晶基复合材料** 胆甾相液晶与互补材料集成能够有效丰富它们的固有功能，进一步增强胆甾相液晶基复合材料性能属性。例如，Shi等制备由胆甾相液晶主链聚合物和吸湿聚两性电解质组成的半互穿双响应网络，该材料结合了胆甾相液晶弹性体的力致变色性能与聚两性电解质吸水/脱水能力，使材料在拉伸和遇水时均发生颜色改变[67]。

（3）多层膜策略

多层膜策略的灵感源自孔雀羽毛、蝴蝶翅膀等天然多层结构的精妙设计。通过精心挑选和组合不同功能的材料，将其层层叠加，能够构建出具有特殊性能的力致变色液晶多层膜材料。基底材料的特性对力致变色液晶材料层的应力分布和松弛行为有着显著影响，将力致变色液晶材料与不同材料层结合（如PDMS、HPC及PMP等），即可实现对液晶材料的力致变色性能的有效调控。

2.1.4 力致变色液晶材料的应用

（1）机械传感器

在监测材料结构完整性和应力缺陷时，可视化材料的应力-应变至关重要。传统传感器如基于导电聚合物复合材料[68-69]、离子凝胶[70-71]、碳-[72]和金属-聚合物复合材料[73]或嵌入光纤传感器[74]。然而，这些传感器在多模系统应用中有局限性，只能提供一维信号信息，且通常需分析设备来表征电信号变化。力致变色液晶材料的颜色变化与施加机械刺激的模式、方向和强度直接相关，可直观地可视化材料内部应力-应变情况[54]。相较于传统基于电学原理的传感器，力致变色液晶材料为应力-应变的可视化提供了创新的解决方案。Shibaev等通过深入研究高黏性胆甾相液晶弹性体在剪切应力下的力学性能，开发出了一种定量模型，用于分析胆甾相液晶弹性体的黏弹性行为及其与颜色变化的内在联系[75]。胆甾相液晶弹性体在受到机械应力作用时，其内部的液晶分子会发生重新排列，这种微观结构的变化导致了材料宏观上的颜色改变[76-77]。但胆甾相液晶弹性体的长松弛时间限制了其在传感器中的应用，目前常用方法是修饰弹性体分子结构来调节松弛过程，不过这会影响材料的热学和光学等其他特性[78-79]。Hisano等提出的多层系统方法，无须合成新分子，就能操纵CLCE在软弹性区域的松弛时间，实现了从1秒到6个月的宽范围松弛时间，且通过传统数字相机就能高精度检测薄膜的机械应变[80]。这种基于力致变色液晶材料的应力-应变可视化技术在材料结构健康监测、机械工程等领域具有巨大的应用潜力，能够及时发现材料内部的潜在缺陷和应力集中区域，为保障工程结构的安全可靠性提供有力支持。

此外，多层结构的胆甾相液晶弹性体传感器还能在时空维度上高精度地可视化应变，实现对不同弯曲形状的区分，快速检测各种曲率，并可用于设计空间重量分布传感器，有效检测空间质量分布。Han等通过引入液晶低聚物进行相稳定处理制备了均匀主链胆甾相液晶弹性体多层膜[81]。在实际应用中，当主链胆甾相液晶弹性体薄膜受到不同弯曲应变时，会呈现出独特的颜色变化规律。例如，当薄膜受到零高斯曲率的弯曲应变时，其颜色会逐渐转变为蓝色；而当受到非零高斯曲率的弯曲应变时，薄膜会出现两个明显不同颜色的区域，通常表现为红色和蓝色分别位于不同的部分，中间由明显的间隙隔开。通过对这些颜色变化的精确检测和分析，能够有效地确定材料在局部区域的弯曲应变情况，进而准确地区分不同曲率的变形模式。基于这一特性，研究人员设计了一种空间重量分布传感器（图2-7）。该传感器由六个弹性体管作为支撑结构，在弹性体管的外表面覆盖具有宽颜色变化范围的主链胆甾相液晶弹性体薄膜。在实际工作过程中，当对传感器上方的对称圆盘施加应力时，靠近应力施加点的胆甾相液晶弹性体薄膜

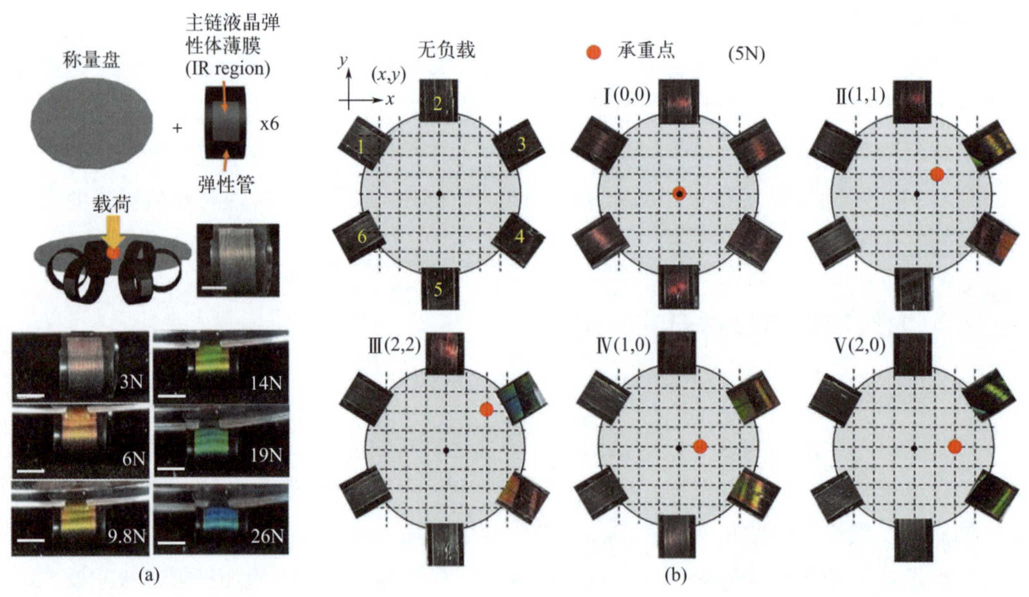

图2-7　空间重量分布颜色可视化（比例尺单位长度代表1cm）(a) 以及空间重量分布传感器 (b)

会受到更大的应力作用，从而导致其颜色发生更大程度的变化。通过观察薄膜颜色的变化情况，就可以清晰地了解到空间质量分布的信息，实现对空间质量分布的高精度检测。

（2）压力成像

压力成像装置用于识别和显示表面压力的模式及变化，与应力传感器不同，它强调压力的二维分布，需要精确的空间分辨率和灵敏度。Vignolini等制备的高性能羟基丙基纤维素（HPC）薄膜在压力成像领域展现出独特的优势[82]。在制备过程中，采用了先进的槽模涂布和卷对卷工艺，通过精确调整HPC薄膜的浓度，能够实现对其原始颜色的精细调控。这种HPC薄膜具有优异的机械敏感性，在压力作用下会发生显著的颜色变化，其颜色变化范围从红色到蓝色，且颜色变化与压力大小呈良好的线性关系。基于这一特性，HPC薄膜被广泛应用于实时压力成像领域。例如，在人体足部压力检测中，将HPC薄膜放置在鞋底或鞋垫等位置，当人行走或站立时，足部对薄膜施加压力，薄膜会根据压力的大小和分布情况实时改变颜色。通过对薄膜颜色变化的图像采集和分析处理，可以精确地校准足部压力，生成高分辨率的实时压力分布图像，清晰地显示出足部各个部位的压力大小和分布情况，为生物力学研究、医疗诊断等领域提供有力支持。

（3）仿生材料

自然界中，头足类动物和变色龙等动物利用变色伪装来躲避捕食者、隐藏自身及传递信息。在仿生材料领域，力致变色液晶材料的应用为实现伪装与信息传递提供了新的途径。仿生力致变色液晶材料通过力变机制呈现多样光学特性，能传输和存储大量信息。Martinez等开发的具有共价自适应网络的液晶弹性体（CAN-CLCE）成功地模仿了自然生物的伪装行为[83]（图2-8）。当CAN-CLCE薄膜受到单轴拉伸时，其内部的液晶分子排列会发生显著变化。从微观角度来看，液晶分子的取向从原本的无序状态逐渐转变为有序排列，这种分子排列的改变导致了薄膜在宏观上反射颜色的变化，从初始的红色逐渐转变为蓝色。同时，该材料利用加成-断裂链转移机制，在紫外光照射下，材料内部的网络结构会发生调整，使得应变能够得到释放，并且能够将变形后的结构色永久固定。在实际应用中，通过使用光掩模技术，可以在薄膜表面制备出复杂的图案，这些图案在不同的拉伸状态下能够呈现出不同的颜色和形状变化，从而实现类似于变色龙皮肤的伪装效果。

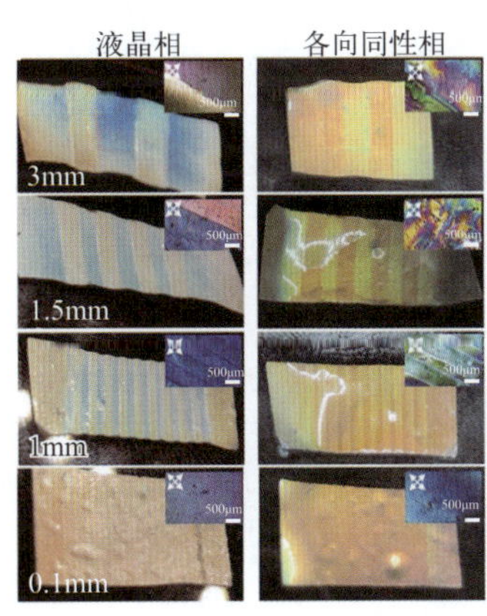

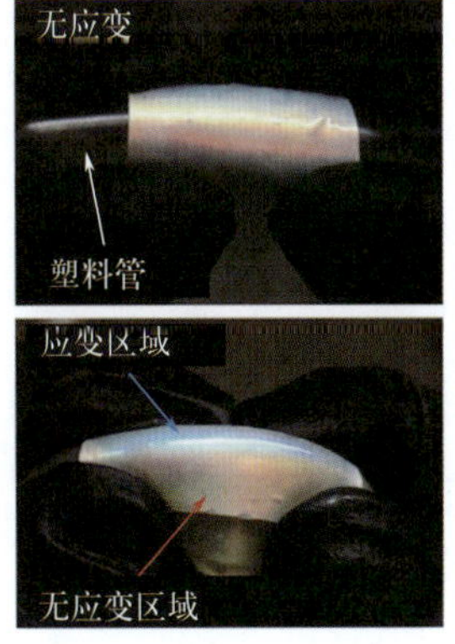

图2-8　CAN-CLCE材料的伪装[83]

部分仿生材料还借鉴了头足类动物的双色变机制，如Sun等将可交联的螺吡喃基分子引入胆甾相液晶弹性体并结合改性纳米粒子，使仿生液晶弹性体兼具协同色素色和结构色变化[20]。当薄膜拉伸时，伸长率低于60%，结构色主导；超过60%，则是两种颜色结合，随伸长率从0%到100%，颜色从红橙色平滑过渡到蓝色，且与单一颜色变化材料相比，这种液晶弹性体材料的机械变色范围更广，能更好地适应周围环境实现隐身效果（图2-9）。

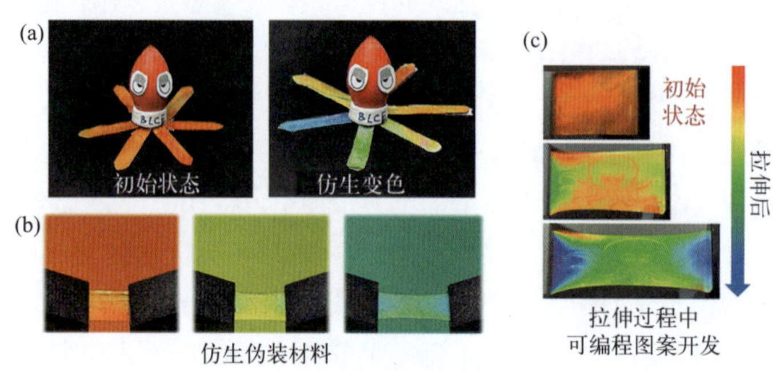

图2-9　天然头足类动物的伪装[20]

此外，同时具有变色伪装和自愈能力的生物在面临威胁时无疑具有更高的生存可能性。除了改变它们的颜色以与周围环境无缝融合外，这些生物还可以利用它们的自我修复能力来逃脱。通过快速再生组织和修复损伤，它们可以躲避捕食者或其他危险。动态共价键的引入可以赋予材料自愈合的特性，例如Ma等将动态硼酸酯键引入胆甾相液晶弹性体，在受力变色的同时，还能通过可逆的热交换特性实现形状编程与自我修复，为仿生变色材料的发展开辟了新方向[84]。

（4）电子皮肤

与传统电转换电子皮肤相比，基于力致变色液晶材料的电子皮肤结构简单、肉眼可见。Zhang等制备的包含HPC、聚（丙烯酰胺-丙烯酸）共聚物（PACA）和碳纳米管的电子皮肤，通过结合HPC纳米结构与PACA水凝胶网络，使材料对张力、压力和温度刺激具有光学响应性，碳纳米管的加入增强了水凝胶的鲜艳结构色，还能通过电阻变化反馈刺激，利用双信号反馈有效识别各种刺激。如将其附着在人体手指上，可实时监测手指运动、受力和环境温度变化（图2-10）[85]。

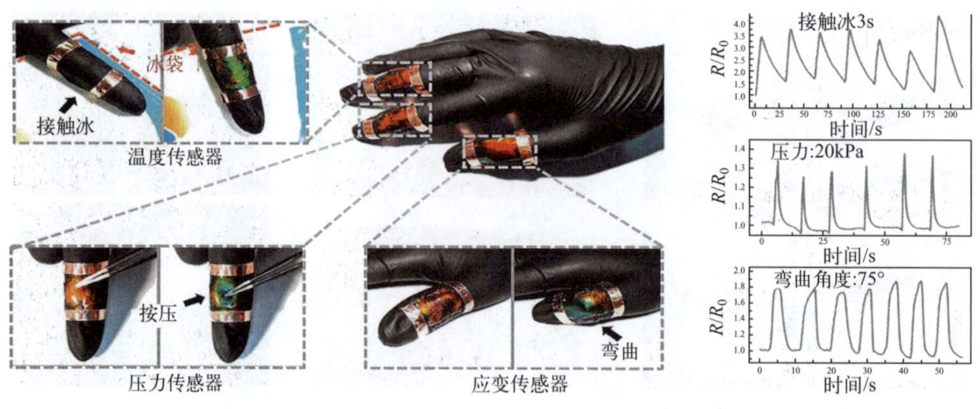

图2-10　附着在人类手指上的多功能电子皮肤，可以检测温度、压力和张力[85]

Yi等开发的基于液晶相和无定形相HPC的高度可调节且耐用的可穿戴光子皮肤，为电子皮肤的发展提供了新的思路[86]。他们通过精心设计，制备出了具有14×14像素阵列的大面积HPC皮肤。这种光子皮肤具有出色的黏附性能，能够紧密地附着在人体皮肤上，无需额外的黏合剂，极大地提高了用户的使用便利性。其静止时呈红色，附着区域运动时颜色随应变程度变化，通过智能软件分析颜色变化数据，可以精确地评估人体的活动类型和强度，例如区分不同的运动姿势、运动幅度等，同时还能够对人体结构的力学特性进行分析，为康复医学、运动训练等领域提供科学的数据支持（图2-11）。

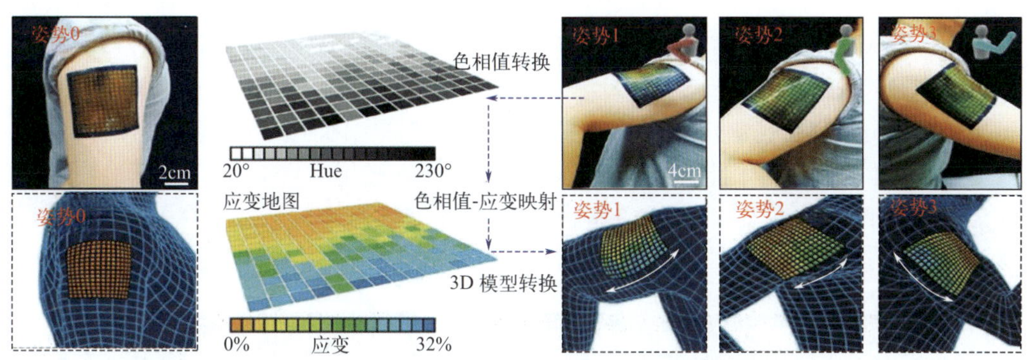

图2-11　使用大面积HPC光子皮肤检测人类运动和姿势[86]

（5）智能纤维

能够感知周围环境并对其做出反应的智能纤维在运动和时尚领域受到了极大的关注。Lagerwall等在智能纤维制备方面取得进展，其制备的胆甾相液晶弹性体纤维平衡了前驱体溶液黏弹性，在200%应变下有可逆变色响应，颜色变化覆盖可见光光谱[87]。为评估其性能设计了直接编织和缝制到布料两种装置，有趣的是，每针都根据相对于施加的应变的角度显示不同的颜色。此外，胆甾相液晶弹性体纤维表现出长期耐用性，可以承受反复机洗（图2-12）。

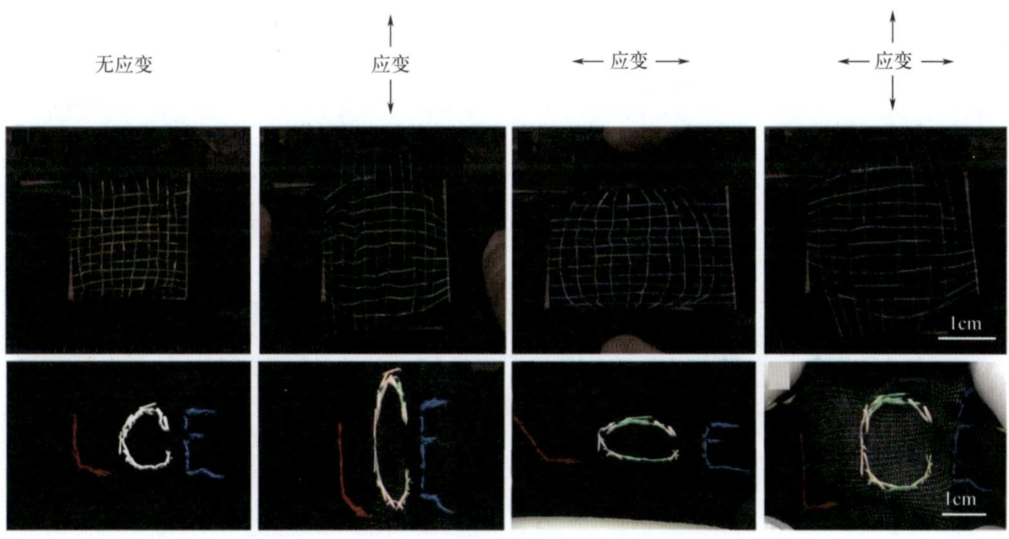

图2-12　胆甾相液晶弹性体纤维的宏观机械变色响应[87]

然而，上述方法产生的纤维横截面为带状而不是圆柱形，并且工艺参数的微小变化会影响纤维，不利于大规模工业生产。最近，Lagerwall的小组提出了一种策略，使用低密度聚乙烯管作为模板，通过溶解管状模板来释放纤维，有效克服了以前制备方法的局限性。所制备的CLCE纤维具有出色的圆柱对称性，这意味着纤维在垂直于纤维轴的所有方向上表现出相同的响应，受力时颜色变化更均匀明显[88]。

（6）加密和防伪

通过对液晶材料施加单轴拉伸，材料会变形，从而导致光学各向异性。在偏振光下观察时，这种现象表现为结构色，而在自然光下则显示为无色[42,54]。这种光学特性在信息加密和防伪等应用中具有巨大的潜力。Hussain及其同事将二硫键整合到胆甾相液晶弹性体中，能够使用机械诱导双折射和可见光诱导应力松弛来创建图案化胆甾相液晶弹性体薄膜[89]。当拉伸的薄膜通过光掩模暴露在紫外线下时，它表现出优异的图案化能力。当没有拉伸力（$\varepsilon = 0$）时，薄膜在正常光照条件下几乎不显示图案。然而，当薄膜拉伸35%（ε= 35%）时，图案变得更加明显，并根据拉伸程度呈现出不同的结构颜色（图2-13）。

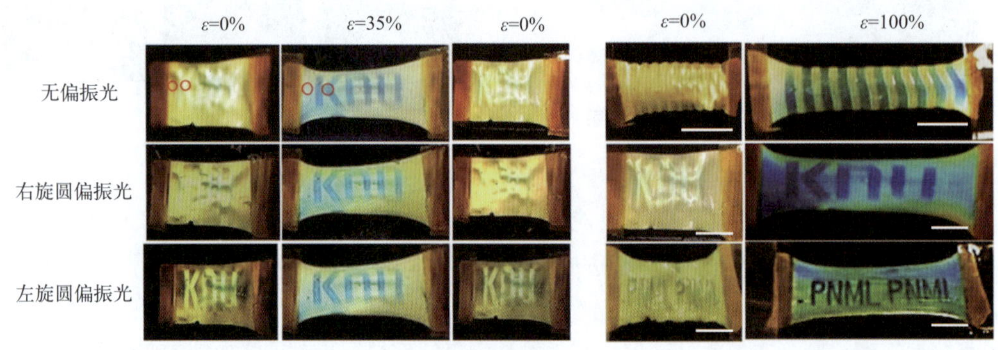

图2-13　力致变色液晶材料的信息加密与解密[89]

但是，依赖单一的信息存储方法并不能提高存储信息的安全性。复合动态信息存储可以通过结合不同的防伪技术或利用多种外部刺激来实现，从而有效增强信息存储的安全性。Zhang等通过引入Rh-AC的功能触发器构建了机械和化学变色的胆甾相液晶弹性体[44]（图2-14）。当

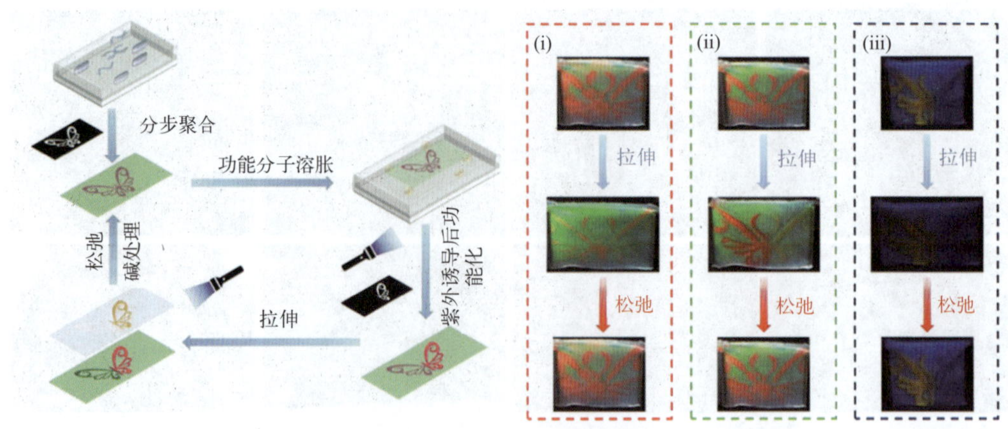

图2-14　基于力致变色材料的双重加密[44]

薄膜暴露在酸中时，功能分子的Rh-AC螺环发生化学变化，形成开环结构，表现出很强的吸收和荧光。同时，胆甾相液晶弹性体的间距由于拉伸而减小，而功能分子保持不变。他们提出了动态结构颜色图案和着色和荧光颜色图案的可逆正交结构，从而有可能在胆甾相液晶弹性体中实现信息显示的双重加密模式。

（7）光子纸

当前对环保和可持续的信息存储和显示技术的需求日益增长，光子纸作为一种新兴的光学信息存储介质，因其独特的光学性能和环保性而受到广泛关注。Cui等提出的创新型可重写光子纸，利用光驱动的胆甾相液晶实现了动态图案的写入、擦除和精确颜色控制[90]。通过调控胆甾相液晶螺距和螺旋轴结构，可写入、擦除图案并精确控制颜色，在电子标签、信息展示等领域有广泛应用前景（图2-15）。

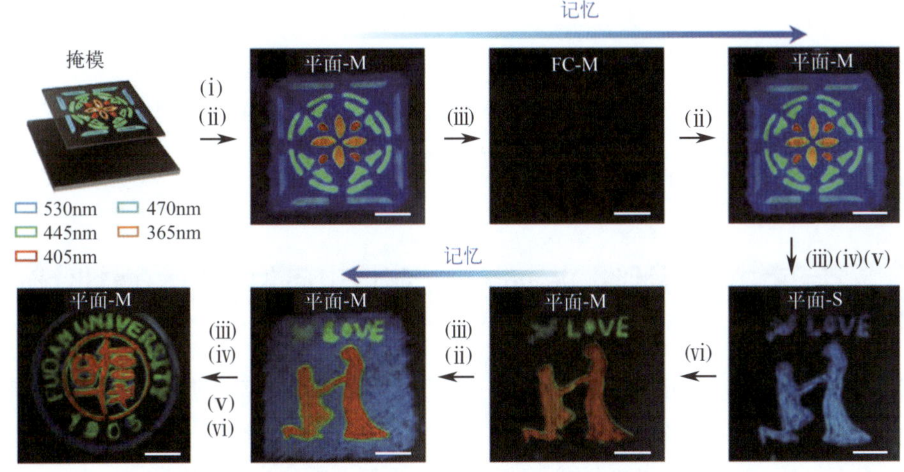

图2-15　可重写光子纸的应用（比例尺单位长度代表1cm）[90]

2.2　力致变色液晶材料领域对新材料的战略需求

2.2.1　高性能智能材料的需求

随着科技的飞速发展，各领域对高性能智能材料的需求日益迫切。在航空航天领域，飞行器结构需实时监测应力分布，力致变色液晶材料有望用于制造智能蒙皮，通过颜色变化直观反映结构受力情况，及时发现潜在的结构损伤，保障飞行安全。与传统的应力传感器相比，其无需复杂的电学检测系统，能简化飞行器的监测设备，减轻重量，提高能源利用效率。

在汽车制造领域，力致变色液晶材料可应用于轮胎、车身等部件，实时显示部件的受力状态，辅助工程师优化设计，提高汽车的性能与安全性。如将其嵌入轮胎表面，驾驶员能直观了解轮胎的磨损与受力情况，提前预防爆胎等危险状况；在车身设计中，可帮助优化碰撞吸能结构，提升汽车的被动安全性。

在可穿戴设备领域，人们期望智能手环、智能服装等不仅能监测生理信号，还能感知外界物理刺激。力致变色液晶材料可赋予这些设备可视化的力学感应功能，当用户运动时，设备能根据受力变化改变颜色，提供运动反馈，如运动强度过大时，颜色警示用户适当调整，实现个性化的健康管理。

2.2.2 生物医学领域的特殊需求

生物医学领域对材料的生物相容性、功能性及安全性有着极高要求，力致变色液晶材料在此领域展现出独特的应用潜力。在组织工程中，用于构建支架材料的力致变色液晶聚合物，可在细胞生长过程中，根据细胞施加的微小力学作用发生颜色变化，为研究细胞与材料间的相互作用提供直观信息，助力优化支架设计，促进组织再生。

在药物缓释系统方面，将力致变色特性与药物控释功能相结合，当药物载体受到体内特定部位的力学刺激（如肌肉收缩、器官蠕动）时，可以在颜色改变的同时精准释放药物，提高治疗效果，减少药物副作用。

在手术辅助方面，力致变色液晶材料制成的可视化手术器械，能在手术过程中实时反馈器械与组织间的接触力，避免手术操作对脆弱组织造成过度损伤，提高手术的精准性与安全性，为复杂手术提供有力支持。

2.3 力致变色材料当前存在的问题与面临的挑战

尽管近年来力致变色液晶材料已经取得了长足的进步，但该领域仍有若干挑战有待解决。

首先，在利用力致变色分子实现力致变色功能的材料中，功能分子需要同时满足可聚合、具有应力响应、具有分子键断裂后的颜色变化几个方面的功能。对于上述多功能的要求不可避免地使分子的合成变得冗长，使该方法不具有经济性。目前而言，可聚合力致变色分子的烦琐昂贵的合成路线是制约力致变色材料发展的难点。如何探索力致变色功能分子的低成本、高效、模块化合成方案将是该领域的下一步研究方向。

其次，现有的力致变色液晶材料仍然以实验室制备的小规模样品为主，为了实现该材料的普及和大规模使用，开发大尺寸材料的制备方法和连续化生产仪器和设备至关重要。然而，目前的技术还无法实现结构和颜色均匀的大尺寸柔性薄膜的制备。与此同时，现有力致变色液晶材料还没有形成统一的制备与性能检测标准，材料性能差异巨大，为其进一步实际应用带来了不确定因素。在未来的工作中，根据不同力致变色液晶材料的种类、材料应用目标场景以及不同的材料生产制备工艺等，确定力致变色液晶材料的统一性能检测标准将是推动其实用化的关键。可以围绕材料颜色、吸收峰、反射峰、单位应变产生的颜色变化等可量化指标作为衡量材料性能和实用场景的统一标准。

再次，由于单一的力致变色液晶材料在力学性能、多功能性等方面的局限性，将力致变色液晶材料作为组成部件与其他元件结合制备智能监测与控制系统将是该材料发展的一大趋势。面对这一需求，现有力致变色液晶材料在不同使用环境下的稳定性是有待解决的关键问题。例如，力致变色液晶材料如何与微电子学、智能制造等学科的结合，以及力致变色液晶材料在可视化探测器和人造皮肤等方面的实际应用稳定性等。

参考文献

[1] Caruso M M, Davis D A, Shen Q, et al. Mechanically-induced chemical changes in polymeric materials. Chemical Reviews, 2009, 109(11): 5755-5798.

[2] Beyer M K, Clausen-Schaumann H. Mechanochemistry: The mechanical activation of covalent bonds. Chemical Reviews, 2005, 105(8): 2921-2948.

[3] Ito M M, Gibbons A H, Qin D, et al. Structural colour using organized microfibrillation in glassy polymer films. Nature, 2019, 570(7761): 363-367.

[4] Won D, Ko S H. The colour of stress. Nature Materials, 2022, 21(9): 997-998.

[5] Morin S A, Shepherd R F, Kwok S W, et al. Camouflage and display for soft machines. Science, 2012, 337(6096): 828-832.

[6] Dumanli A G, Savin T. Recent advances in the biomimicry of structural colours. Chemical Society Reviews, 2016, 45(24): 6698-6724.

[7] Ingram A L, Parker A R. A review of the diversity and evolution of photonic structures in butterflies, incorporating the work of John Huxley (The Natural History Museum, London from 1961 to 1990). Philosophical Transactions of the Royal Society B: Biological Sciences, 2008, 363(1502): 2465-2480.

[8] Stuart-Fox D, Moussalli A. Camouflage, communication and thermoregulation: Lessons from colour changing organisms. Philosophical Transactions of the Royal Society B: Biological Sciences, 2008, 364(1516): 463-470.

[9] Hanlon R T, Chiao C C, Mäthger L M, et al. Cephalopod dynamic camouflage: Bridging the continuum between background matching and disruptive coloration. Philosophical Transactions of the Royal Society B: Biological Sciences, 2008, 364(1516): 429-437.

[10] Choi S H, Kim J H, Ahn J, et al. Phase patterning of liquid crystal elastomers by laser-induced dynamic crosslinking. Nature Materials, 2024, 23: 834-843.

[11] Bao J, Wang Z, Shen C, et al. Freestanding helical nanostructured chiro - photonic crystal film and anticounterfeiting label enabled by a cholesterol - grafted light - driven molecular motor. Small Methods, 2022, 6(5): 2200269.

[12] Zhou F, Lan R, Li Z, et al. Graphene/cholesteric liquid-crystal-based electro-driven thermochromic light modulators toward wide-gamut dynamic light color-tuning-related applications. Nano Letters, 2023, 23(10): 4617-4626.

[13] Bao J, Lan R, Shen C, et al. Modulation of chirality and intensity of circularly polarized luminescence emitting from cholesteric liquid crystals triggered by photoresponsive molecular motor. Advanced Optical Materials, 2021, 10(3): 2101910.

[14] Ma L, Li C, Pan J, et al. Self-assembled liquid crystal architectures for soft matter photonics. Light: Science & Applications, 2022, 11(1): 1-24.

[15] Duan C, Cheng Z, Wang B, et al. Chiral photonic liquid crystal films derived from cellulose nanocrystals. Small, 2021, 17(30): 2007306.

[16] Sol J A H P, Sentjens H, Yang L, et al. Anisotropic iridescence and polarization patterns in a direct ink written chiral photonic polymer. Advanced Materials, 2021, 33(39): 2103309.

[17] Hu S, Zhi Y, Shan S, et al. Research progress of smart response composite hydrogels based on nanocellulose. Carbohydrate Polymers, 2022, 275: 118741.

[18] Lamm M E, Li K, Qian J, et al. Recent advances in functional materials through cellulose nanofiber templating. Advanced Materials, 2021, 33(12): 2005538.

[19] Kim S U, Lee Y J, Liu J, et al. Broadband and pixelated camouflage in inflating chiral nematic liquid crystalline elastomers. Nature Materials, 2021.

[20] Sun C, Zhang S, Ren Y, et al. Force - induced synergetic pigmentary and structural color change of liquid crystalline elastomer with nanoparticle - enhanced mechanosensitivity. Advanced Science, 2022, 9(36): 2205325.

[21] Sol J A H P, Smits L G, Schenning A P H J, et al. Direct ink writing of 4D structural colors. Advanced Functional Materials, 2022, 32(30): 2201766.

[22] Lan R, Bao J, Li Z, et al. Orthogonally integrating programmable structural color and photo-rewritable fluorescence in hydrazone photoswitch - bonded cholesteric liquid crystalline network. Angewandte Chemie (International Edition), 2022(134): e202213915.

[23] Nam S, Wang D, Lee G, et al. Broadband wavelength tuning of electrically stretchable chiral photonic gel. Nanophotonics, 2022, 11(9): 2139-2148.

[24] Lan R, Hu X, Chen J, et al. Adaptive liquid crystal polymers based on dynamic bonds: From fundamentals to functionalities. Responsive Materials, 2024, 2(1): e20230030.

[25] Song C, Zhang Y, Bao J, et al. Light - responsive programmable shape - memory soft actuator based on liquid crystalline polymer/polyurethane network. Advanced Functional Materials, 2023: 2213771.

[26] Brown C L, Craig S L. Molecular engineering of mechanophore activity for stress-responsive polymeric materials. Chemical Science, 2015, 6(4): 2158-2165.

[27] Chen Y, Spiering A J H, Karthikeyan S, et al. Mechanically induced chemiluminescence from polymers incorporating a 1,2-dioxetane unit in the main chain. Nature Chemistry, 2012, 4(7): 559-562.

[28] Davis D A, Hamilton A, Yang J, et al. Force-induced activation of covalent bonds in mechanoresponsive polymeric materials. Nature, 2009, 459(7243): 68-72.

[29] Minkin V I. Photo-, thermo-, solvato-, and electrochromic spiroheterocyclic compounds. Chemical Reviews, 2004, 104(5): 2751-2776.

[30] Klajn R. Spiropyran-based dynamic materials. Chem. Soc. Rev., 2014, 43(1): 148-184.

[31] Vidavsky Y, Yang S, Abel B A, et al. Enabling room-temperature mechanochromic activation in a glassy polymer: Synthesis and characterization of spiropyran polycarbonate. Journal of the American Chemical Society, 2019, 141(25): 10060-10067.

[32] Li M, Zhang Q, Zhou Y, et al. Let spiropyran help polymers feel force!. Progress in Polymer Science, 2018, 79(2018): 26-39.

[33] Hickenboth C R, Moore J S, White S R, et al. Biasing reaction pathways with mechanical force. Nature, 2007, 446(7134): 423-427.

[34] Potisek S L, Davis D A, Sottos N R, et al. Mechanophore-linked addition polymers. Journal of the American Chemical Society, 2007, 129(45): 13808-13809.

[35] Gossweiler G R, Kouznetsova T B, Craig S L. Force-rate characterization of two spiropyran-based molecular force probes. Journal of the American Chemical Society, 2015, 137(19): 6148-6151.

[36] Zhang H, Gao F, Cao X, et al. Mechanochromism and mechanical-force-triggered cross-linking from a single reactive moiety incorporated into polymer chains. Angewandte Chemie International Edition, 2016, 55(9): 3040-3044.

[37] Chen H, Yang F, Chen Q, et al. A novel design of multi-mechanoresponsive and mechanically strong hydrogels. Advanced Materials, 2017, 29(21): 1606900.

[38] Beija M, Afonso C A M, Martinho J M G. Synthesis and applications of Rhodamine derivatives as fluorescent probes. Chemical Society Reviews, 2009, 38(8): 2410.

[39] Montenegro H, Di Paolo M, Capdevila D, et al. The mechanism of the photochromic transformation of spirorhodamines. Photochemical & Photobiological Sciences, 2012, 11(6): 1081.

[40] He W, Yuan Y, Wu M, et al. Multicolor chromism from a single chromophore through synergistic coupling of mechanochromic and photochromic subunits. Angewandte Chemie (International Edition), 2023, 62(11): 1-6.

[41] Wang Z, Ma Z, Wang Y, et al. A novel mechanochromic and photochromic polymer film: When rhodamine joins polyurethane. Advanced Materials, 2015, 27(41): 6469-6474.

[42] Kundler I, Finkelmann H. Strain - induced director reorientation in nematic liquid single crystal elastomers. Macromolecular Rapid Communications, 1995, 16(9): 679-686.

[43] Wang Z, Fan W, He Q, et al. A simple and robust way towards reversible mechanochromism: Using liquid crystal elastomer as a mask. Extreme Mechanics Letters, 2017, 11(2017): 42-48.

[44] Zhang S, Sun C, Zhang J, et al. Reversible information storage based on rhodamine derivative in mechanochromic cholesteric liquid crystalline elastomer. Advanced Functional Materials, 2023, 33(51): 1-10.

[45] Imato K, Irie A, Kosuge T, et al. Mechanophores with a reversible radical system and freezing-induced mechanochemistry in polymer solutions and gels. Angewandte Chemie, 2015, 127(21): 6266-6270.

[46] Font-Sanchis E, Aliaga C, Focsaneanu K S, et al. Greatly attenuated reactivity of nitrile-derived carbon-centered radicals toward oxygen. Chemical Communications, 2002(15): 1576-1577.

[47] Sumi T, Goseki R, Otsuka H. Tetraarylsuccinonitriles as mechanochromophores to generate highly stable luminescent carbon-centered radicals. Chem. Commun., 2017, 53(87): 11885-11888.

[48] Liu Z, Bisoyi H K, Huang Y, et al. Thermo - and Mechanochromic Camouflage and Self - Healing in Biomimetic Soft Actuators Based on Liquid Crystal Elastomers. Angewandte Chemie (International Edition), 2021, 61(8): 1-8.

[49] de Gennes P G, Prost J, Pelcovits R. The physics of liquid crystals. Physics Today, 1995, 48(5): 70-71.

[50] Wang Y, Urbas A, Li Q. Reversible visible-light tuning of self-organized helical superstructures enabled by unprecedented light-driven axially chiral molecular switches. Journal of the American Chemical Society, 2012, 134(7): 3342-3345.

[51] Mitov M. Cholesteric liquid crystals with a broad light reflection band. Advanced Materials, 2012, 24(47): 6260-6276.

[52] Cicuta P, Tajbakhsh A R, Terentjev E M. Evolution of photonic structure on deformation of cholesteric elastomers. Physical Review E, 2002, 65(5): 051704.

[53] Kizhakidathazhath R, Geng Y, Jampani V S R, et al. Facile anisotropic deswelling method for realizing large-area cholesteric liquid crystal elastomers with uniform structural color and broad-range mechanochromic response. Advanced Functional Materials, 2019, 30(7): 1909537.

[54] Kwon C, Nam S, Han S H, et al. Optical characteristics of stretchable chiral liquid crystal elastomer under multiaxial stretching. Advanced Functional Materials, 2023, 33(46): 2304506.

[55] Rånby B G, Banderet A, Sillén L G. Aqueous colloidal solutions of cellulose micelles. Acta Chemica Scandinavica, 1949, 3(1949): 649-650.

[56] Revol J F, Bradford H, Giasson J, et al. Helicoidal self-ordering of cellulose microfibrils in aqueous suspension. International Journal of Biological Macromolecules, 1992, 14(3): 170-172.

[57] Habibi Y, Lucia L A, Rojas O J. Cellulose nanocrystals: Chemistry, self-assembly, and applications.

Chemical Reviews, 2010, 110(6): 3479-3500.

[58] Boott C E, Tran A, Hamad W Y, et al. Cellulose nanocrystal elastomers with reversible visible color. Angewandte Chemie (International Edition), 2019, 59(1): 226-231.

[59] Kose O, Tran A, Lewis L, et al. Unwinding a spiral of cellulose nanocrystals for stimuli-responsive stretchable optics. Nature Communications, 2019, 10(1): 1-7.

[60] Bagchi K, Emeršič T, Martínez-González J A, et al. Functional soft materials from blue phase liquid crystals. Science Advances, 2023, 9(30): eadh9393.

[61] Kikuchi H, Yokota M, Hisakado Y, et al. Polymer-stabilized liquid crystal blue phases. Nature Materials, 2002, 1(1): 64-68.

[62] Gharbi M A, Manet S, Lhermitte J, et al. Reversible nanoparticle cubic lattices in blue phase liquid crystals. ACS Nano, 2016, 10(3): 3410-3415.

[63] Wang L, He W, Xiao X, et al. Wide blue phase range and electro-optical performances of liquid crystalline composites doped with thiophene-based mesogens. J. Mater. Chem., 2012, 22(6): 2383-2386.

[64] Castles F, Morris S M, Hung J M C, et al. Stretchable liquid-crystal blue-phase gels. Nature Materials, 2014, 13(8): 817-821.

[65] Schlafmann K R, White T J. Retention and deformation of the blue phases in liquid crystalline elastomers. Nature Communications, 2021, 12(1): 4916.

[66] Kim S T, Finkelmann H. Cholesteric liquid single-crystal elastomers (LSCE) obtained by the anisotropic deswelling method. Macromol. Rapid Commun., 2001, 22(6): 429-433.

[67] Shi X, Deng Z, Zhang P, et al. Wearable optical sensing of strain and humidity: A patterned dual - responsive semi - interpenetrating network of a cholesteric main - chain polymer and a poly(ampholyte). Advanced Functional Materials, 2021, 31(45): 2104641.

[68] Alici G, Spinks G M, Madden J D, et al. Response characterization of electroactive polymers as mechanical sensors. IEEE/ASME Transactions on Mechatronics, 2008, 13(2): 187-196.

[69] Wang T, Farajollahi M, Choi Y S, et al. Electroactive polymers for sensing. Interface Focus, 2016, 6(4): 20160026.

[70] Wang H, Wang Z, Yang J, et al. Ionic gels and their applications in stretchable electronics. Macromolecular Rapid Communications, 2018, 39(16): 1800246.

[71] Feng C, Hemantha Rajapaksha C P, Jákli A. Ionic elastomers for electric actuators and sensors. Engineering, 2021, 7(5): 581-602.

[72] Jang Y, Kim S M, Spinks G M, et al. Carbon nanotube yarn for fiber-shaped electrical sensors, actuators, and energy storage for smart systems. Advanced Materials, 2020, 32(5): 1-14.

[73] Goswami S, Santos A dos, Nandy S, et al. Human-motion interactive energy harvester based on polyaniline functionalized textile fibers following metal/polymer mechano-responsive charge transfer mechanism. Nano Energy, 2019, 60: 794-801.

[74] Liehr S, Lenke P, Wendt M, et al. Polymer optical fiber sensors for distributed strain measurement and application in structural health monitoring. IEEE Sensors Journal, 2009, 9(11): 1330-1338.

[75] Shibaev P V, Schlesier C, Uhrlass R, et al. Cholesteric materials with photonic band gap sensitive to shear deformation and mechanical sensors. Liquid Crystals, 2010, 37(12): 1601-1604.

[76] Zhang Y S, Jiang S A, Lin J D, et al. Bio-inspired design of active photo-mechano-chemically dual-responsive photonic film based on cholesteric liquid crystal elastomers. Journal of Materials Chemistry C, 2020, 8(16): 5517-5524.

[77] van Heeswijk E P A, Kragt A J J, Grossiord N, et al. Environmentally responsive photonic polymers.

Chemical Communications, 2019, 55(20): 2880-2891.

[78] Xia Y, Zhang X, Yang S. Instant locking of molecular ordering in liquid crystal elastomers by oxygen-mediated thiol-acrylate click reactions. Angewandte Chemie, 2018, 130(20): 5767-5770.

[79] Gelebart A H, Jan Mulder D, Varga M, et al. Making waves in a photoactive polymer film. Nature, 2017, 546(7660): 632-636.

[80] Hisano K, Kimura S, Ku K, et al. Mechano - optical sensors fabricated with multilayered liquid crystal elastomers exhibiting tunable deformation recovery. Advanced Functional Materials, 2021, 31(40): 2104702.

[81] Han W C, Lee Y, Kim S, et al. Versatile mechanochromic sensor based on highly stretchable chiral liquid crystalline elastomer. Small, 2022: 2206299.

[82] Liang H, Bay M M, Vadrucci R, et al. Roll-to-roll fabrication of touch-responsive cellulose photonic laminates. Nature Communications, 2018, 9(1): 1-7.

[83] Mäthger L M, Denton E J, Marshall N J, et al. Mechanisms and behavioural functions of structural coloration in cephalopods. Journal of The Royal Society Interface, 2008, 6(suppl_2): S149-S163.

[84] Ma J, Yang Y, Valenzuela C, et al. Mechanochromic, shape - programmable and self - healable cholesteric liquid crystal elastomers enabled by dynamic covalent boronic ester bonds. Angewandte Chemie (International Edition), 2022, 61(9): 1-8.

[85] Zhang Z, Chen Z, Wang Y, et al. Bioinspired conductive cellulose liquid-crystal hydrogels as multifunctional electrical skins. Proceedings of the National Academy of Sciences, 2020, 117(31): 18310-18316.

[86] Yi H, Lee S, Ko H, et al. Ultra - adaptable and wearable photonic skin based on a shape - memory, responsive cellulose derivative. Advanced Functional Materials, 2019, 29(34): 1902720.

[87] Geng Y, Kizhakidathazhath R, Lagerwall J P F. Robust cholesteric liquid crystal elastomer fibres for mechanochromic textiles. Nature Materials, 2022, 21(12): 1141-1147.

[88] Geng Y, Lagerwall J P F. Multiresponsive cylindrically symmetric cholesteric liquid crystal elastomer fibers templated by tubular confinement. Advanced Science, 2023, 10(19): 1-11.

[89] Hussain S, Park S Y. Photonic cholesteric liquid-crystal elastomers with reprogrammable helical pitch and handedness. ACS Applied Materials & Interfaces, 2021, 13(49): 59275-59287.

[90] Cui S, Qin L, Liu X, et al. Programmable coloration and patterning on reconfigurable chiral photonic paper. Advanced Optical Materials, 2022, 10(5): 2102108.

作者简介

兰若尘，江西师范大学特聘教授，博士生导师，江西省杰青。研究方向主要围绕分子机器设计与合成、液晶高分子材料的可控构筑。入选国家“博新计划”，江西省赣鄱俊才青年人才托举项目。主持国家自然科学基金等国家级和省部级项目6项。近五年以一作或通讯作者在*Adv. Mater.*（6）、*Angew. Chem.*、*Adv. Funct. Mater.*（9）、*Nano Lett.*、*Mater. Horiz.*等国际顶级期刊发表SCI论文40余篇，授权国家发明专利7项。

第3章

智能气体传感器

宗博洋　李秋菊　毛　舜

气体传感器行业以检测和监测气体成分、浓度等为主要功能，广泛应用于环境监测、医疗健康、食品工业和公共安全等领域，是现代社会不可或缺的组成部分。气体传感器按照检测原理可分为电化学式、半导体式、红外吸收型、声表面波型、光纤型、石英振荡型、热传导型、荧光型等传感器；按照传感材料，又可分为金属、金属氧化物、无机半导体、有机半导体、石英、陶瓷、高分子材料型等。每种类型的气体传感器均有其独特的应用场景和优势。

气体传感器行业的发展与国家经济、社会发展和科技进步紧密相关。我国经济的快速增长，以及环境保护、公共安全等领域对气体检测要求的提高，推动了气体传感器行业的快速发展。气体传感器按照应用领域可分为工业用气体传感器、环保用气体传感器、医疗用气体传感器等。气体传感器行业的产品种类繁多，包括各类气体检测仪、传感模块、气体报警器等，在研发设计时需要充分考虑气体传感器的灵敏度、稳定性、可靠性、抗干扰能力等性能指标。

随着新传感器技术、新传感材料技术、无线通信技术、智能监测终端、云存储/云计算技术和人工智能的发展，智能气体传感器因实时多功能监测、预警功能以及智能化和自动化等优势，成为气体传感器的新兴发展方向。此外，随着智能终端的发展和集成技术的成熟，柔性可穿戴气体传感器在气体分析中发挥着越来越重要的作用。未来，智能气体传感器行业将更注重产品的低功耗、微型化、智能化、多功能化，以满足不同应用场景的需求。

3.1 气体传感器技术概述和产业发展现状

气体传感器是一种可将气体的浓度和种类信息转换为可被操作人员、仪器仪表、计算机等利用的声、电、光或数字信息的装置，用于现场采集气体数据。通过气体传感器将气体信号转换为电信号，再通过串口通信，传至单片机进行数据处理。气体传感器可以检测一氧化碳、二氧化碳、硫化氢、二氧化硫、氨气、甲烷等无机小分子气体，也可以检测挥发性有机物等大分子物质。气体传感器按照检测原理可分为催化燃烧式、半导体式、红外线吸收式、电化学式等类型；按照功能可分为单一气体传感器和多功能气体传感器；按照使用场所可分为常规型和防爆型；按照使用方式可分为便携式（手持式）和固定式（安装式、壁挂式）等；按照检测气体可分为有毒气体传感器、可燃性气体传感器、常见气体传感器、特殊气体传感器等。传统气体传感器的应用领域已覆盖石油、化工、燃气、冶金、电力、隧道、医药等诸多工业领域，以及城市公共场所、家庭等民用领域，对于工业安全生产和家居安全具有重要意义。

近年来，随着物联网技术的蓬勃发展和智能应用需求的日益增长，智能气体传感器应运而生。智能气体传感器，也称为智慧气体传感器或数字气体传感器，是以传感器为核心，融合通信技术和人工智能技术的模块化集成装置，形式包括便携式传感器、柔性可穿戴传感器和传感器阵列等。如图3-1所示，智能气体传感器未来有望在数字家居、疾病早期诊断、无

图 3-1 智能气体传感器在人类社会具有广泛的应用场景[1]

创医疗、健康追踪、食品质量评估、气体泄漏远程警告、身份验证、流行病预警、非接触式交互面板、可视化工业安全警报、植物保护等领域发挥重要作用。

3.1.1 气体传感器产业发展历程

传感器技术与通信技术、计算机技术并称现代信息产业的三大支柱，是当代科技发展的重要标志之一。气体传感器作为传感器领域重要的分支，正逐渐由传统型向智能型方向发展。

国外气体传感器研究起步较早，20世纪20年代至60年代，是气体传感器行业起步阶段。1927年，美国科学家奥利弗•约翰逊发明了第一个现代催化燃烧（LEL）传感器，并于次年研发了约翰逊-威廉姆斯仪器（J-W仪器），该仪器是世界上首个现场气体检测仪；1957年，Robinson首先报道了光离子化气体检测技术；1962年，日本Tetsuro Seiyama等首次发现ZnO、SnO_2等金属氧化物半导体（MOX）薄膜能用于气体浓度传感；1964年，美国康奈尔大学Walter F. Wilkens和John D. Hartman首次利用气体在电极上的氧化还原反应研发出第一个气体传感器；20世纪60年代中期，催化燃烧式气体传感器开始应用于煤矿瓦斯监测；1968年，日本费加罗公司创始人Taguchi发明了第一个可实际应用的SnO_2薄膜半导体气体传感器，用于检测低浓度可燃性或还原性气体，命名为TGS（Taguchi Gas Sensor）。

20世纪70年代至21世纪初，气体传感器行业进入初步发展阶段。1976年，美国HNU公司推出首批商用光离子化气体检测仪；1979年，日本东北大学稻叶文男（Humio Inaba）和陈建裴（Kinpui Chan）利用长距离光纤进行大气污染物检测，随后继续利用LED光源进行甲烷气体浓度测试，并利用InGaAsP发光二极管和干涉滤光片组成光纤传感系统检测瓦斯吸收谱线，由此光学原理气体检测技术开始发展；1981年，英国City公司推出氧气和多种有毒气体电化学传感器，促使现场气体传感器的大规模普及；1982年，英国Krishna Persaud和George Dodd提出利用气敏传感器模拟动物嗅觉系统结构；此后气体传感开始飞速发展，直到20世纪70年代，气体传感器理论才传入中国；20世纪80年代，我国才主要继承德国气体传感器技术开始研发。

21世纪至今，气体传感器行业进入快速发展阶段。随着集成技术、分子合成技术、微电子技术及计算机技术的发展，微机电系统（MEMS）气体传感器被成功研制，气体传感器逐渐微型化和集成化。2024年，德国FaradaIC研发出全球最小的MEMS电化学气体传感器，尺寸仅约2mm×2mm。随着气敏材料研究的深入和新型传感器工艺的研制，气体传感器的种类更加丰富，稳定性和一致性水平不断提高。此外，随着人工智能技术和物联网技术的普及，气体传感器将朝智能化、微型化、集成化、网络化进一步发展。

3.1.2 气体传感器产业市场格局

目前全球气体传感器企业主要集中在美国、日本和欧洲等地，主要包括美国安费诺（Amphenol）、美国霍尼韦尔城市技术（City Technology）、美国艾德诺ADI、美国倍省（Baseline Mocon）、日本费加罗（Figaro）、日本堀场（Horiba）、日本瑞萨电子（Renesas）、德国英飞凌（Infineon）、德国博世（Bosch）、瑞士森尔（Senseair）、瑞士盛思锐（Sensirion）、瑞士艾知（SGX Sensortech）、英国达特（Dart）、英国阿尔法（Alphasense）、英国ClairAir、英国剑桥（Cambridge CMOS Sensors）、奥地利艾迈斯半导体（AMS）、奥地利李斯特（AVL）等。这些国家气体传感器技术起步较早，先进的企业拥有丰富的产品线和各自的王牌技术领域，占据了气体传感器行业的大部分中高端市场（如电化学式和红外线吸收式气体检测仪）。

尽管中国企业的气体传感器技术整体仍落后于国际气体传感器企业，但是国产替代趋势不断增强，已实现中低端气体传感器的国产替代，高端传感器（如电化学类、红外光学类、PID类）的研发稳步推进。国内气体传感器企业主要分布在河南、深圳、武汉以及长三角地区，包括汉威科技、四方光电、炜盛电子、驰诚电气、华工科技、南华仪器、川东磁电、奥迪威、万讯自控、无锡格林通、杭州麦乐克、攀藤科技、微纳感知、慧闻纳米、芯感智、烨映微电子、昆仑海岸、奥松电子、戴维莱、蓝月测控、美思先端、汇投智控、美克森电子等。国内气体传感器研发和产业化相对成熟的领域主要是具有价格优势的半导体和催化燃烧式传感器，仅少数企业具备NDIR和PID气体传感器的研发和生产能力。

根据第三方研究机构Mordor Intelligence报告，目前全球气体传感器市场中，电化学气体传感器占主导地位，市场占有率约50%；红外吸收式技术（属于光学传感）紧随其后，市场占有率约24%；剩余市场份额主要是催化燃烧式、半导体式和光电离子探测等技术。其中，固态/金属氧化物半导体气体传感器市场占有率快速增长，预计从2024—2029年将以16%年复合增长率增长。表3-1总结了目前应用最广泛的传感器技术的工作原理和优缺点。

表 3-1　应用最广泛的五类气体传感器的基本原理和特点

类型	工作原理	优点	缺点
电化学气体传感器	气体在传感器电极上发生电化学氧化还原反应并释放出电荷，产生电信号，电信号大小与气体浓度成正比	① 可检出含氧元素的气体，如 O_2、CO、SO_2 等 ② 快速响应 ③ 使用寿命长、稳定性强 ④ 可制备成火灾报警器、医学血氧量传感器等	① 受工作温度影响较大，需在不同温度下进行校准和调整 ② 难克服高浓度气体或者气体长期与传感器接触引起的中毒失活 ③ 价格高
红外气体传感器	① 利用不同气体对红外线不同波谱段的光谱吸收原理来检测气体的种类及浓度 ② 分为直接吸收式和光反应式	① 非分散红外吸收式光谱对硫化和碳化气体灵敏度较高 ② 使用寿命长	① 无法检测单原子气体和具有对称结构的无极性双原子气体 ② 灵敏度易受环境温度、湿度以及气体浓度影响 ③ 粉尘、背景辐射、强吸附等影响检测效果 ④ 价格高
光离子化气体传感器	① 由紫外光源和气室构成 ② 紫外发光原理与日光灯管相同，只是频率高，能量大 ③ 被测气体到达气室后，被紫外灯发射的紫外光电离产生电荷流，气体浓度和电荷流的大小正相关，测量电荷流即可测得气体浓度	① 抗干扰性强，只对特定无机气体，如氨气、磷化氢等敏感 ② 非破坏性检测 ③ 适合工业现场 VOC 检测	① 不能测试丙酮、乙烷、甲烷和大部分无机物等具有较高电离能的物质 ② 不能检测含有饱和键的化合物

续表

类型	工作原理	优点	缺点
催化燃烧气体传感器	可燃性气体在气敏元件表面进行氧化燃烧放热使电热丝温度升高，并引起电阻值变化，通过测量阻值变化即可检出不同浓度的气体	① 测量可燃气体 ② 稳定性较高，不易受外界温度影响 ③ 电阻值与气体浓度间几乎呈线性，测量效果好，数据处理简单	① 寿命1年左右 ② 传感器内催化剂易和其他气体发生化学反应而中毒失效
半导体气体传感器	利用气体在半导体气敏材料表面进行吸附或反应而引起元件电信号的变化来进行检测的气体传感器	① 测量可燃气体 ② 灵敏度高 ③ 寿命长 ④ 成本低 ⑤ 响应速度快 ⑥ 可靠性强	① 气体选择性较差，干扰和错误报警情况较常见 ② 输出非线性，难提高精度，标定也困难 ③ 长期放置易氧化，使传感器自动休眠，导致传感器再遇到被测气体时没有信号输出

受益于技术加速进步、政策驱动及大众健康意识提高，2025年全球气体传感器市场规模将达到16.69亿美元，预计2030年将达到27.7亿美元，年复合增长率可达10.42%。根据美国环境保护署报告，2023年美国产生约4230万吨CO排放量，并针对汽油和柴油发动机的氮氧化物（NO_x）以及温室气体排放提出减排标准，此外医疗麻醉监测和环境监测增加N_2O传感器使用。目前，CO传感器市场占有率最高，2024年占28%市场份额；其次氮氧化物传感器的市场占有率增长最快，预计2024—2029年将以约12%的年复合增长率增长；其他重要组成部分包括CO_2、O_2、碳氢化合物、挥发性有机物VOCs、SO_2和特定工业气体监测需求。

根据智研咨询统计数据，中国气体传感器行业规模增长迅速。2015年我国气体传感器行业市场规模约为4.73亿元，2023年约为16.53亿元，年复合增长率为17%；2015年我国气体传感器产量约为1095万个，2023年约为4258万个，年复合增长率为18.5%；2022年我国气体传感器需求量约为4746万个，2023年约为5025万个，同比增长5.9%。

3.1.3 气体传感器行业政策分析

传感器及智能化仪器仪表作为国民经济基础性和战略性产业，对促进工业转型升级、发展战略性新兴产业、提高人民生活水平发挥重要作用。如表3-2所示，近年来我国出台了一系列政策法规，支持国产智能气体传感器行业的发展。

“十三五”期间，国家颁布《智能传感器产业三年行动指南（2017—2019年）》，明确将以多项举措推进智能传感器向中高端升级。工业和信息化部《2019年工业强基工程重点产品、工艺“一条龙”应用计划示范企业、示范项目名单》中的传感器“一条龙”应用计划中包含11个气体传感器相关项目，占比40%，标志着我国已将气体传感器产业作为工业强基工程的重要组成部分。

“十四五”期间，随着物联网进入关键发展期，气体传感器作为构筑物联网重要感知设备之一，也受惠于物联网相关利好政策。2022年，国家颁布《计量发展规划（2021—2035年）》，要求提升物联网智能感知设备的测量技术水平。更重要的是，随着人工智能浪潮的兴起，国家2021年经十三届全国人大四次会议通过的《中华人民共和国国民经济和社会发展第十四个五年规划和2035年远景目标纲要》明确提出“聚焦高端芯片、操作系统、人工智能关键算法、传感器等关键领域，加快推进基础理论、基础算法、装备材料等研发突破与迭代应用”，标志着人工智能技术和传感器耦合的技术将进入全新发展时代。此外，2023年工业和信息化部发布《人形机器人创新发展指导意见》，明确提出“面向复杂环境感知需求，推出高灵敏检测多种气体的仿生嗅觉传感器”。

表 3-2　国家支持智能气体传感器行业发展的相关政策

颁布时间	政策名称	颁布单位	主要相关内容
2024 年	《关于加快建立现代化生态环境监测体系的实施意见》	生态环境部	加强多源异构数据融合技术研究，实现卫星遥感与地面监测、传感器等多手段融合监测的一体化分析评价；引导现场直读监测仪器小型化、集成化技术攻关，提高便携式监测仪器精度，提升污染源自动监测设备可靠性和防干扰性
2023 年	《人形机器人创新发展指导意见》	工业和信息化部	面向复杂环境感知需求，推出高灵敏检测多种气体的仿生嗅觉传感器
2023 年	《智能检测装备产业发展行动计划（2023—2025 年）》	工业和信息化部、国家发展改革委、教育部、财政部、国家市场监督管理总局、中国工程院、国家国防科技工业局	针对石化行业开发烯烃产品在线质量检测、智能远程监控与健康诊断系统、有毒气体检测仪等专用智能检测装备
2023 年	产业结构调整指导目录（2024 年本）	国家发展改革委	鼓励制造具有无线通信功能的低功耗智能传感器，增强多传感器信息融合技术的研发，鼓励新型电子敏感元器件及传感器制造，鼓励研发电子元器件生产专用材料的研发
2022 年	产业基础创新发展目录（2021 年版）	国家产业基础专家委员会	包括新型 MEMS 多通道智能气体传感器、医用免维护电化学氧气传感器、体外诊断高性能传感器、小型化低功耗智能无线传感器等 20 款传感器上榜
2022 年	《环保装备制造业高质量发展行动计划（2022—2025 年）》	工业和信息化部、科技部、生态环境部	推动环境监测仪器仪表专用光学气体传感器、电子芯片、色谱检测单元等产品研发
2022 年	《计量发展规划（2021—2035 年）》	国务院	开展智能传感器、微机电系统（MEMS）传感器等关键参数计量测试技术研究，提升物联网感知装备质量水平，打造全频域、全时段、全要素的计量支撑能力
2021 年	《“十四五”国家信息化规划》	中央网络安全和信息化委员会	加强新型传感器、智能测量仪表、工业控制系统、网络通信模块等智能核心装置在重大技术装备产品上的集成应用，利用新一代信息技术增强产品的数据采集和分析能力
2021 年	《“十四五”生态环境监测规划》	生态环境部	重点开展多介质自动采样、复杂样品前处理、高频通量和微型光谱传感器监测、高精度检测、生态调查监测、同位素示踪等技术研究，保障监测结果准确灵敏

续表

颁布时间	政策名称	颁布单位	主要相关内容
2021年	《基础电子元器件产业发展行动计划（2021—2023年）》	工业和信息化部	重点发展小型化、低功耗、集成化、高灵敏度的敏感元件，温度、气体、位移、速度、光电、生化等类别的高端传感器，新型MEMS传感器和智能传感器，微型化、智能化的电声器件。瞄准智能手机、穿戴式设备、无人机、VR/AR设备、环境监测设备等智能终端市场，推动微型片式阻容元件、微型大电流电感器、微型射频滤波器、微型传感器、微特电机、高端锂电等片式化、微型化、轻型化、柔性化、高性能的电子元器件应用
2021年	《中华人民共和国国民经济和社会发展第十四个五年规划和2035年远景目标纲要》	十三届全国人大四次会议	聚焦高端芯片、操作系统、人工智能关键算法、传感器等关键领域，加快推进基础理论、基础算法、装备材料等研发突破与迭代应用
2020年	《2019年工业强基工程重点产品、工艺“一条龙”应用计划示范企业、示范项目名单》	工业和信息化部	传感器“一条龙”应用计划纳入多个气体传感器上游材料、生产设备制造企业（如全椒科利德电子、四方光电、合肥微纳传感、汉威科技、西安元智等公司）作为示范企业
2017年	《促进新一代人工智能产业发展三年行动计划（2018—2020年）》	工业和信息化部	发展市场前景广阔的新型生物、气体、压力、流量、惯性、距离、图像、声学等智能传感器，推动压电材料、磁性材料、红外辐射材料、金属氧化物等材料技术革新，支持基于微机电系统（MEMS）和互补金属氧化物半导体（CMOS）集成等工艺的新型智能传感器研发，发展面向新应用场景的基于磁感、超声波、非可见光、生物化学等新原理的智能传感器，推动智能传感器实现高精度、高可靠、低功耗、低成本。到2020年，压电传感器、磁传感器、红外传感器、气体传感器等的性能显著提高
2017年	《新一代人工智能发展规划》	国务院	建立新型多元智能传感器件与集成平台等人工智能开源软硬件基础平台
2017年	《智能传感器产业三年行动指南（2017—2019年）》	工业和信息化部	推动基于MEMS工艺的新型生物、气体、液体、光学、超声波等智能传感器设计技术的研发，探索研发集成压力传感、麦克风、湿度传感、气体传感等的开放组合产品
2016年	《“十三五”国家信息化规划》	国务院	推进智能硬件、新型传感器等创新发展。提升可穿戴设备、智能家居、智能车载等领域智能硬件技术水平。加快高精度、低功耗、高可靠性传感器的研发和应用
2016年	《“十三五”国家科技创新规划》	国务院	发展微电子和光电子技术，重点加强极低功耗芯片、新型传感器、第三代半导体芯片和硅基光电子、混合光电子、微波光电子等技术与器件的研发
2014年	《国家集成电路产业发展推进纲要》	国务院	加快云计算、物联网、大数据等新兴领域核心技术研发，开发基于新业态、新应用的信息处理、传感器、新型存储等关键芯片及云操作系统等基础软件，抢占未来产业发展制高点

续表

颁布时间	政策名称	颁布单位	主要相关内容
2013 年	《国务院关于推进物联网有序健康发展的指导意见》	国务院办公厅	着重提出"加强低成本、低功耗、高精度、高可靠、智能化传感器的研发与产业化，着力突破物联网核心芯片、软件、仪器仪表等基础共性技术，加快传感器网络、智能终端、大数据处理、智能分析、服务集成等关键技术研发创新"

3.1.4 智能气体传感器技术演进

传统气体传感器的稳定性、灵敏度、功能性和可靠性是衡量气体传感器性能的关键指标。此外，气体传感器是否具备识别不同种类气体的能力（即交叉灵敏度）是衡量气体传感器性能的重要指标，多功能性越强的气体传感器在复合污染物中选择性识别气体的能力越强。气体传感器的系统化和智能化，是指将气体传感器和电子计算机连接，形成智能系统，具备自动检测、自动补偿、数据存储、逻辑判断、功能计算等功能，能实现对气体检测、分析等方面的高精度自动化处理。在此基础上，智能气体传感器能够通过有线传输或无线通信技术，将大量传感器单体集成，实现实时数据交换互通、测控系统自动信息处理以及远距离实时在线测量。

3.1.4.1 传感机制的演进

如图3-2所示，以基于电学和光学原理的气体传感器为例，讨论气体传感技术的机制演进。气敏传感器件包括但不限于场效应晶体管、化学电阻器、电容器、二极管、电化学传感器、比色和荧光探测器等技术。暂不讨论非分散红外分析仪、光电离探测器、光纤波导传感器和干涉仪传感器等其他传感方法。

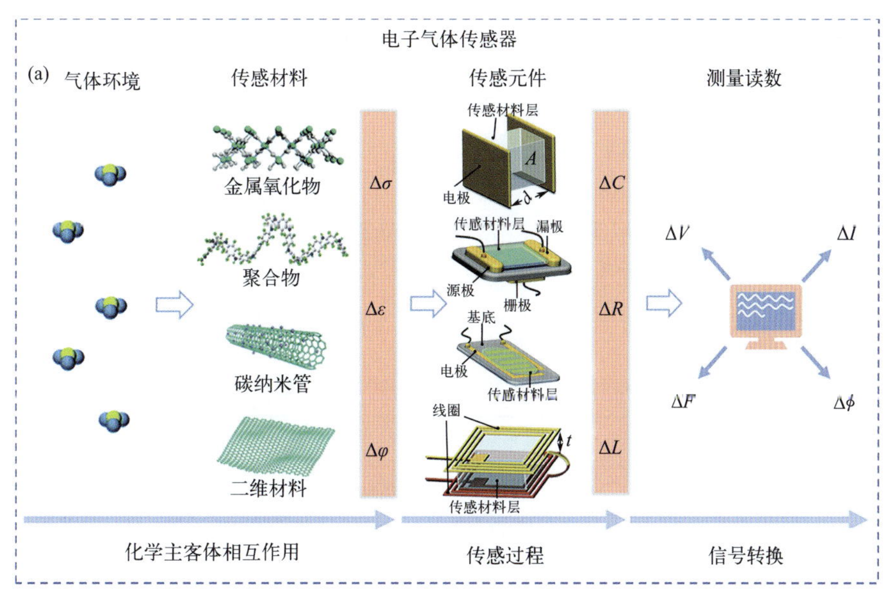

图3-2

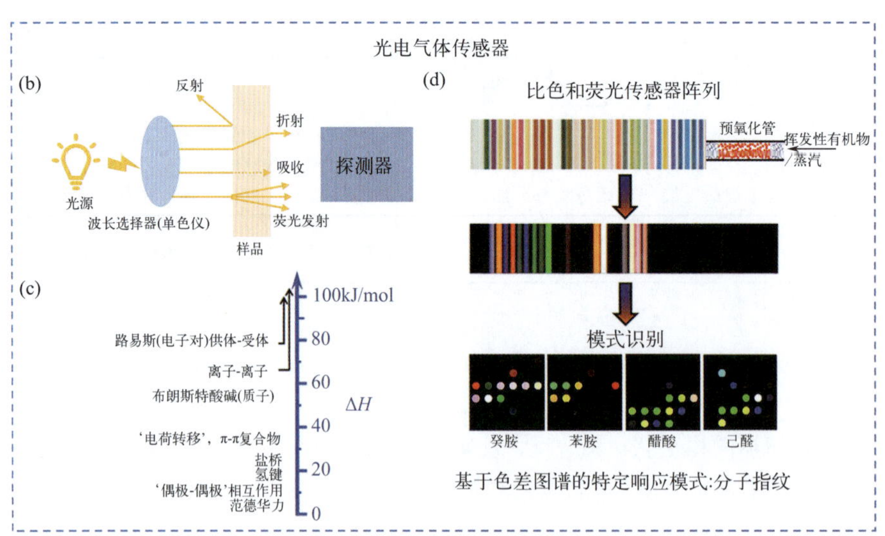

图 3-2　气体传感技术的机制演进 [2-6]

(1) 电导式气体传感器

电导式气体传感器（即电子气体传感器）凭借其与无线通信和微处理器模块的可集成性、与标准电子元件的兼容性、可操作性、便携性、实时监测能力和快速分析等特点，在气体传感领域占据核心地位。这类传感器通过导电传感材料的电学特性（如电容、阻抗、电阻、电流和电压）的变化，将气体信息（种类和浓度）转化为可读电子信号。电子气体传感器中的传感材料与气体分子之间可能存在共价或非共价界面相互作用，典型代表包括场效应晶体管、电容器、化学电阻器和电化学传感器。电子气体传感器中的导电传感材料主要以多维形态的半导体和导电聚合物为主。随着柔性设计技术的发展和传感材料功能化改性技术的进步，柔性电子气体传感器已实现目标分析物的ppb（ppb=10^{-9}）级超灵敏检测。然而，目前电子气体传感器仍然面临两大技术挑战：①对具有相似化学结构和物理性质的气体类似物的区分能力不足；②在混合气体环境中对特定目标分析物的精准识别仍存在困难。

电导式气体传感器主要由两大核心组件构成：传感材料和传感器件，如图3-2（a）所示。传感材料与目标分析物主要通过物理吸附发生相互作用。这种气-固相互作用会引发材料物理性质的改变，例如电导率（$\Delta\sigma$）、介电常数（$\Delta\varepsilon$）、功函数（$\Delta\phi$）的变化。传感器中的电子元件（包括场效应晶体管、电阻器、电容器、电感器等）将这些物理量转换为可测量的电学参数，例如电容（ΔC）、电阻（ΔR）、电感（ΔL）的变化，最终传感信号通常以电流变化（ΔI）和电压变化（ΔU）的形式呈现。表3-3总结了不同类型电导式气体传感器的性能特点。

表 3-3　各种不同类型的电导式气体传感器的主要性能对比汇总 [2]

传感器类型	优点	缺点
电阻器	结构和工作原理简单	易受环境干扰，受限于单一类型的输出（如电阻或电流），工作温度高，存在交叉敏感、老化和漂移
场效应晶体管	输出信号类型多样（如漏极 - 源极电流、阈值电压、亚阈值摆幅等）	易受环境扰动影响，对结构和性质高度相似的气体交叉敏感，恢复性和长期稳定性表现不佳

续表

传感器类型	优点	缺点
电容器	选择性和可靠性较化学电阻器更佳	易受环境清洁度、边缘效应和寄生电容的影响
电感器	可与外部线圈进行磁耦合，可用于无线检测	电路配置相对复杂，因此不太常见

（2）光电气体传感器

光电气体传感器通过荧光法或比色法为气体检测提供了可视化识别平台，具有高选择性和区分性响应特性。不同于电导式气体传感器主要依赖电子特性变化作为传感信号，光电气体传感器主要利用目标气体和传感材料相互作用引起化学特性变化。检测过程中，暴露于目标气体时产生的可视化荧光或颜色响应，反映了敏感材料光学性质的改变。然而，其对低浓度气体分析物灵敏度不足的问题，仍然是光电气体传感器面临的主要挑战。此外，在实际应用中，实现未知气体的精准识别和定量分析，依然是电子和光学气体传感器共同面临的难题。

光电气体传感器通常基于多种光学原理，如吸收、散射、衍射、反射、折射、发光效应（如光致发光、化学发光、电化学发光和生物发光等），如图3-2（b）所示[4]。其中，比色传感器和荧光传感器通过发色团/荧光团与目标分析物之间的分子间相互作用实现气体检测，相关研究已被广泛报道[3-4]。基于化学响应染料的光电气体传感器检测的主要是化学传感信号（而非物理性质变化），能够实现对高度相似分析物的精准区分，从而有效克服了传统物理吸附或非特异性化学相互作用的局限性。其优异的选择性和区分能力源于分子间作用力的多样性——从微弱的范德华力到强共价键或离子键均可参与作用，如图3-2（c）所示[4]。

光电气体传感器主要由四种核心组件构成：光源（可见光或紫外光）、波长选择装置、基底材料和特定波长敏感型探测器，如图3-2（b）所示[4]。通过将基于化学多样性交叉响应传感器的阵列技术与数字成像方法相结合，这类光电气体传感器阵列（也称为“光电鼻”或“光电舌”）可生成目标气味物质的视觉指纹图谱（通过色差映射模式呈现），如图3-2（d）所示。与柔性电子器件类似，光电气体传感材料可集成于纸张[7]、薄膜[8]、水凝胶[9]、硅胶[10]和多孔基质[11]等多样化基底中，极大拓展了其实际应用场景。

颜色模型（或色彩空间）通过数学结构将复杂的颜色变化信息转化为可量化处理的形式[12]。常见的色彩模型包括CIELAB（国际照明委员会色彩空间）、RGB（红、绿、蓝三原色）、HSV（色调、饱和度、明度）、CMYK（青色、品红色、黄色、黑色）、YIQ（亮度、同相位、正交相位）、YUV（亮度、色差、色度）和YCbCr（亮度、蓝色色差、红色色差）等，其中CIELAB与RGB模型在比色气体传感器中应用最为广泛。各模型通过独特的色彩信息提取方式，建立颜色变化与分析物浓度的定量关系。

RGB色彩模型基于红、绿、蓝三通道的强度变化（各通道取值范围为0～255）。该模型在颜色传感中广泛应用，当特定颜色通道与样品吸收峰匹配时可显著提升检测精度[13]。颜色分析方法包括计算颜色间欧氏距离、比值计算（如B/R、R/B、G/B、R/G）或复杂组合运算（如$\frac{\sqrt{R^2+G^2+B^2}}{3}$、$(B-G)/R$等），仅采用单通道提升分辨率的研究较少[12]。CIELAB色彩模型则通过基于亮度（L）和A/B（红/绿）色彩通道变化描述颜色变化，其三维笛卡尔坐标系设计更符合人眼视觉感知，且受设备与环境光照影响较小，采用欧氏距离（ΔE）量化传感响应，故在比色传感中占据重要地位[14]。HSV色彩模型基于色调、饱和度和明度值变化，其最大明度值反映了直射光下的颜色亮度，且在不同光照条件下具有稳定性优势，较RGB模型更具应用潜力。表3-4总结了不同色彩模型的主要性能。

表 3-4　光电气体传感器不同色彩模型的主要性能[12,15]

色彩模型类型	优点	缺点
RGB	① 简单易懂且易于操作 ② 主要应用于图像处理 ③ 兼容各类软硬件 ④ 直接映射到设备特定的色彩空间，避免色彩失真	① 不符合人类视觉对颜色的直观感知 ② 难以在不同设备和环境下准确比较颜色 ③ 可复现的色彩范围有限 ④ 无法准确呈现柔色调与霓虹色等特殊色彩 ⑤ 易受环境光照条件变化的影响
CIELAB	① 基于感知均匀性设计 ② 能够跨设备和跨环境准确比较颜色 ③ 可呈现广泛的色彩范围（包括柔色调与霓虹色） ④ 能够为明度、红绿信息和黄蓝信息提供独立通道	① 计算复杂度高 ② 仅受特定软硬件支持 ③ 无法直接映射到设备特定的色彩空间
HSV	① 不符合人类视觉对颜色的直观感知 ② 可独立操控色相、饱和度与明度 ③ 可用任意图形与图像软件编辑 ④ 可独立调节饱和度与亮度，且不受环境光照条件变化限制	① 难以保持色相变化的均匀性 ② 无法准确呈现柔色调与霓虹色等特殊色彩 ③ 无法在不同设备间保持一致的色彩表现

此外，决定气体传感器的关键性能参数及其定义，总结如表3-5所示。

表 3-5　气体传感器的关键性能参数及其定义

参数	计算公式	定义
Sensitivity（电阻器灵敏度）	$\text{Sensitivity}=\dfrac{\Delta R_{\text{analyte}}}{R_0}\times100\%=\dfrac{R_{\text{analyte}}-R_0}{R_0}\times100\%$ $\text{Sensitivity}=\dfrac{\Delta I_{\text{analyte}}}{I_0}\times100\%=\dfrac{I_{\text{analyte}}-I_0}{I_0}\times100\%$	R_0 和 I_0 分别是恒定电压下的初始电阻和电流值；R_{analyte} 和 I_{analyte} 分别是暴露在气体中的电阻和电流值
Sensitivity（化学二极管灵敏度）	$\text{Sensitivity}=\dfrac{\Delta V_{\text{analyte}}}{V_0}\times100\%=\dfrac{V_{\text{analyte}}-V_0}{V_0}\times100\%$	V_{analyte} 和 V_0 分别是恒定电流密度下是否暴露在分析物中的外加电压。若传感设备在恒定电压下操作，灵敏度可表示为 $\Delta I/I$
Sensitivity（场效应晶体管灵敏度）	$\text{Sensitivity}=\dfrac{\Delta I_{\text{DS,analyte}}}{I_{\text{DS}}}=\dfrac{I_{\text{DS,analyte}}-I_{\text{DS}}}{I_{\text{DS}}}\times100\%$	$I_{\text{DS,analyte}}$ 是暴露于分析物中的电流值，I_{DS} 是恒定栅电压和源漏电压下的初始电流值
Sensitivity（电容器灵敏度）	$\text{Sensitivity}=\dfrac{\Delta C}{C_0}=\dfrac{C_{\text{analyte}}-C_0}{C_0}\times100\%$	C_{analyte} 是暴露于分析物中的电容值，C_0 是固定电压下的初始电容。若传感设备在恒定电容下操作，灵敏度可表示为 $\Delta V/V$
Sensitivity（比色传感器灵敏度）	$\text{Sensitivity}=\dfrac{\Delta C}{C_0}=\dfrac{C_{\text{analyte}}-C_0}{C_0}\times100\%$	C_{analyte} 用色彩信号计算，C_0 为未暴露于分析物时的初始值

续表

参数	计算公式	定义
Sensitivity（比色传感器灵敏度）：总色差，或 CIE 色彩参数（ΔE）	$\Delta E=\sqrt{(L-L_0)^2+(a-a_0)^2+(b-b_0)^2}$	L、a 和 b 分别是样品的初始色彩值；L_0、a_0 和 b_0 是标准白板的色值（L_0=100，a_0=0，b_0=0）
SNR（信噪比）	$SNR_{min}=S_{min}/N_{avg}$	N_{avg} 定义为基线（不含分析物）中 300 个数据点的标准偏差的平均值；S_{min} 定义为传感器的最小可分辨信号

3.1.4.2 传感模式的演进

以电子气体传感器为例，面向实际应用的传感器需要先进材料、器件制备、集成技术、数据分析方法的协同创新。以往研究中，多数气体传感器的研发聚焦于提升目标气体的选择性，解决交叉敏感性问题仍面临巨大挑战。如图3-3所示，2015年，以色列理工学院Hossam Haick等总结了气体传感器的两种传感模式路径，分别是基于高选择性纳米传感器的选择性传感模式和基于人工智能模式识别技术耦合传感阵列的交叉响应传感模式[16]。

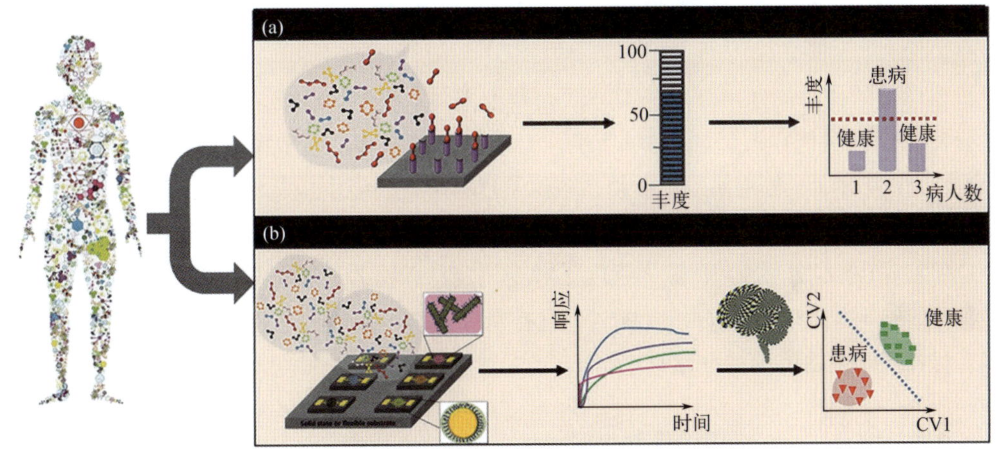

图 3-3 两种气体传感模式原理示意图（以疾病检测为例）

（a）选择性传感模式；（b）交叉响应传感模式[16]

① 选择性传感模式，旨在提高干扰物质存在时实现对特定目标分析物高选择性识别能力，通常需要设计高选择性受体材料以捕获信号。选择性传感一般定义为在干扰气体共存条件下检测特定气体，其核心在于分析物与传感器之间更特异性的相互作用。迄今为止，已报道的选择性传感器多针对反应性强的小分子无机物，如NO_2、H_2、H_2S、NH_3以及部分挥发性有机化合物（如甲醛、丙酮）。然而，对于反应活性较弱的目标分析物（尤其是化学/结构/电学性质相近的气体混合物）的选择性检测仍面临巨大挑战[17]。

② 交叉响应传感模式，通常基于传感器阵列耦合人工智能算法。交叉反应检测通常源于高反应活性干扰物削弱目标分析物与传感材料之间的信号。由于多数分析物-传感器相互作用基于非特异性物理吸附，该模式更适用于动态未知复杂混合物的分析。实现精确气体模式

识别的核心策略是通过精心设计的传感器阵列，并结合先进的人工智能算法。理想的传感器阵列应包含两类元件：一是针对特定气体的高特异性传感器；二是对目标混合物中几乎所有成分均能产生独立响应（非严格选择性）的传感器。所有响应信号被整合生成分析物特异性"响应指纹"，并通过机器学习算法进行解析[18]。

此外，环境因素（如相对湿度、工作温度、气压等）的变化会导致传感材料老化及响应信号衰减（即漂移误差），影响长期稳定性。机器学习（ML）通过分析数据中的干扰效应与背景噪声，为气体选择性识别提供有效策略，并借助迁移学习方法提升传感器阵列的长期漂移补偿能力[19]。

3.1.4.3 数据分析技术的演进

传统气体传感器往往针对单一气体的单一输出信号进行数据处理，通常依赖于材料对特定气体的独特响应或特定的谱线判断选择性，且高度依赖于浓度和信号的线性关系获取浓度数据，数据处理方式较为简单（如使用信噪比），且对实验数据线性要求较高，往往容易限制气体传感器从实验室向市场化推广。实际应用环境中，环境因素（如温度、湿度、粉尘、气体流速等）和气体高浓度带来的非线性问题，以及传感器受干扰物影响的交叉灵敏度，可能影响传感器灵敏度的准确性。亟须发展先进的数据分析技术以提升对复杂气体环境的选择性定量识别能力。模式识别和先进的机器学习/深度学习算法提供了新的实验数据采集和数据分析策略。

机器学习的核心问题可分为分类与回归两大方向。模型训练前，特征工程是影响训练效果与预测精度的关键环节。如图3-4所示，对于电子传感器，通常提取归一化响应信号、浓度、响应/恢复时间、传感曲线下面积、载流子迁移率、阈值电压、栅电压、指数拟合常数和相对湿度等作为目标分析物的经典特征；对于光电传感器，则通常提取像素点内的RGB值及其坐标［记作(R,G,B,x,y)］、荧光强度相对变化及目标物链长等特征。模型训练需依赖大规模数据集，有时结合主成分分析（PCA）进行特征筛选，并通过选择合适的分类与回归算法实现目标物类型及浓度的精准预测。

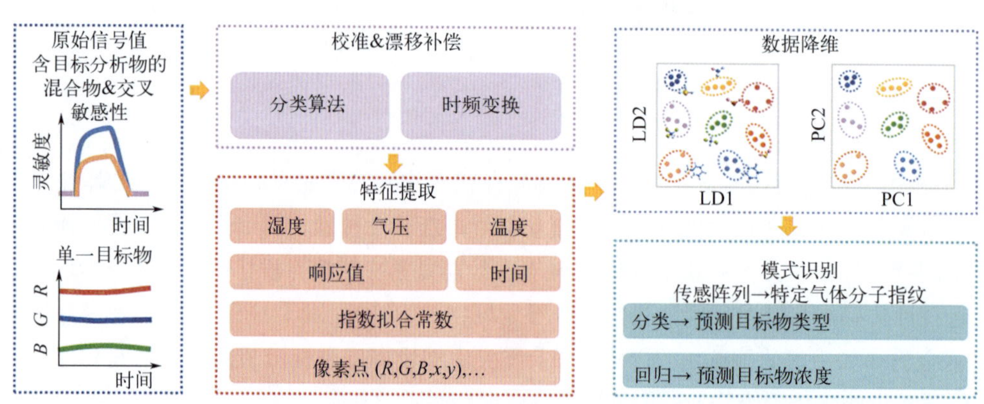

图3-4　基于信号校准与漂移补偿、特征提取、数据降维及模式识别的人工智能全流程传感过程[1]

分类器用于气体类型识别：无监督学习算法［(如主成分分析（PCA）、层次聚类分析（HCA）和K均值聚类（K-means)］适用于无标签未知气体的预分类；监督学习算法［如决策树（DT）、随机森林（RF）、支持向量机（SVM）、*K*近邻（*K*NN）和线性判别分析（LDA）］则用于混合物中目标物的精确识别，尤其适用于化学结构相近VOC的区分。PCA是最常用的降维与无标签聚类方法，而线性判别分析（LDA）虽较少使用但可实现有标签分类。

回归器用于气体浓度预测：反向传播神经网络与极限学习机在浓度估算中表现优异。线性回归适用于因变量为自变量线性组合的场景，而面对复杂非线性关系时，需采用神经网络［如卷积神经网络（CNN）、多层感知器（MLP）、递归神经网络（RNN）、径向基函数神经网络（RBFNN）和脉冲神经网络（SNN）］等模型。例如，人工神经网络（ANN）模型可有效估算含相同官能团VOC混合物（如烷烃链长或含羟基/羧基/苯基的分子链）的浓度[20]。其快速计算特性便于集成至移动终端，推动高性价比智能传感系统发展。

3.1.4.4 应用场景的演进

以国内气体传感器龙头企业汉威科技生产的主流气体传感器产品应用领域为例，表3-6展示了常用气体传感器的应用领域。

表3-6 汉威科技气体传感器应用领域

传感器类型	工业安全	家居安全	医疗健康	家电	汽车	环保
MOS气体传感器		√		√	√	
催化燃烧气体传感器	√	√			√	
电化学气体传感器	√	√	√	√	√	√
红外NDIR气体传感器	√		√	√	√	√
PID气体传感器	√					√
湿度传感器	√	√	√	√	√	√

过去十年，智能气体传感器，尤其是便携式和柔性可穿戴气体传感器，已成为现场快速分析的有效工具，不仅可以感知超出人鼻嗅觉阈值的气味，还可以在一定程度上克服传统气体分析手段所需的复杂前处理过程和可能使用有害化学试剂的限制。电子工业推动了微型化传感芯片与标准电子元件的集成，催生出以智能手机、智能眼镜、智能手环、智能手表等刚性形态为主的“可穿戴1.0”时代。近年来，生物特征信息和柔性可穿戴生物诊断市场需求增长，在物联网技术、大数据、人工智能、机器人技术的推动下，刚性可穿戴设备已迈向“可穿戴2.0”时代。未来，可穿戴设备将继续突破刚性芯片和平面电路平台的技术限制，以纺织品、贴片、电子纹身乃至组织混合体等形式，实现柔软、可贴肤、可拉伸、可弯曲、可扭转、可卷曲的特性[21-22]。物联网生态链主要由以下三部分组成：

① 用于传感和信号转换的柔性可穿戴传感器；

② 实现信号传输并将数据发送至云端存储计算的无线通信模块；

③ 用于分析、解释、预测和预警的人工智能分析和预警系统。

非可穿戴智能气体传感器及阵列已应用于高精度尾气排放监测，危险有毒气体泄漏的早期预警检测，以及环境执法的移动环境监测等领域；而智能可穿戴设备则在无创诊断与智慧农业中崭露头角，并正朝着物联网支持下的在线医疗和疫情事件早期预警方向演进（图3-5）。

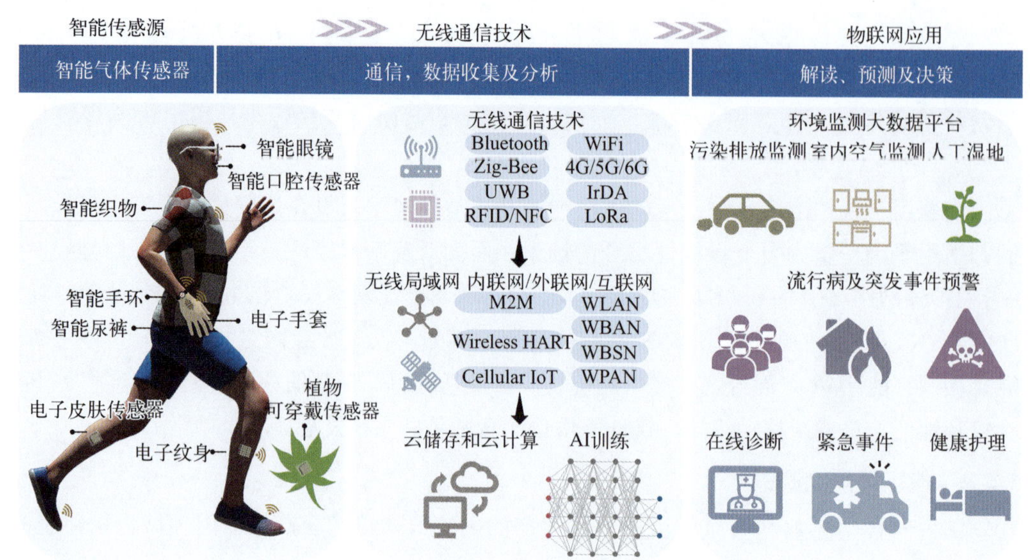

图 3-5 智能气体传感器的新兴应用场景 [1]

3.2 智能气体传感器领域对新材料的战略需求

MEMS（微机电系统）技术通过将传感器和集成电路相结合，具有体积小、重量轻、互换性好、功耗低、结构可靠性好、准确性高、可实现自动化生产等优势，大多数传感器能通过MEMS技术来实现。纳米技术的不断创新发展，将基于MEMS的金属氧化物半导体气体传感器和化学电阻式气体传感器推向智能化与实用性的新高度，给予气体传感器研发更广阔的发展空间，是气体传感器技术革命的重要支撑。

近年来，基于微电子和微机械的MEMS技术研究成果丰富，大部分研究主要围绕硅基微结构气体传感器展开。硅基微结构气体传感器的衬底是硅，气敏材料层为非硅材料。硅基半导体器件的硬脆性通常无法满足诸如表皮电子监控系统、物联网等新兴应用需求。为了与复杂型面及生物表面实现兼容与适形接触，研发高性能、柔性和高生产通量的柔性MEMS器件，有望满足下一代可穿戴传感设备、电子皮肤等需求。柔性传感器是指采用柔性材料作为基底制成的传感器，具有良好的柔韧性、延展性，可自由弯曲和折叠，能够更方便地对复杂的被测量标的进行检测。

3.2.1 柔性传感新材料及制备方法

数十年来，传统硅基刚性传感器的小型化和集成化推动了智能设备（如智能手机和智能手表）的快速发展，为用户带来了卓越的体验。在此背景下，新兴的柔性可穿戴电子传感器进一步推动了皮肤贴片、电子纹身、智能服装等领域的创新突破，而这些应用场景往往受限于传统刚性传感器的物理特性。柔性电子传感器通常采用低成本材料，结合印刷工艺等大规模生产技术制成（图3-6）。在此过程中，电子气体传感器的进步得益于传感材料与柔性基底的协同突破——基底材料已从传统塑料薄膜拓展至纸张、纺织品、水凝胶等，具备可弯曲、可卷曲、可折叠、可拉伸、可扭转和贴合性等特点。新加坡陈晓东院士团队将柔性传感器定义为可承受机械形变（弯曲曲率＞$10m^{-1}$或应变＞1%）且不失效或引起传感性能显著变化的传感器。因此，刚性或柔性形态的电子气体传感器均至少具备以下两方面优势：

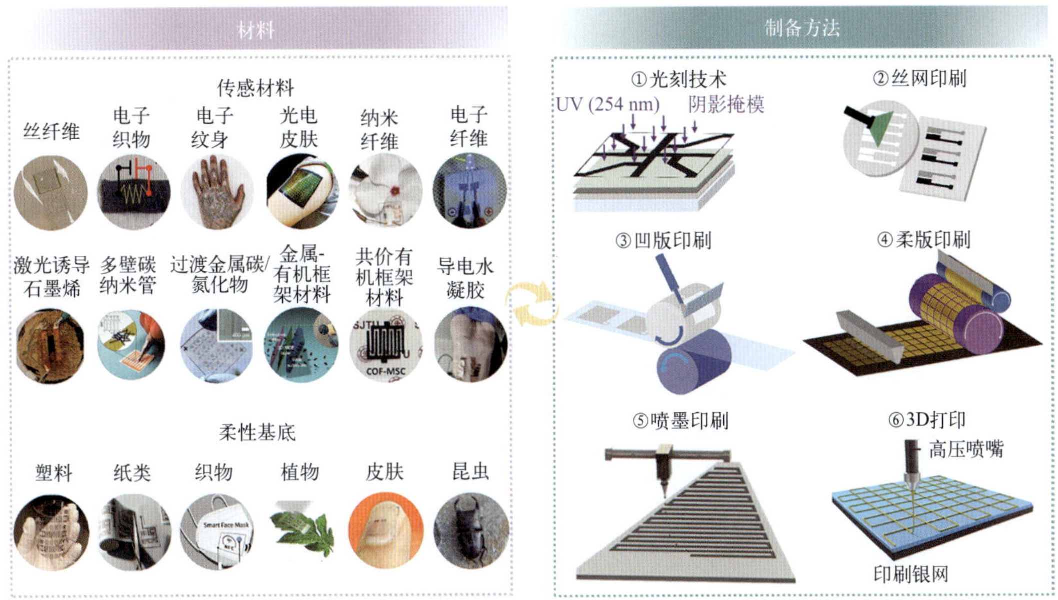

图3-6 柔性可穿戴传感设备的基底材料、导电材料及制备方法[23-44]

① 传感材料需具备大比表面积和选择性结合位点，通过共价或非共价作用与分析物发生相互作用，并引起电导率、功函数、介电常数等电学特性的显著变化；

② 传感器件（通常指化学电阻器、场效应晶体管、电容器、电感器等标准电子元件）需要将传感事件转换为可测量和可读取的电信号（如电阻、电流、幅值或频率变化）。

此外，柔性可穿戴基底还需要良好的机械柔韧性，以适应多样化的实际应用场景。

柔性电子电路是便携式气体传感器的核心组件。制备可拉伸和可穿戴电极主要包括下面三种方法：

① 将刚性无机半导体材料或柔性有机半导体材料与电路（金/银/铜和导电油墨）组装到柔性基底上；

② 直接将低杨氏模量的薄层导电材料黏合在柔性基底上；

③ 制备本征可拉伸导体，如将导电材料与柔性基底混合。

如图3-6所示，常见的柔性电极制备技术包括光刻技术（如物理气相沉积、化学气相沉积、磁控溅射、电子束蒸发）、丝网印刷、凹版印刷、喷墨印刷和3D打印。塑料聚合物、纤维素纸、丝绸乃至皮肤等不同粗糙度和表面能的柔性基底，会影响柔性可穿戴电子设备的机械拉伸性和适应性。此外，无机半导体材料如金属氧化物（ZnO、SnO_2、WO_3、Sn掺杂$Bi_2O_2CO_3$）、石墨烯、碳纳米管、过渡金属硫化物（如MoS_2、WS_2）、过渡金属碳/氮化物MXene（如$Ti_3C_2T_x$、$V_4C_3T_x$）、磷化物（如黑磷、紫磷），有机半导体材料如导电金属有机框架［如$Cu_3(HITP)_2$、$Ni_3(HHTP)_2$］、共价有机框架（如芘基COF）、氢键有机框架（如HOF-FJU-1、8PN）、水凝胶以及其他导电聚合物等，均既可用作电极材料，也可作为传感材料。

以场效应晶体管气体传感器为例，如图3-7（a）所示，同济大学毛舜教授团队围绕微型化的场效应晶体管传感器，通过机械剥离法、液相剥离法等手段，将纳米级厚度的功能化石墨烯[45]、过渡金属硫化物（如MoS_2、WS_2）[46]、磷化物（如黑磷、紫磷）[45,47]、过渡金属碳/氮化物（如$Ti_3C_2T_x$）[48-50]、二维MOF薄膜[51-52]沉积于硅基场效应晶体管表面，对浓度低至ppb级的NO_2、SO_2、H_2S、N_2O、甲醛、三乙胺等气体实现了秒量级快速响应。

柔性传感器的制备，可使用具有柔韧性的纳米和有机材料作为敏感材料。基于此，如图3-7（b）所示，同济大学毛舜教授团队近期采用非常简单的原位合成方法，将有机半导体材料［如$Ni_3(HHTP)_2$MOF］薄膜，沉积在蒸镀法制备的柔性金电极表面。该法合成的柔性气体传感材料和柔性基底表面兼容性良好，经过万次多曲度弯曲也未影响气敏传感性能，并且电极制备方法适用于不同柔性基底，研究中将金电极沉积在透明胶带、桌布、口罩、纸杯、塑料片等不同的衬底上，气体传感性能均较以往硅基传感芯片更强[52]。

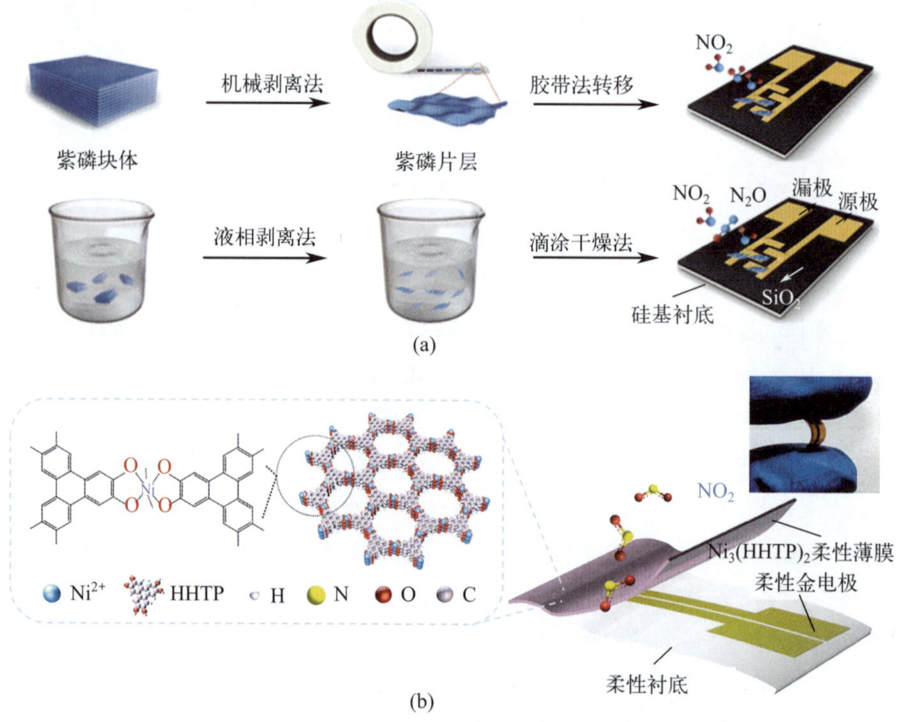

图3-7　刚性晶体管气体传感器（a）和柔性晶体管气体传感器（b）负载气敏材料示意图[47-52]

3.2.2 ／智能气敏新材料的新兴应用场景

高效、简便且集成化的智能电子和光电气体传感器的快速发展，拓宽了其在环境空气污染物监测、医疗诊断、食品腐败检测和公共安全预警等领域的应用。

3.2.2.1 环境监测

甲醛（HCHO）是最受关注的室内污染物之一。根据世界卫生组织标准，当环境中甲醛浓度长期超过0.08ppm（ppm=10^{-6}）时，其被认定为致癌物。基于金属或金属氧化物催化剂的便携式电子气体传感器凭借甲醛氧化反应（FOR）机理，通常用于甲醛的选择性检测[53]。然而，多数甲醛传感器难以满足国际检测标准，且其长期工作稳定性可能因甲醛氧化反应的副产物CO中毒而下降。针对此难题，如图3-8（a）所示，北京大学研发了一种铬掺杂钯基（Cr-Pdene）传感层的甲醛气体传感器，通过高效的电氧化作用，可在200s内选择性地检测浓度低至72ppb的甲醛[54]。

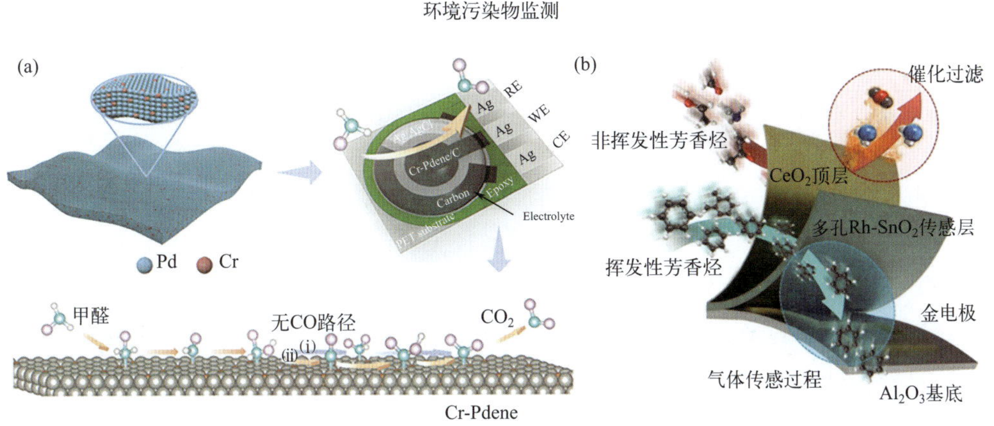

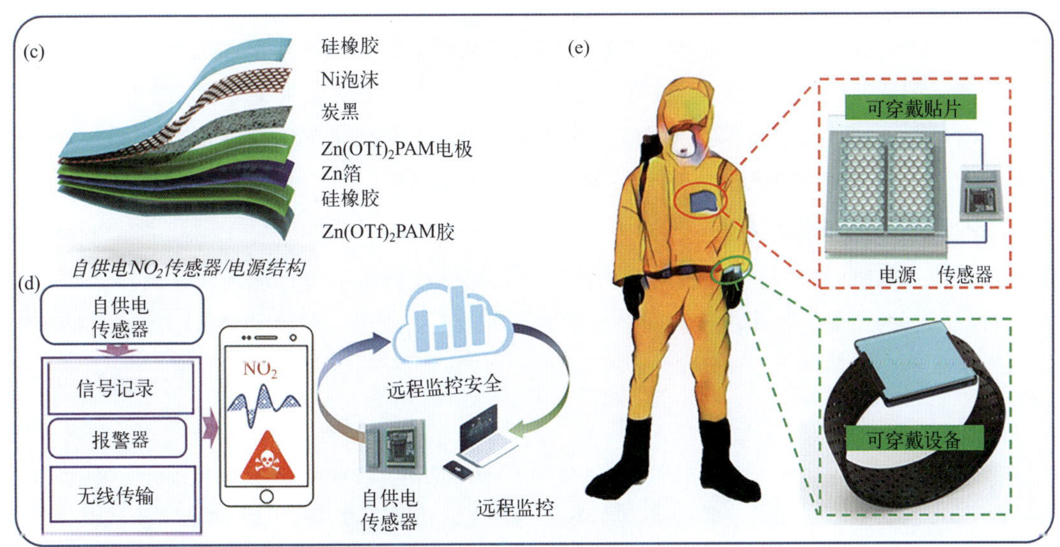

图3-8 应用于环境污染物监测的柔性可穿戴金属氧化物和水凝胶电子气体传感器

（a）基于超薄Cr-Pdene传感层的甲醛气体传感器[54]；（b）基于双层CeO_2/Rh-SnO_2传感器的超灵敏挥发性芳香烃与非挥发性芳香烃的区分技术[55]；（c）～（e）基于水凝胶贴片的无线自供电NO_2气体传感器[56]

挥发性芳香烃（VAH）如苯、甲苯、乙苯、二甲苯、苯乙烯等，是毒性极强的痕量空气污染物。基于金属氧化物半导体的化学电阻传感器因其高温工作特性，能通过充分的热激活促进VAH与表面吸附的氧物种的传感反应并诱导电荷转移，在VAH检测中备受青睐。然而，其传感选择性不足和高活性干扰气体（如乙醇和甲醛）的存在会限制其实际应用。首尔大学最近报道了一种双层CeO_2/Rh-SnO_2化学电阻传感器阵列，并结合模式识别技术用于区分芳香烃气体和非芳香烃气体［图3-8（b）］。研究表明，高效的VAH传感能力主要归因于CeO_2覆盖层的催化氧化活性，将高活性干扰气体转化为低活性或无活性的形式[55]。

二氧化氮（NO_2）是引发酸雨和光化学烟雾的常见无机小分子污染物。已有研究报道了多种用于痕量二氧化氮检测的新型电子传感材料，包括刚性及柔性形态的过渡金属硫化物TMD、过渡金属碳/氮化物MXenes、磷烯和金属有机框架MOF等。二氧化氮化学电阻传感器和场效应晶体管传感器的最大挑战是：因高物理吸附能和解吸困难导致的恢复性能差、材料在湿度下的劣化问题。柔性二氧化氮传感器的另一个技术难点主要在于其与柔性基底结合时机械形变下的延展性不足。中山大学近期研发了一种柔性的三氟甲磺酸锌/聚丙烯酰胺-碳基［$Zn(OTf)_2$/PAM-Carbon］的二氧化氮电化学传感器，以应对上述挑战，如图3-8（c）～（e）所示。这种水凝胶基传感器表现出超高的灵敏度（1.92%/ppb）、0.1ppb的极低检测限和优异的恢复性能，能在不同形变、低温和高湿度环境下稳定工作。将该水凝胶基传感器集成至微型电路模块中，构建了柔性无线NO_2可穿戴监测系统，可用于NO_2预警[56]。

大气检测的核心挑战之一是湿度干扰。光电传感器阵列的显著优势之一是可被设计为湿度不敏感。韩国大邱庆北科学技术院近期开发了一种基于二维金属有机框架（MOF）薄膜（DGIST-15）的新型比色传感器阵列。该单层薄膜由双铜桨轮簇和二甲胺偶氮苯组成，可随环境分析种类呈现绿色至红色的广谱颜色变化。如图3-9（a）、（b）所示，经不同溶剂预处理的DGIST-15薄膜构建的传感阵列，对15种VOC（包括结构相似物如正己烷和环己烷、异丙醇、乙醇、甲醇、DMF和DMA）展现了差异化响应模式，并具备混合物识别潜力，如图3-9（c）、（d）所示。值得注意的是，DGIST-15薄膜在10%～60%的相对湿度范围内发生实时可逆颜色转化，无须额外加热脱附水分，适用于连续环境监测[57]。

3.2.2.2 医疗和健康诊断系统

即时检测（POCT）是一种利用便携式分析仪器和配套试剂进行现场快速采样和即时检测的方法，有助于缩短临床决策时间[58]。前期研究表明，呼吸、尿液和血液中的多种挥发性

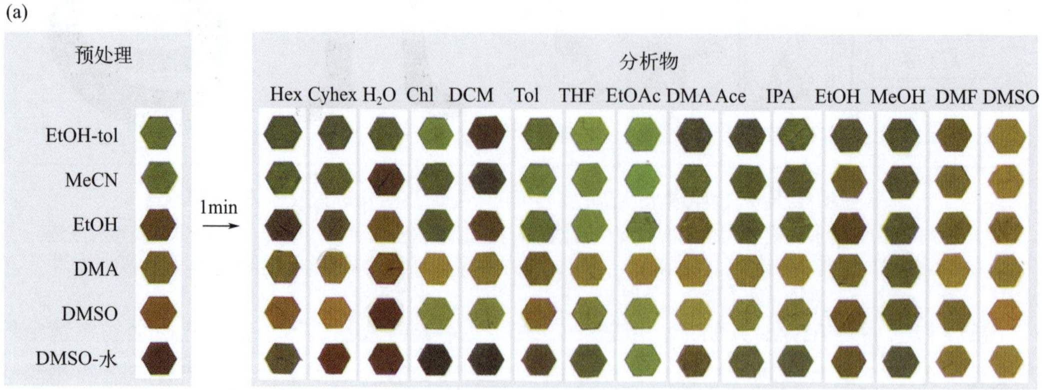

(a)

预处理

EtOH-tol
MeCN
EtOH
DMA
DMSO
DMSO-水

1min

分析物

Hex Cyhex H_2O Chl DCM Tol THF EtOAc DMA Ace IPA EtOH MeOH DMF DMSO

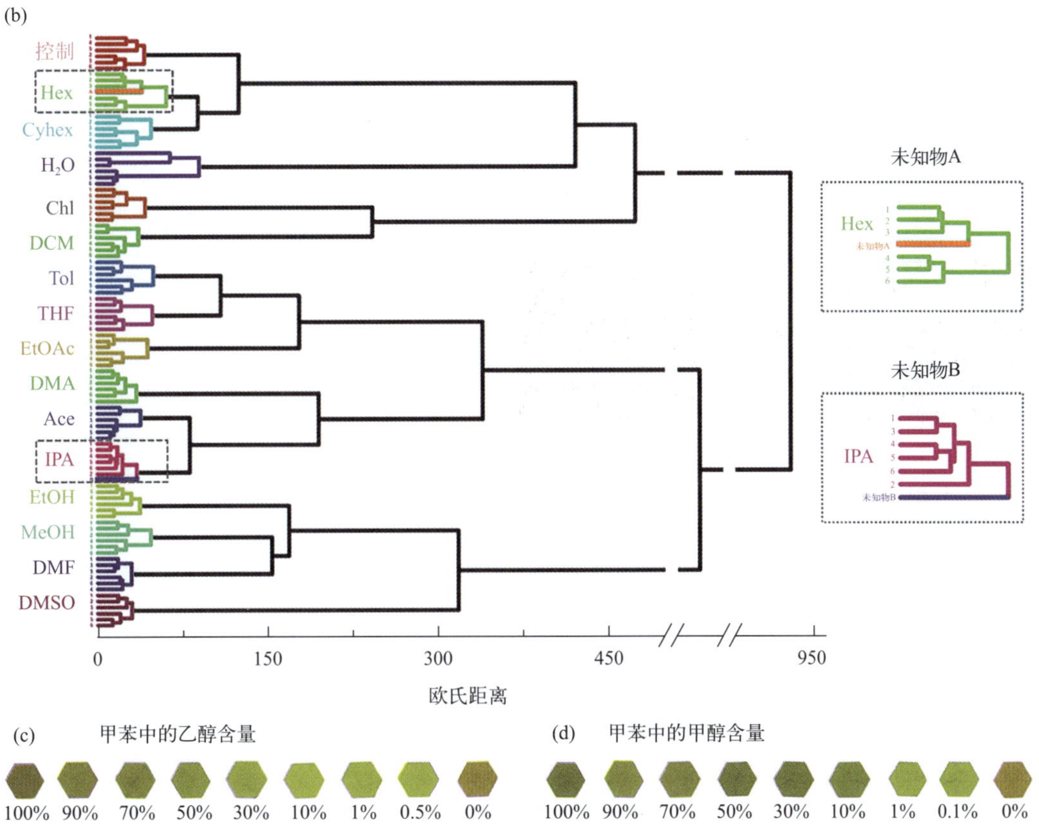

图 3-9 基于单层 MOF 薄膜的比色传感器阵列用于识别 VOC

(a)VOC 暴露前后的颜色模式变化；(b)通过 HCA 树枝图对相似分析物进行分类；(c)、(d)混合体系中乙醇（EtOH）与甲醇（MeOH）的颜色差异分析[57]

物质可以作为早期疾病诊断的生物标志物，如图3-10（a）所示。基于气体传感器的POCT平台在早期疾病诊断和健康评估中展现出快速、低成本、无创无痛的应用潜力[59]。然而，疾病早期产生的生物信号变化较为微弱，难以被感知，且单一生物标志物的筛查对疾病诊断可靠性不足。因此需要研发多功能传感器实现多维度生物信号的同步采集。例如，吉林大学近期开发了一种基于气体传感与应变传感非重叠模式的可穿戴健康监测平台，用于帕金森患者的

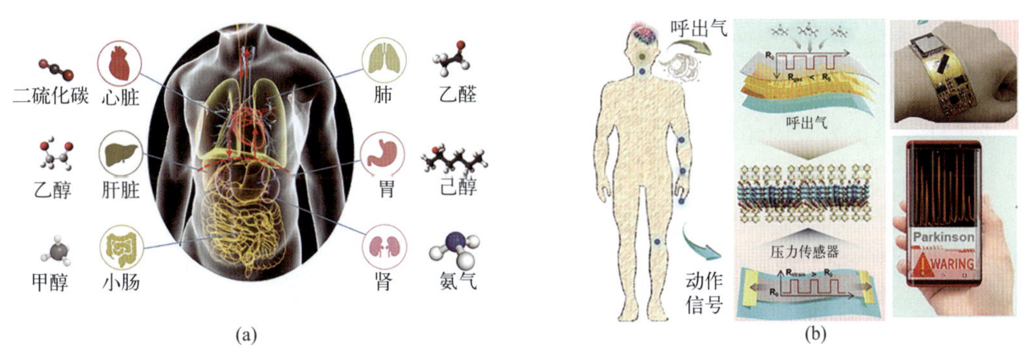

图 3-10

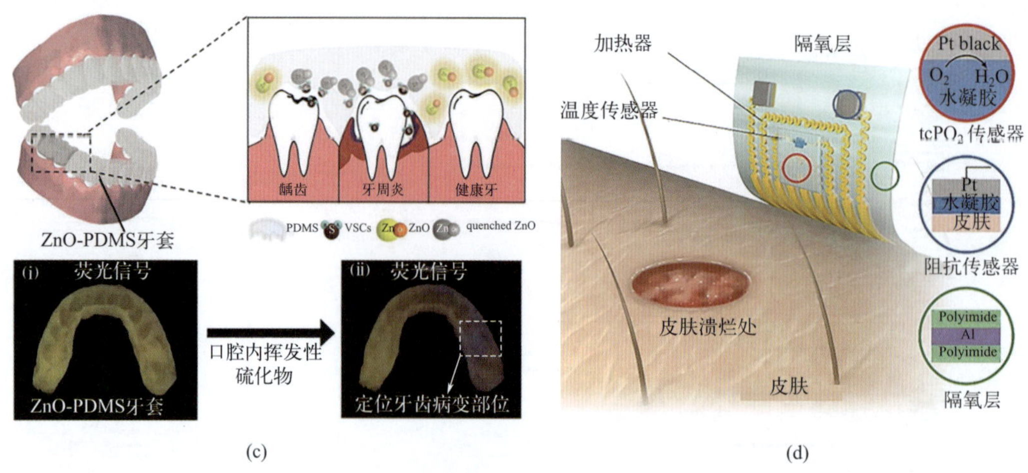

图 3-10 针对疾病诊断的多功能病理生物标志物气体传感器

（a）呼吸气中的潜在疾病生物标志物示例[59]；（b）用于帕金森病人健康监测的双模式柔性气体传感器和压力传感器[64]；（c）用于准确定位隐蔽牙齿病变部位的可穿戴荧光口腔内挥发性硫化物传感器[61]；（d）柔性电子皮肤含氧量传感器[63]

异常生理信号监测；该仿生传感层（ZIF-L@Ti_3CNT_x复合材料）受突触结构启发，如图3-10（b）所示。该传感器在帕金森患者呼吸气中二甲胺（DMA）气体标志物与躯体运动功能障碍性震颤的双模态监测中表现出优异传感性能。通过与柔性电路集成，该智能双模态传感器为帕金森病的实时远程医学诊断提供了可能性[60]。

龋齿和牙周炎通常由食物嵌塞和残留物引起，这些残留物容易滋生厌氧细菌，从而破坏牙周组织，同时伴随厌氧蛋白质代谢所产生的氨气（NH_3）和挥发性硫化物（VSC）。基于电化学传感信号和光学信号分析，呼吸气中的挥发性生物标志物已被广泛应用于口腔疾病诊断。例如，中山大学和哈佛医学院近期利用荧光材料通过选择性检测局部VSC的释放浓度，直观识别牙齿病灶的精确位置，如图3-10（c）所示[61]。韩国科学技术院近期也开发了一种可视化可穿戴传感器，用于检测口臭患者呼吸中的痕量H_2S呼气[62]。中国科学院大学近期研发了一种基于可降解细菌纤维素/碳化钛（BC/$Ti_3C_2T_x$ MXene）生物凝胶的NH_3传感器和压敏柔性传感阵列，同步检测咬合力和龋齿释放的氨气，有望提供一种牙科疾病初筛的有效平台[48]。这些多模态检测方法为牙科疾病的初步诊断提供了强大的技术支持。

另一类新兴的可穿戴生物电子设备是类组织皮肤传感器。首尔国立大学最近研发了一种由超薄导电功能化水凝胶组成的柔性电子皮肤含氧量传感器，该设备能够促进目标生物分析物的快速扩散和传输，如图3-10（d）所示。这种水凝胶不仅允许氧分子从血管经皮肤渗透，还能通过测量扩散氧的还原生物电信号，为经皮肤氧气压力（$tcPO_2$）的测量提供了一种新方法[63]。

华东师范大学近期研发了一种基于电子传感阵列和机器学习的便携式尿液挥发物POCT平台，利用尿液挥发物实现无创疾病诊断（图3-11）。通过金属离子掺杂、序列调控和配体工程，修饰制备MXene框架（MF）传感材料，构建MF传感器阵列对13种尿液挥发物检测生成差异化响应模式。研究表明，支持向量机算法在区分健康和患者样本及不同疾病（如糖尿病并抑郁症、糖尿病、肝损伤）分类中表现最优，诊断准确率达91.7%[60]。

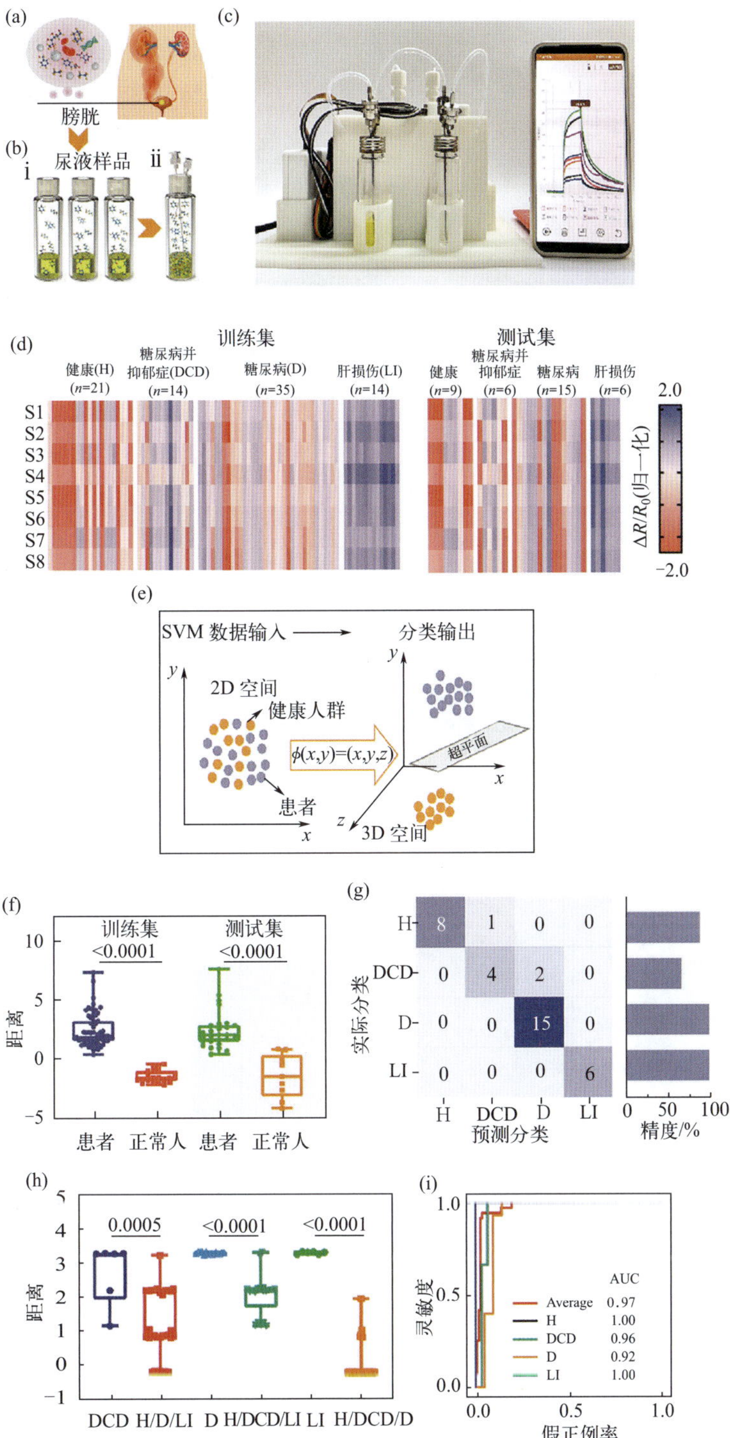

图 3-11 利用尿液挥发物进行无创疾病诊断的便携式 POCT 平台

（a）～（c）基于过渡金属碳 / 氮化物的即时检验平台结构及尿液样本采集示意图；（d）传感器阵列对训练队列的电信号热图；（e）支持向量机算法实现健康人群与患者的分类；（f）～（i）即时检验平台预测结果验证，用于区分健康人与不同疾病患者 [60]

3.2.2.3 农业食品质量监控

智能农业质量评估传感器作为实时监测食品新鲜度和腐败状态的传感平台，在产地存储和异地供应链场景中备受关注。食品腐败传感器通过检测肉类分解生物标志物——总挥发性碱性氮（TVBN）［如挥发性生物胺（VBA）和氨气］发出腐败警报，这些物质由富含蛋白质食品在微生物作用下氨基酸脱羧产生[65]。常见的挥发性生物胺包括腐胺、尸胺、亚精胺、正己胺、苄胺、二乙胺等[66]。尽管已有研究报道多种基于比色和荧光法的VBA传感器，但其实际应用受限于需要高分辨率光学相机进行痕量浓度检测。为此，土耳其科奇大学发明了一种基于聚（苯乙烯-马来酸酐）（PSMA）聚合物传感材料的微型（2×2 cm^2）无线气体传感器，用于检测VBA，如图3-12（a）所示。该VBA传感器先进性体现在三个方面：

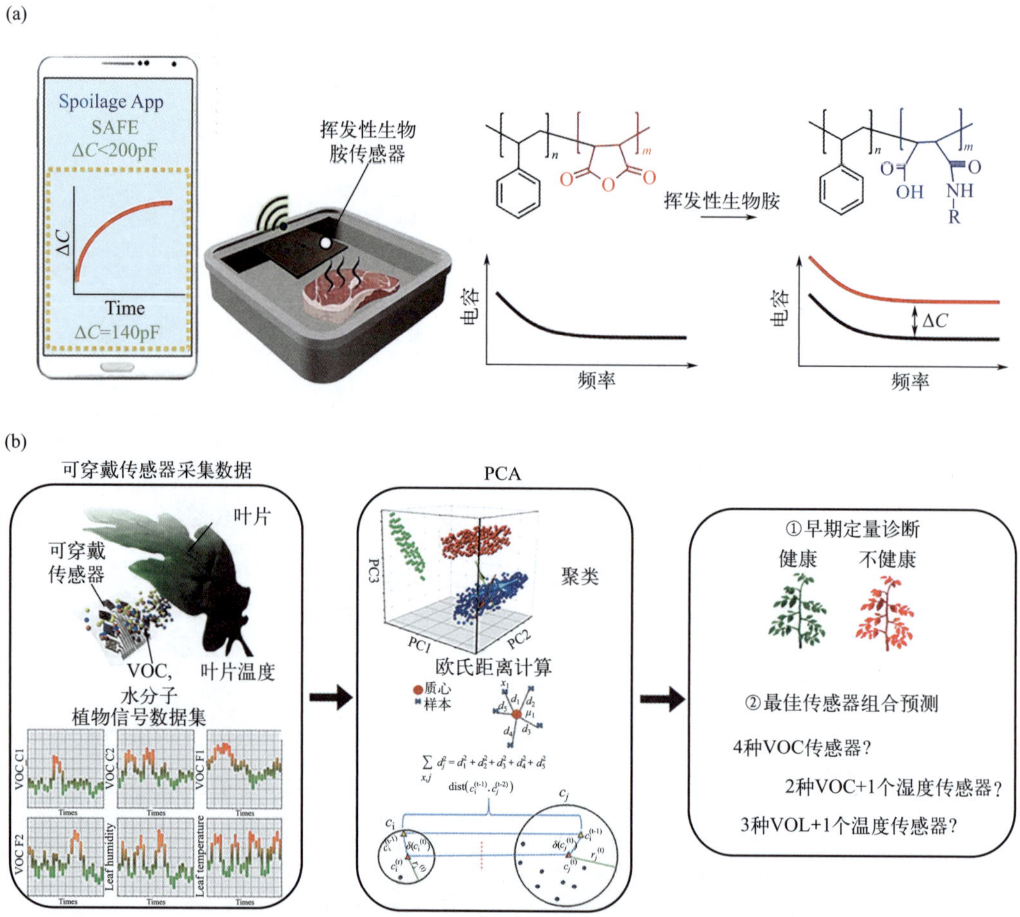

图 3-12 应用于检测富蛋白质食品新鲜度检测和智慧农业的智能气体传感器

（a）实时监测变质肉类挥发性生物胺的无线气体传感器[67]；（b）集成挥发性有机物、湿度、温度传感器的植物可穿戴传感方案[68]

① PSMA材料合成简便、成本低廉且适合批量生产；

② 微型化电容传感器便于集成；

③ 电容传感器与无线移动设备的兼容性，可有效避免运动伪影干扰[67]。

可穿戴植物传感器是改善全球粮食安全的十大新兴技术之一。北卡罗来纳州立大学开发了一种前所未有的多功能实时可穿戴植物传感器，可同步监测植物挥发性有机物（VOC）、温度和湿度（包括叶面和环境参数）。该研究首次采用机器学习［通过主成分分析（PCA）降维分类］处理传感数据，实现植物病害的定量早期诊断与最佳传感器组合预测，如图3-12（b）所示[68]。

3.2.2.4 公共安全预警平台

近年来，家庭燃气泄漏、危化品运输事故、工业事故、自然灾害等引发的生态与公共卫生问题日益突出。尤其是化学品泄漏重大事故，如俄亥俄州氯乙烯危化品列车脱轨、频发的化工厂爆炸及火山喷发，不仅可能因可燃物质引发爆炸火灾，泄漏化学品更会造成长期健康风险。此外，军事行动中使用的化学战剂（CWA）可通过病理生理效应对人体造成严重伤害。因此，市场对有毒气体泄漏、易燃易爆气体及神经毒剂的快速检测技术存在迫切需求[69]。

（1）易燃易爆气体传感器

氢气（H_2）是最具潜力的化石燃料清洁替代品。因氢气点火能量低（爆炸极限为4%～75%），在运输与使用安全管控中对氢气传感器的需求持续增长。钯基材料（如Pd-Au双金属修饰In_2O_3、钯纳米管阵列、钯纳米颗粒修饰石墨烯等）因具有通过可逆反应$2Pd + xH_2 \longleftrightarrow 2PdH_x$生成$PdH_x$的性质，被视为最佳的氢气传感贵金属材料。针对柔性金属氧化物半导体（MOS）传感器响应时间长的瓶颈，加州大学圣迭戈分校近期设计了一种钯修饰金属有机框架（MOF）薄膜（Epi-MOF-Pd），并将其集成于纸基电路，实现快速氢气泄漏检测，如图3-13（a）所示。该Epi-MOF-Pd传感器兼具柔性与耐久性，在经历万次弯折后仍可保持优异性能，对1%浓度H_2的检测灵敏度达155%电阻响应，响应时间仅需12s[70]。

硝基芳香爆炸物，如苦味酸（PA）、邻硝基苯酚（o-PN）等，不仅对人类生命和财产造成极大危害，而且其残留物污染自然资源，威胁人类健康和环境可持续性。光电传感器因可通过多种分析物结合机制灵活且选择性地检测硝基有机物、硝胺类及过氧化物等爆炸物，成为此类检测的主流技术[71]。江汉大学近期基于3,4-双(4-(1,2,2-三苯乙烯)苯基)噻吩（TPE-Z）水凝胶和甲基红设计理念，研发了一种便携式超灵敏双模式荧光传感器，用于现场检测PA蒸气，为现场光电气体传感器提供了创新思路[72]。

（2）神经毒剂蒸气探测

化学战剂（CWA）虽因《禁止化学武器公约》被全球禁用，但是由于其低廉的制造成本和易于生产的特性，仍然在一些恐怖主义相关冲突中被使用，造成大量平民伤亡。磷酸酯类神经毒剂，如氯磷酸二乙酯（DCP）、沙林、索曼和塔崩，可通过呼吸道与皮肤对人体产生剧毒。微量神经毒剂的摄入即可导致中枢与外周神经系统乙酰胆碱蓄积，破坏神经冲动传导并在数分钟内致人死亡。神经毒剂检测的最大挑战在于其通常无色无味，而快速现场识别的最有效方法之一是采用低成本、易制备的可视化光电传感器。韩国仁荷大学最近总结了聚合物、酶、有机或无机染料以及纳米颗粒等可用于比色和荧光传感的材料。中国科学院大学最近提出了一种创新的聚集诱导发射（AIE）探针调控策略，构建了针对DCP蒸气的“聚集-聚集”双模式（比色-荧光）检测体系，如图3-13（b）所示。该研究将负载探针的多孔聚合物芯片集成于手表，实现了对DCP蒸气长达两周的连续监测，响应时间短且检测限低至1.7ppb。然而，芳香化合物、酯类、胺类、醇类和羧酸等大气干扰物，易使传感器钝化或引发假阳性响应。昆士兰大学近期报道的荧光检测法可快速区分V类与G类神经毒剂，有效规避常见酸性物质导致的假阳性信号[73]。

(a)

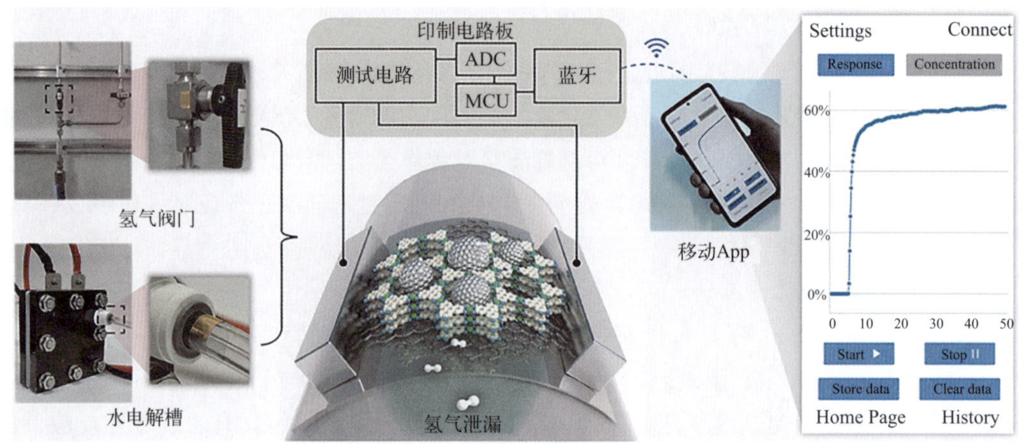

(b)

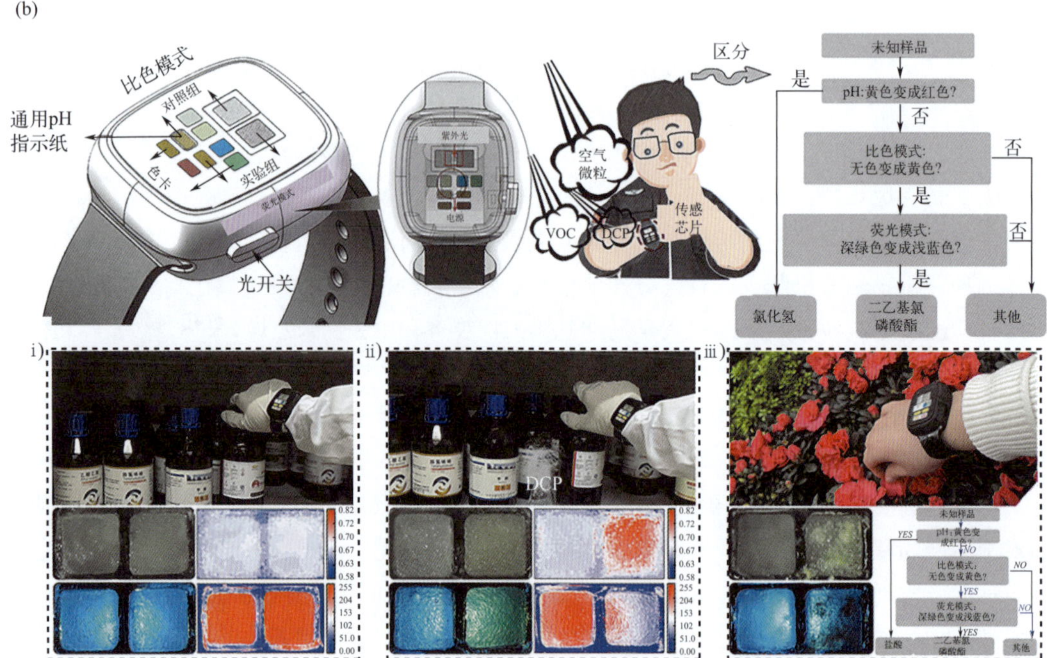

图 3-13　面向公共安全的智能爆炸物与神经毒剂传感器

（a）钯修饰金属有机框架氢气传感器[70]；（b）双模式检测神经毒剂类似物蒸气的便携式传感平台[74]

3.2.2.5　物联网框架下智能气体传感器的应用

物联网（IoT）通过低功耗的无线通信技术（如ZigBee、BLE、LoRa、SigFox、Z-Wave、WiFi和NFC等）实现智能设备互联，为气体传感器的远程数据处理与未来应用提供支持。基于物联网的预警系统可实现大气质量与突发公共卫生事件的远程监测。

无线传感网络可提升传感信号的时空分辨率，支持复杂场景的实时检测。例如，香港科技大学近期基于三维Pd/SnO_2薄膜研发了一种自供电集成纳米结构气体传感器（SINGOR），并构建无线SINGOR网络用于智能家居系统，如图3-14（a）～（c）所示。该传感器阵列结合主成分分析和支持向量机算法，可在0～85%相对湿度范围内通过交叉响应精准识别氢气、甲醛、甲苯和丙酮。随后，将多个SINGOR部署于住宅不同区域形成无线网络，可实时上传监测数据并实现气体泄漏点精确定位[75]。上海交通大学近期还利用光致发光增强的Li-Fi通信技术，结合NO_2传感器实现低功耗远程空气污染物追踪[76]。

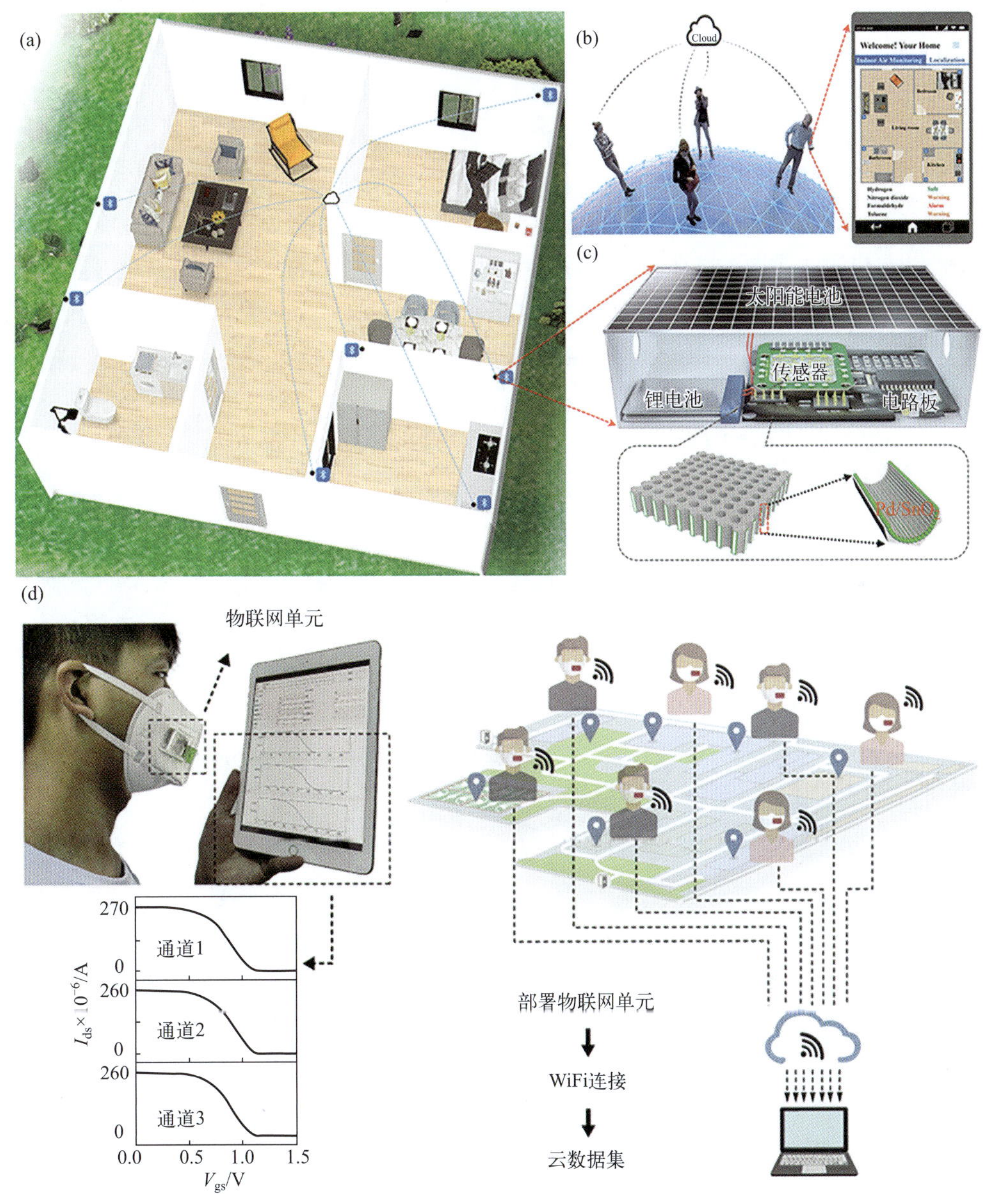

图3-14 （a）~（c）智能家居系统中的智能气体传感器[75]；（d）可穿戴生物电子口罩，用于流行病预警和防控[77]

可穿戴生物电子气体传感器与物联网技术的融合为预防呼吸道传染病暴发提供了前瞻性解决方案。例如，同济大学近期开发了一款可穿戴生物电子口罩，可无线监测气溶胶介质中的病毒蛋白，如图3-14（d）所示[77]。借助物联网技术，此类智能口罩有望实现流行病预警和防控。云端服务器通过AI驱动的数据库分析技术，构建了新型AIoT（人工智能物联网）体系，能够以低成本无线采集并传输智能气体传感器的传感信息。在算法与统计模型辅助下，即便传感设备采集的视觉数据处于极端形变条件，柔性传感器仍能稳定工作[78]。

3.2.2.6 搭载仿生嗅觉系统的机器人

当前，为实现精准的多气体识别和区分，主流趋势是通过构建广谱交叉响应传感器阵列结合机器学习算法。香港科技大学近期研发了一种基于高密度单片3D PdO/SnO_2传感器阵列（单芯片100～10000个传感单元）的仿生嗅觉芯片（BOC）系统，该设计通过“像素多样性”模拟生物嗅觉受体的多样性特征。系统配备外围信号读取电路，可精准获取每个像素的电阻值。不同气味分子刺激下各像素产生差异化响应，形成特征指纹图谱。该研究首先验证了BOC系统在不同湿度背景下对8种不同浓度气味的识别能力，采用卷积神经网络（CNN）进行分类（气体类型）与回归（气体浓度）预测，准确率达99.04%。进一步通过采集24种气味各100组响应模式［图3-15（a）、（b）］，结合t分布随机邻域嵌入（t-SNE）与支持向量机（SVM）算法实现混合气体中单质气味的精准识别，如图3-15（c）所示。BOC系统卓越的分类能力使其能有效识别盲盒中的橙子与红酒［图3-15（d）～（g）］，充分展现了该技术在实际应用中的巨大潜力[79]。

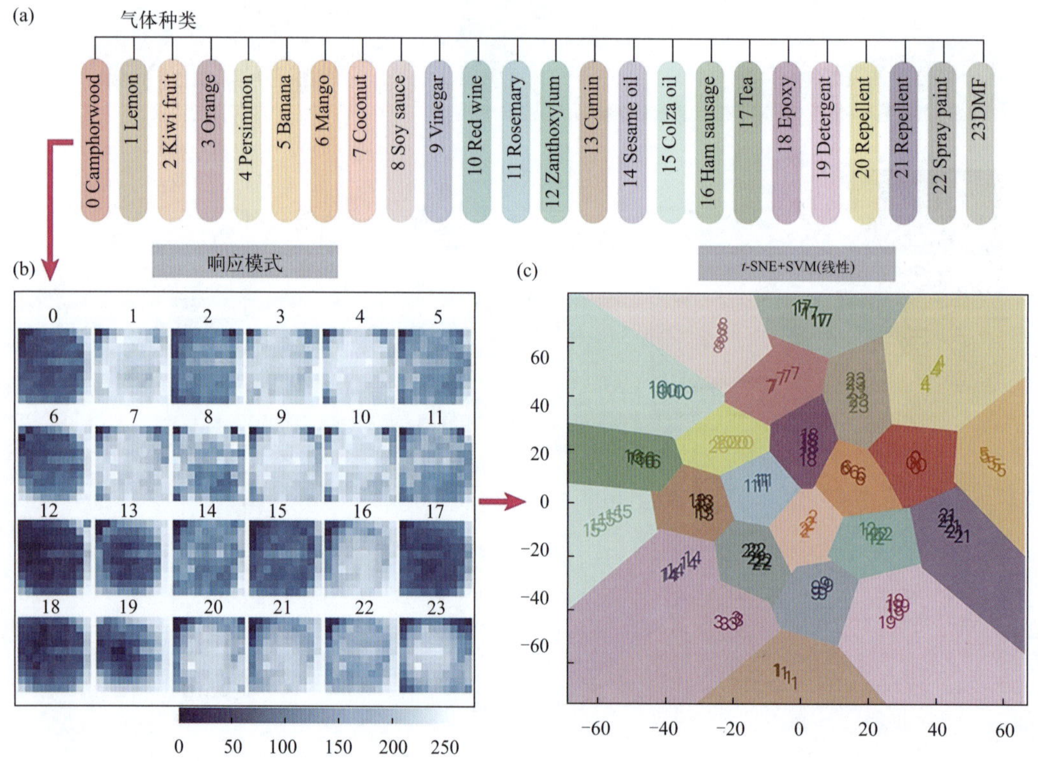

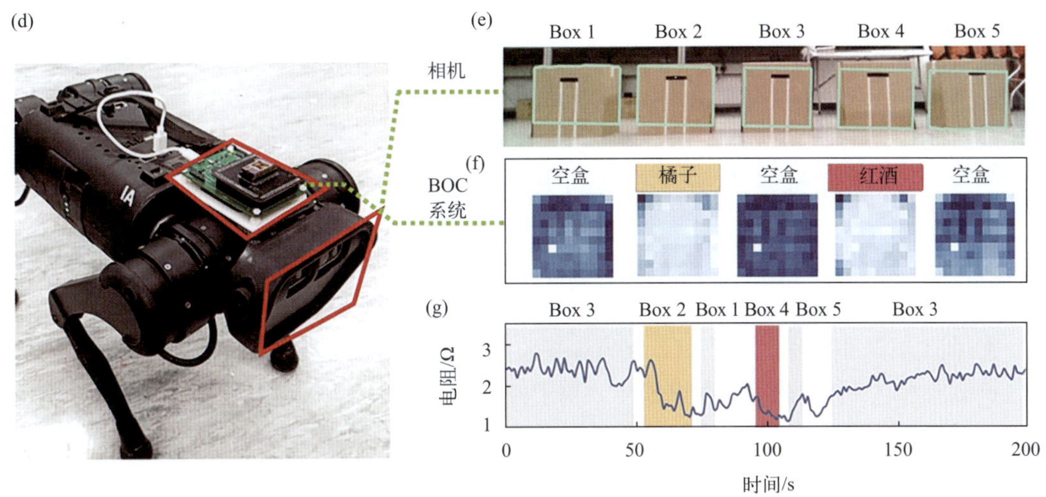

图 3-15　仿生嗅觉芯片系统集成于四足移动机器人，采用单片集成的 3D PdO/SnO_2 传感器阵列芯片，单芯片至多集成 10000 个独立传感器

（a）～（c）芯片的交叉响应灵敏度和人工智能算法对 24 种混合成分气味的区分能力；（d）～（g）结合视觉传感器的嗅觉芯片在机器狗上的应用场景[79]

3.3　发展我国智能气体传感器产业的主要任务及存在的问题

3.3.1　智能气体传感器未来发展的主要任务

气体传感器属于物联网感知层的核心技术之一。工业和信息化部发布的《基础电子元器件产业发展行动计划（2021—2023 年）》明确指出，重点发展小型化、低功耗、集成化、高灵敏度的敏感元件，温度、气体、位移、速度、光电、生化等类别的高端传感器，新型 MEMS 传感器和智能传感器，微型化、智能化的电声器件。政策和市场需求驱动未来气体传感器将继续向智能化、微型化、集成化、网络化发展，满足不同领域的应用需求，推动各行各业发展。

① 智能化要求气体传感器内置微处理器，使其具有自动检测、自动补偿、数据存储、逻辑判断、功能计算等功能。实现这些功能，需将微处理技术与计算机技术相结合，使传感器具有人工智能特性，对外界因素变化做出实时、精准判断。

② 微型化要求发展便携式、柔性和可穿戴式气体传感器件以满足下游不断升级的消费需求。实现微型化，需将微电子工艺、微机械加工和超精密加工等先进制造技术与新材料结合，将传感器中的敏感元件、转换元件和调理电路尺寸从毫米级向微米、纳米级发展。

③ 集成化要求传感器能同时测量不同性质参数，全面、准确反映客观事物和环境。实现集成化，需集成压力、温度、湿度、流量、加速度、化学等多种不同功能敏感元件，同时感知外界环境的多种物理化学特性，以实现对环境的多参数综合监测。

④ 网络化要求气体传感器能够结合物联网技术，通过有线传输或无线通信技术，将大量单体传感器进行集成，使得传统上处于“信息孤岛”的传感器实现互联互通和实时数据交换，发展具备自动信息处理和远距离实时在线监测功能的测控系统。

3.3.2 影响智能气体传感器发展的主要问题

然而，目前我国智能气体传感器行业的发展受到技术、人才、资金、资质标准等方面限制。

① 人才短缺和技术经验不足。气体传感监测仪器属于机电一体化产品，涉及新材料技术、机械技术、计算机技术、信息技术、电子技术、控制技术、光学技术等多方面专业学科知识，产品研发需要多领域综合技术人才。优秀技术人才是支撑行业和技术快速发展的核心资源，培养需要花费较长周期。然而目前本行业的快速发展使得内部高水平人才培养远远跟不上市场规模增长速度，无法满足研发技术水平的需求，经验丰富的优秀人才也相对缺乏，一定程度上限制了行业发展。

② 创新能力不足，核心技术落后。目前国内高端气体传感器的核心创新技术整体仍然落后于国外，高端市场仍然依赖进口。此外，智能传感器所处的物联网行业正处于快速发展时期，硬件和软件方面，未来下游应用都将随着市场需求逐步提高而出现快速迭代，核心技术需要持续创新。

③ 标准化体系缺失。目前，我国气体传感器行业制定的行业标准较少，包括《GB 12358—2024作业场所环境气体检测报警仪器 通用技术要求》《GB/T 50493—2019 石油化工可燃气体和有毒气体检测报警设计标准》《JB/T 13999—2020 电化学VOCs气体传感器》《JB/T 14000—2020光学粉尘传感器》《HJ 654—2013环境空气气态污染物（SO_2、NO_2、O_3、CO）连续自动监测系统技术要求及检测方法》等，气体传感器行业标准仍显不足，无法指导不同应用场景的需求，仍需要制定更多行业标准以规范智能气体传感器的研究、发展和应用。

3.4 推动我国智能气体传感器产业发展的对策和建议

发展智能气体传感器是国家战略。根据《中华人民共和国国民经济和社会发展第十四个五年规划和2035年远景目标纲要》的战略布局，对智能气体传感器产业发展进行进一步的规划，重点聚焦高端芯片、操作系统、人工智能关键算法、传感器等关键领域，加快推进基础理论、基础算法、装备材料等研发突破与迭代应用。可从以下几个方面推动我国智能气体传感器的产业发展：

① 产学研协同创新。增强企业和高校与科研机构合作的深度和广度。一方面，企业需要充分利用高校和科研机构的智力资源，可采用博士后流动站在高校和科研机构建立实验室的方式提高技术创新能力。另一方面，高校和科研院所应发挥研究基础和智力密集优势，面向市场需求，着重解决企业技术革新面临的瓶颈问题。

② 中高端市场的国产化替代。国内在电化学气体传感器、红外气体传感器等领域研究起

步相对较晚，缺乏系统和深入研究，核心技术和部件仍依赖进口。随着下游应用的持续拓展，应加快技术和产品迭代速度，面向中高端市场需求打造核心技术研发优势。

③ 增加研发资金投入。随着国民经济的快速发展和环保政策趋严，下游领域对智能气体传感、分析、检测设备需求攀升。一方面，企业若要继续推进产能扩张和产线升级，需要市场和政府资金注入，以满足产业升级换代所需要的研发和扩产资金需求；另一方面，高校和研究院所需要加大科研经费投入，以满足人才培养和前沿技术研发的需求。

④ 加快建立和完善标准化体系。面向市场和行业需求，应加快建立健全智能气体传感器的国家标准，指导中高端气敏检测分析仪器的研发和生产。

参考文献

[1] Zong B, Wu S, Yang Y, et al. Smart gas sensors: Recent developments and future prospective. Nano-Micro Letters, 2025, (3): 55-86.

[2] Dai J, Ogbeide O, Macadam N, et al. Printed gas sensors. Chemical Society Reviews, 2020, 49(6): 1756-1789.

[3] Li Z, Askim J R, Suslick K S. The optoelectronic nose: Colorimetric and fluorometric sensor arrays. Chemical Reviews, 2019, 119(1): 231-292.

[4] Askim J R, Mahmoudi M, Suslick K S. Optical sensor arrays for chemical sensing: the optoelectronic nose. Chemical Society Reviews, 2013, 42(22): 8649-8682.

[5] Li Z, Suslick K S. A hand-held optoelectronic nose for the identification of liquors. ACS Sensors, 2018, 3(1): 121-127.

[6] Li Z, Suslick K S. The optoelectronic nose. Accounts of Chemical Research, 2021, 54(4): 950-960.

[7] Liu X, Huo D, Li J, et al. Pattern-recognizing-assisted detection of mildewed wheat by Dyes/Dyes-Cu-MOF paper-based colorimetric sensor array. Food Chemistry, 2023, 415: 135525.

[8] Doğan V, Evliya M, Nesrin K L, et al. On-site colorimetric food spoilage monitoring with smartphone embedded machine learning. Talanta, 2024, 266: 125021.

[9] Jang S, Son S U, Kim J, et al. Polydiacetylene-based hydrogel beads as colorimetric sensors for the detection of biogenic amines in spoiled meat. Food Chemistry, 2023, 403: 134317.

[10] Liu S, Rong Y, Chen Q, et al. Colorimetric sensor array combined with chemometric methods for the assessment of aroma produced during the drying of tencha. Food Chemistry, 2024, 432: 137190.

[11] Kang W, Lin H, Yao-Say Solomon Adade S, et al. Advanced sensing of volatile organic compounds in the fermentation of kombucha tea extract enabled by nano-colorimetric sensor array based on density functional theory. Food Chemistry, 2023, 405: 134193.

[12] Mazur F, Han Z, Tjandra A D, et al. Digitalization of Colorimetric Sensor Technologies for Food Safety. Advanced Materials, 2024, 36(42): 2404274.

[13] Christodouleas D C, Nemiroski A, Kumar A A, et al. Broadly available imaging devices enable high-quality low-cost photometry. Analytical Chemistry, 2015, 87(18): 9170-9178.

[14] Yuan L, Gao M, Xiang H, et al. A biomass-based colorimetric sulfur dioxide gas sensor for smart packaging. ACS Nano, 2023, 17(7): 6849-6856.

[15] Phuangsaijai N, Jakmunee J, Kittiwachana S. Investigation into the predictive performance of colorimetric sensor strips using RGB, CMYK, HSV, and CIELAB coupled with various data preprocessing methods:

A case study on an analysis of water quality parameters. Journal of Analytical Science and Technology, 2021, 12(1): 19.

[16] Vishinkin R, Haick H. Nanoscale sensor technologies for disease detection via volatolomics. Small, 2015, 11(46): 6142-6164.

[17] Khatib M, Haick H. Sensors for volatile organic compounds. ACS Nano, 2022, 16(5): 7080-7115.

[18] Röck F, Barsan N, Weimar U. Electronic nose: Current status and future trends. Chemical Reviews, 2008, 108(2): 705-725.

[19] Ogbeide O, Bae G, Yu W, et al. Inkjet-printed rGO/binary metal oxide sensor for predictive gas sensing in a mixed environment. Advanced Functional Materials, 2022, 32(25): 2113348.

[20] Wang B, Cancilla J C, Torrecilla J S, et al. Artificial sensing intelligence with silicon nanowires for ultraselective detection in the gas phase. Nano Letters, 2014, 14(2): 933-938.

[21] Luo Y, Abidian M R, Ahn J H, et al. Technology roadmap for flexible sensors. ACS Nano, 2023, 17(6): 5211-5295.

[22] Ling Y, An T, Yap L W, et al. Disruptive, soft, wearable sensors. Advanced Materials, 2020, 32(18): 1904664.

[23] Smith M K, Mirica K A. Self-organized frameworks on textiles (SOFT): Conductive fabrics for simultaneous sensing, capture, and filtration of gases. Journal of the American Chemical Society, 2017, 139(46): 16759-16767.

[24] Tang L, Shang J, Jiang X. Multilayered electronic transfer tattoo that can enable the crease amplification effect. Science Advances, 2021, 7(3): eabe3778.

[25] Yi H, Lee S H, Ko H, et al. Ultra-adaptable and wearable photonic skin based on a shape-memory, responsive cellulose derivative. Advanced Functional Materials, 2019, 29(34): 1902720.

[26] Daniele M A, Knight A J, Roberts S A, et al. Sweet substrate: A polysaccharide nanocomposite for conformal electronic decals. Advanced Materials, 2015, 27(9): 1600-1606.

[27] Lee H M, Choi S Y, Jung A, et al. Highly conductive aluminum textile and paper for flexible and wearable electronics. Angewandte Chemie (International Edition), 2013, 52(30): 7718-7723.

[28] Xu Y, Zhao G, Zhu L, et al. Pencil-paper on-skin electronics. Proceedings of the National Academy of Sciences, 2020, 117(31): 18292-18301.

[29] Mirica K A, Weis J G, Schnorr J M, et al. Mechanical drawing of gas sensors on paper. Angewandte Chemie (International Edition), 2012, 51(43): 10740-10745.

[30] Lyu B, Kim M, Jing H, et al. Large-area MXene electrode array for flexible electronics. ACS Nano, 2019, 13(10): 11392-11400.

[31] Liu M, Xie K, Nothling M D, et al. Ultrathin metal-organic framework nanosheets as a gutter layer for flexible composite gas separation membranes. ACS Nano, 2018, 12(11): 11591-11599.

[32] Xu J, He Y, Bi S, et al. An olefin-linked covalent organic framework as a flexible thin-film electrode for a high-performance micro-supercapacitor. Angewandte Chemie(International Edition), 2019, 58(35): 12065-12069.

[33] Wu Z, Ding Q, Wang H, et al. A humidity-resistant, sensitive, and stretchable hydrogel-based oxygen sensor for wireless health and environmental monitoring. Advanced Functional Materials, 2024, 34(6): 2308280.

[34] Peinado P, Sangiao S, De Teresa J M. Focused electron and ion beam induced deposition on flexible and transparent polycarbonate substrates. ACS Nano, 2015, 9(6): 6139-6146.

[35] Siegel A C, Phillips S T, Dickey M D, et al. Foldable printed circuit boards on paper substrates. Advanced Functional Materials, 2010, 20(1): 28-35.

[36] Escobedo P, Fernández-Ramos M D, López-Ruiz N, et al. Smart facemask for wireless CO_2 monitoring. Nature Communications, 2022, 13(1): 72.

[37] Guo Y. Wearable sensors to monitor plant health. Nature Food, 2023, 4(5): 350.

[38] Lee K, Park J, Lee M S, et al. In-situ synthesis of carbon nanotube-graphite electronic devices and their integrations onto surfaces of live plants and insects. Nano Letters, 2014, 14(5): 2647-2654.

[39] Kim Y U, Kwon N Y, Park S H, et al. Patterned sandwich-type silver nanowire-based flexible electrode by photolithography. ACS Applied Materials & Interfaces, 2021, 13(51): 61463-61472.

[40] Kim D S, Jeong J M, Park H J, et al. Highly concentrated, conductive, defect-free graphene ink for screen-printed sensor application. Nano-Micro Letters, 2021, 13(1): 87.

[41] Wang Z, Han Y, Yan L, et al. High power conversion efficiency of 13.61% for 1 cm^2 flexible polymer solar cells based on patternable and mass-producible gravure-printed silver nanowire electrodes. Advanced Functional Materials, 2021, 31(4): 2007276.

[42] Han G D, Bae K, Kang E H, et al. Inkjet printing for manufacturing solid oxide fuel cells. ACS Energy Letters, 2020, 5(5): 1586-1592.

[43] Zhu X, Liu M, Qi X, et al. Templateless, plating-free fabrication of flexible transparent electrodes with embedded silver mesh by electric-field-driven microscale 3D printing and hybrid hot embossing. Advanced Materials, 2021, 33(21): 2007772.

[44] Huddy J E, Scheideler W J. Rapid 2D patterning of high-performance perovskites using large area flexography. Advanced Functional Materials, 2023, 33(44): 2306312.

[45] Zong B, Xu Q, Li Q, et al. Novel insights into the unique intrinsic sensing behaviors of 2D nanomaterials for volatile organic compounds: From graphene to MoS_2 and black phosphorous. Journal of Materials Chemistry A, 2021, 9(25): 14411-14421.

[46] Zong B, Li Q, Chen X, et al. Highly enhanced gas sensing performance using a 1T/2H heterophase MoS_2 field-effect transistor at room temperature. ACS Applied Materials & Interfaces, 2020, 12(45): 50610-50618.

[47] Yang Y, Zong B, Xu Q, et al. Discriminative analysis of NO_x gases by two-dimensional violet phosphorus field-effect transistors. Analytical Chemistry, 2023, 95(49): 18065-18074.

[48] Zong B, Xu Q, Mao S. Single-atom Pt-functionalized $Ti_3C_2T_x$ field-effect transistor for volatile organic compound gas detection. ACS Sensors, 2022, 7(7): 1874-1882.

[49] Xu Q, Zong B, Yang Y, et al. Black phosphorus quantum dots modified monolayer $Ti_3C_2T_x$ nanosheet for field-effect transistor gas sensor. Sensors and Actuators B: Chemical, 2022, 373: 132696.

[50] Xu Q, Zong B, Li Q, et al. H_2S sensing under various humidity conditions with Ag nanoparticle functionalized $Ti_3C_2T_x$ MXene field-effect transistors. Journal of Hazardous Materials, 2022, 424: 127492.

[51] Fang X, Zong B, Mao S. Metal-organic framework-based sensors for environmental contaminant sensing. Nano-Micro Letters, 2018, 10(4): 64.

[52] Lu G, Zong B, Tao T, et al. High-performance $Ni_3(HHTP)_2$ film-based flexible field-effect transistor gas sensors. ACS Sensors, 2024, 9(4): 1916-1926.

[53] Van den Broek J, Klein Cerrejon D, Pratsinis S E, et al. Selective formaldehyde detection at ppb in indoor air with a portable sensor. Journal of Hazardous Materials, 2020, 399: 123052.

[54] Zhang J, Lv F, Li Z, et al. Cr-doped Pd metallene endows a practical formaldehyde sensor new limit and high selectivity. Advanced Materials, 2022, 34(2): 2105276.

[55] Jeong S Y, Moon Y K, Wang J, et al. Exclusive detection of volatile aromatic hydrocarbons using bilayer oxide chemiresistors with catalytic overlayers. Nature Communications, 2023, 14(1): 233.

[56] Wu Z, Wang H, Ding Q, et al. A self-powered, rechargeable, and wearable hydrogel patch for wireless gas detection with extraordinary performance. Advanced Functional Materials, 2023, 33(21): 2300046.

[57] Jin K, Moon D, Chen Y P, et al. Comprehensive qualitative and quantitative colorimetric sensing of volatile organic compounds using monolayered metal—organic framework films. Advanced Materials, 2024, 36(8): 2309570.

[58] Luppa P B, Müller C, Schlichtiger A, et al. Point-of-care testing (POCT): Current techniques and future perspectives. TrAC Trends in Analytical Chemistry, 2011, 30(6): 887-898.

[59] Su Y, Chen G, Chen C, et al. Self-powered respiration monitoring enabled by a triboelectric nanogenerator. Advanced Materials, 2021, 33(35): 2101262.

[60] Ding X., Zhang Y, Zhang Y, et al. Modular assembly of MXene frameworks for noninvasive disease diagnosis via urinary volatiles. ACS Nano, 2022, 16(10): 17376-17388.

[61] Li X, Luo C, Fu Q, et al. transparent, wearable fluorescent mouthguard for high-sensitive visualization and accurate localization of hidden dental lesion sites. Advanced Materials, 2020, 32(21): 2000060.

[62] Kim D H, Cha J H, Lim J Y, et al. Colorimetric dye-loaded nanofiber yarn: Eye-readable and weavable gas sensing platform. ACS Nano, 2020, 14(12): 16907-16918.

[63] Lim C, Hong Y J, Jung J, et al. Tissue-like skin-device interface for wearable bioelectronics by using ultrasoft, mass-permeable, and low-impedance hydrogels. Science Advances, 2021, 7(19): eabd3716.

[64] Zhou Q, Geng Z, Yang L, et al. A wearable healthcare platform integrated with biomimetical ions conducted metal—organic framework composites for gas and strain sensing in non-overlapping mode. Advanced Science, 2023, 10(18): 2207663.

[65] Khan S, Monteiro J K, Prasad A, et al. Material breakthroughs in smart food monitoring: Intelligent packaging and on-site testing technologies for spoilage and contamination detection. Advanced Materials, 2024, 36(1): 2300875.

[66] Matsuhisa N. Spoiler alert of foods by your phone. Nature Food, 2023, 4(5): 362-363.

[67] Istif E, Mirzajani H, Dağ Ç, et al. Miniaturized wireless sensor enables real-time monitoring of food spoilage. Nature Food, 2023, 4(5): 427-436.

[68] Lee G, Hossain O, Jamalzadegan S, et al. Abaxial leaf surface-mounted multimodal wearable sensor for continuous plant physiology monitoring. Science Advances, 2023, 9(15): eade2232.

[69] Feng W, Liu X J, Xue M J, et al. Bifunctional fluorescent probes for the detection of mustard gas and phosgene. Analytical Chemistry, 2023, 95(2): 1755-1763.

[70] Yuan S, Zeng S, Hu Y, et al. Epitaxial metal-organic framework-mediated electron relay for H_2 detection on demand. ACS Nano, 2024, 18(30): 19723-19731.

[71] Germain M E, Knapp M J. Optical explosives detection: From color changes to fluorescence turn-on. Chemical Society Reviews, 2009, 38(9): 2543-2555.

[72] Zhang J, Xiong J, Gao B, et al. Ultrasensitive and on-site detection of nitroaromatic explosives through a dual-mode hydrogel sensor utilizing portable devices. Advanced Functional Materials, 2024, 34(37): 2402442.

[73] Fan S, Loch A S, Vongsanga K, et al. Differentiating between V- and G-series nerve agent and simulant vapours using fluorescent film responses. Small Methods, 2024, 8(1): 2301048.

[74] Xiao F, Lei D, Liu C, et al. Coherent modulation of the aggregation behavior and intramolecular charge transfer in small molecule probes for sensitive and long-term nerve agent monitoring. Angewandte Chemie (International Edition), 2024, 63(15): e202400453.

[75] Song Z, Ye W, Chen Z, et al. Wireless self-powered high-performance integrated nanostructured-gas-

sensor network for future smart homes. ACS Nano, 2021, 15(4): 7659-7667.

[76] Jin H, Yu J, Cui D, et al. Remote tracking gas molecular via the standalone-like nanosensor-based tele-monitoring system. Nano-Micro Letters, 2021, 13(1).

[77] Wang B, Yang D, Chang Z, et al. Wearable bioelectronic masks for wireless detection of respiratory infectious diseases by gaseous media. Matter, 2022, 5(12): 4347-4362.

[78] Zhu J, Cho M, Li Y, et al. Machine learning-enabled textile-based graphene gas sensing with energy harvesting-assisted IoT application. Nano Energy, 2021, 86: 106035.

[79] Wang C, Chen Z, Chan C, et al. Biomimetic olfactory chips based on large-scale monolithically integrated nanotube sensor arrays. Nature Electronics, 2024, 7(2): 157-167.

作者简介

宗博洋，同济大学环境科学与工程学院博士后。长期从事气体传感器研究，以第一作者/共同一作在*Nano-Micro Letters*、*Analytical Chemistry*、*ACS Sensors*等期刊发表多篇研究论文，授权/申请国家发明专利3项，参与编写“十四五”规划教材《新能源中的先进材料：基础及应用》，获上海市“超级博士后”激励计划资助。

李秋菊，同济大学副教授，硕士生导师，主持国家自然科学基金面上、青年项目及博士后基金项目等，针对光学传感技术在环境分析中的关键科学问题，聚焦环境污染物的快速识别与便携式、高通量检测开展了一系列研究工作，以第一/通讯作者在*Nature Communications*、*Advanced Functional Materials*等权威刊物上发表SCI论文30余篇；申请/授权国家发明专利5项。

毛舜，同济大学环境科学与工程学院教授，博士生导师，水污染控制与资源绿色循环全国重点实验室副主任，入选国家高层次人才计划领军人才和国家级青年人才，国家重点研发计划首席科学家。研究方向为环境分析化学和催化处理技术；主持国家重点研发计划、国家自然科学基金等国家级项目；在*Nature Communications*、*Advanced Materials*、*Angewandte Chemie*（*International Edition*）、*Energy & Environmental Science*、*Environmental Science & Technology*、*Analytical Chemistry*等知名期刊发表研究论文200余篇，入选科睿唯安“全球高被引科学家”、全球前2%顶尖科学家榜单（终身科学影响力排行榜），授权国内外发明专利10余项。

第4章

仿生功能高分子材料

吴 婷 瞿金平

4.1 仿生功能高分子材料背景简介

4.1.1 仿生学概念

1960年，美国神经病学家J.E.斯蒂尔最早提出仿生学的概念，将其定义为“通过模仿生物系统的原理构建技术系统，或赋予人工系统生物特征”。随着材料科学和纳米技术的进步，仿生学逐步从理论探索转向实际应用。1997年，仿生学研究所发起人Janine Benyus在她出版的《仿生学：自然启发的创新》一书中提到了“形式、过程和生态系统”三个仿生层次，指出未来的仿生将是人造技术对自然生态系统的模拟，这一理念引领着科技与自然和谐共生的探索之路[1]。仿生学的发展历程如图4-1所示。

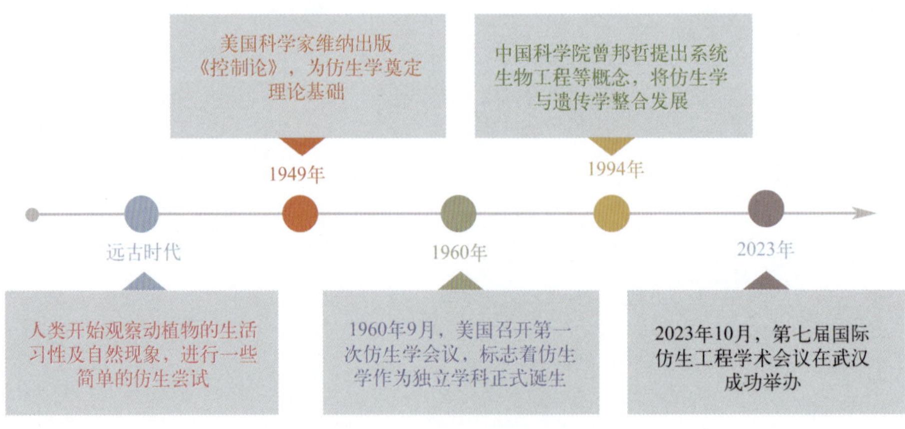

图4-1 仿生学的发展历程

自然界经过亿万年的进化，赋予了生物体表界面优异的性能，如超疏水、自清洁、抗反射等。生物系统的精妙构造与复杂机制，成为仿生材料研究的灵感源泉，正引领着仿生材料研发的新方向[2]。通过模仿生物的智慧，目前开发出许多具有特殊功能的仿生材料，为人类的科技进步和生活品质提升贡献力量。例如，荷叶的超疏水性源自其表面的微观结构，这种特性启发了防水材料的设计[3]；鲨鱼皮肤表面的微结构可有效减少水流阻力，这一发现被广泛应用于游泳装备和水下运输工具的设计，以提高运行效率，降低能耗[4]；蜻蜓翅膀表面的微纳结构使其能精准控制飞行姿态，这一原理被借鉴到航空材料的研发中，推动飞行器设计的革新[5]。这些仿生材料的成功案例，无疑为我们揭示了自然界的无穷智慧，也预示着未来材料科学将更加关注生物灵感，推动科技与自然和谐共生的美好愿景。

4.1.2 仿生功能高分子材料的概念及分类

材料科学的日新月异，促进了仿生学理念在材料设计领域的深度渗透。科学家们积极从生物体的精妙结构与功能中寻找灵感，力求开发出高性能的新型材料。骨骼、贝壳和蜘蛛丝等自然界的生物材料，因兼具高强度、高韧性及自修复、自适应等智能特性，成为推动人工材料性能跃升的重要源泉。在仿生学的启发下，仿生功能高分子材料应运而生。仿生功能高分子材料是指通过模拟生物体的结构、功能和特性而设计和制备的高分子材料，这些材料从自然界中发现的结构和功能中汲取灵感，以实现创新应用和性能增强。这些材料不仅具有高分子材料的基本特性，如轻质、柔韧、易加工等，还具备生物体特有的功能，如环境响应性、自修复能力、生物相容性等。

根据所模仿的生物结构和功能特性，仿生功能高分子材料能够实现多样化的结构设计与性能调控，从而满足不同领域的应用需求。目前，仿生功能高分子材料主要可以分为应用于防冰、防霜、防污、防腐、防潮、防冲的仿生防护高分子材料，应用于抗菌、骨修复、药物递送的仿生医用高分子材料，应用于传感、运动控制、液体输送的仿生智能高分子材料，应用于电化学储能、光热转换、辐射制冷的仿生能源高分子材料，应用于生物降解、水净化与处理、环境监测与响应的仿生环境高分子材料（图4-2）。在21世纪新材料发展的浪潮中，仿

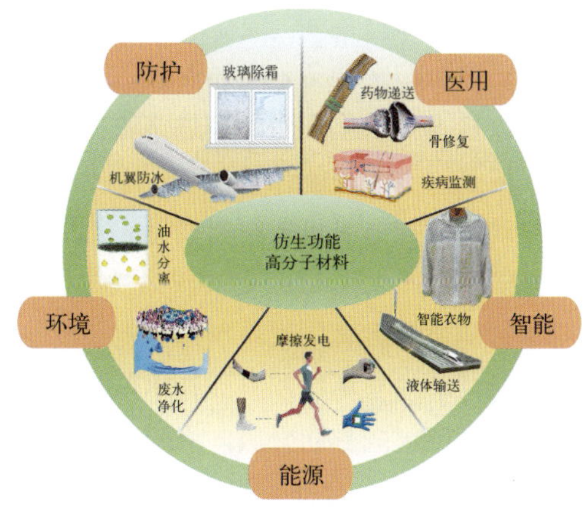

图4-2　仿生功能高分子材料的分类与应用

生功能高分子材料研究已成为引领前沿的重要方向，其与信息通信、人工智能、先进制造等尖端技术深度融合，致力于赋予材料智能化与信息化特性[6]，推动结构-功能一体化材料的创新突破。

4.2 仿生功能高分子材料战略需求

仿生功能高分子材料通过模拟生物系统精密调控机制，展现出动态响应、自适应修复、环境交互等多重仿生特性，其跨尺度功能集成优势正加速突破传统材料的性能边界。作为战略性新兴产业的核心材料体系，其研发不仅涉及表界面工程、分子拓扑设计等基础科学突破，更驱动着高端制造、精准医疗、智慧能源等领域的范式革新。因此，深入研究仿生功能高分子材料的设计原理与性能调控机制，不仅是推动材料科学与技术创新的重要途径，更是满足国家重大战略需求、提升国际竞争力的关键举措，对促进经济高质量发展和改善人类生活质量具有重要意义。本节将会从仿生防护高分子材料、仿生医用高分子材料、仿生智能高分子材料、仿生能源高分子材料、仿生环境高分子材料几个方面介绍仿生功能高分子材料的研究进展和迫切需求。

4.2.1 仿生防护高分子材料

仿生防护高分子材料基于生物系统防御机制的多级结构解析，通过分子拓扑设计与跨尺度结构工程实现防护性能的定向强化。这类材料在防护性能上实现了多维突破，不仅具备自清洁、防水、抗冰霜等基础功能，还能有效抵御污渍、腐蚀、潮湿和机械冲击，其综合性能远超传统材料，在极端温域、复杂介质等服役环境下仍能维持抗浸润、抗黏附、抗冲击等多重防护效能。值得关注的是，其环境响应机制与损伤自修复能力的协同优化，不仅提升了防护体系的可持续性，更通过仿生拓扑学的逆向设计实现了防护-传感-预警的多功能集成，为航空航天装备防护、智能医疗隔离系统等新兴领域提供了兼具轻量化与全生命周期生态兼容性的创新解决方案。

（1）仿生防冰高分子材料

在低温工况下，界面结冰现象对航空装备、交通载具、能源设施等关键系统的功能性及安全性构成严峻挑战。当前防冰技术体系呈现双轨演进路径：基于外源能量输入的主动干预模式虽能实现基础防冰需求，但其固有的高能耗特性和环境扰动效应难以满足碳中和时代的可持续发展要求。而新兴的被动式防冰体系依托材料表界面工程创新，通过构建仿生功能表面（如梯度润湿结构、动态响应界面），在微观尺度实现冰晶成核抑制与黏附强度调控，突破性地将防冰过程转化为材料本征属性，显著降低系统维护复杂度与全生命周期成本。随着极端气候事件的频发，这种兼具能源节约与环境友好的技术范式，正推动防冰研究从单一功能开发向智能响应、自修复等复合功能集成方向升级，为跨领域工程系统提供更具韧性的解决方案。

自然界中，荷叶、部分鸟类羽毛以及某些植物表面展现出显著的疏水特性，这种特性使得水滴难以在其表面停留，从而有效抑制了水分的凝结和结冰现象。与此同时，鲨鱼皮肤和植物表皮的微观结构也具备减少冰雪附着的功能。此外，一些生物如鱼类和特定昆虫通过分泌特殊物质或调整自身结构来抵御冰雪的积聚。研究人员从这些自然界的防冰机制中汲取灵感，结合先进的高分子材料制备技术，开发出具有高效防冰性能的新型材料。这些材料不仅在防冰领域表现优异，还在自清洁、防雾、抗菌等方面展现出广泛的应用潜力，为解决防冰问题提供了创新的解决方案。Ru等[7]通过将具有临界溶液温度上限的二元液体混合物注入聚合物网络中，制造了一种可逆热响应有机凝胶，通过改变凝胶成分来调整临界相分离温度，进而使有机凝胶可以可逆地分泌/吸收液体，从而表现出可切换的润滑特性，润滑状态下的有机凝胶表现出极低的冰黏附力。Wu等[8]学者受荷叶表面疏水特性的启发，共聚合成了具有超疏水表面的氟化硅基共聚物，该材料可在极低温度下有效去除水滴，在−20℃下结冰延迟时间为1765s，冰黏附强度低至68.1kPa，显著延迟了结冰过程。Wong等[9]从猪笼草内壁的超滑特性中获得灵感，提出了一种基于光滑液体注入多孔表面（SLIPS）的防冰策略。通过这种方法制备的高分子材料界面具有无缺陷且光滑的液体层，能够显著减少冰核形成的位置并延缓结晶过程。基于SLIPS防冰策略，Cheng等[10]通过结合黑色涂料、石蜡和多孔聚酰胺（PA）基材开发了具有快速自修复和出色防冰/除冰性能的光热光滑表面（PSS），在1个太阳光照强度下，当温度降至（−20±1.0）℃时，PSS表面冰的形成延迟到（212.5±2.5）s。此外，Xie等[11]通过在聚乙烯/石墨烯纳米片（PE/GN）泡沫表面喷涂SiO_2纳米颗粒溶液，构建了二级纳米结构。这种结构即使在动态冲击或酸/碱溶液侵蚀后，仍能保持优异的超疏水性，将结冰时间延长至600s，并且在近红外（NIR）照射下，冻结的水滴在20s内融化。当前仿生防冰材料的研发虽已实现多种生物机制的技术转化，但在构建兼具长效服役性能、生态相容性、经济性与功能集成度的先进体系方面仍存在多维技术瓶颈。如何通过材料基因设计与跨学科协同创新解决机械稳定性退化、环境毒性残留及多场景适配性不足等矛盾问题，将成为仿生防冰高分子材料实现产业化应用的关键创新突破口。

（2）仿生防污高分子材料

污垢、微生物、油脂以及污水等污染物在材料表面的沉积、附着和生长不仅会损害材料的性能、外观和使用寿命，还可能引发材料腐蚀或功能失效，甚至对环境造成污染。这些污染物主要分为物理污垢（如固体颗粒、油污和灰尘的附着）和生物污染（如细菌、藻类和海洋生物的附着与繁殖）两大类。防污问题在多个领域至关重要，尤其是在船舶、管道、水处理设备和医疗器械等行业。解决这一问题不仅需要防止污物的积累，还涉及清洁、长期维护以及减少对环境的负面影响。目前，研究主要集中在通过优化材料表面特性来增强其耐污性，减少污物附着或提高清洁难度，研究方向包括材料设计、表面工程、智能功能集成以及仿生材料等。

在大自然中，生物体通过一系列生理、化学或行为方式来减少或抵抗外界污染物的影响，许多植物、动物和微生物已经进化出独特的形态、化学成分或物理特性。例如，荷叶表面具有微观的蜡质结构，形成了“超疏水”效果，使得水珠能够滚动并带走污垢，保持表面的清洁；鸟类如鸭子和天鹅的羽毛表面覆盖着一层油脂，使得羽毛保持疏水性；鲨鱼、海豚等的皮肤上覆盖着具有微米级的纹理，可以减少水流阻力和降低附着力，防止细菌、藻类和其他污染物的生长。受自然界生物表面防污机制的启发，研究人员开发了多种创新的仿生高分子材料。这类材料通过模拟自然界的防污机制，不仅具备卓越的防污能力，还具有长效性、环境友好性、多功能性、节能性以及低维护成本等优势，能够显著减少污染物附着，提升表面自清洁性能，降低维护成本并延长材料寿命，在建筑、汽车、航空航天和医疗器械等领域得到了广泛应用，为开发环境友好型、多功能集成的防污材料提供了新的思路。例如，基于软珊瑚的“谐动”响应机制，Bing等[12]制备了触手结构改性的石墨烯-有机硅弹性体复合材料防污膜，可通过物理相互作用排出细菌，对革兰氏阴性菌和革兰氏阳性菌均表现出很强的抗黏附活性。受海蛞蝓启发，Tong等[13]制备了一种基于PDMS的智能海洋防污聚氨酯涂层材料，该涂层具有紫外线响应可控香豆素释放和紫外线愈合特性，具有优良的力学性能、透明度、抗菌性能、抗藻性能和超9个月的海洋防污性能。Qin等[14]受海豚皮肤卓越的减阻和抗生物污染能力的启发，开发了一种注入蛇床子素的柔性聚氨酯涂层材料，该涂层具有优异的抗生物（细菌和藻类）污染性能，并且在人工海水中浸泡15天后才表现出显著的阻力降低。受典型土栖昆虫启发，Ning等[15]开发出一种高强度多层地膜及大规模生产方法，薄膜表面规则的微纳分层结构使其即使暴露于紫外线辐射、变形和液体或固体冲击时也具有高效的防污、浆料排斥和减少黏附功能。当然，目前虽已开发出许多具有不同防污机制的仿生高分子材料，但仍然面临耐久性、成本、生产工艺等方面的挑战。因此，开发低成本、环保、耐用、多功能性的仿生防污高分子材料仍是防污领域的重要研究方向。此外，现代纳米技术、绿色材料和智能响应技术的结合，将推动仿生防污材料的实际应用，并为环境保护和工业发展带来新的解决方案。

（3）仿生防腐高分子材料

在自然环境中，金属、木材、混凝土、食品等材料容易因外界因素而受潮，进而发生腐败、退化、腐蚀或损坏。这些问题不仅会缩短材料的使用寿命，削弱其功能，还可能引发安全隐患和经济损失。防腐的核心在于阻止水、氧气、酸碱等物质与材料表面发生反应，同时抵御细菌、真菌等微生物以及昆虫的生物侵蚀。此外，还需防止因环境变化、摩擦或冲击导致的化学、生物或物理性损伤。防腐问题是各个行业面临的重要挑战，尤其是在建筑、交通、能源和化工等领域。例如，高温盐水罐和高温化盐池的防腐问题一直困扰着化工行业。传统的防腐材料如双向不锈钢、衬四氟、衬玻璃钢等在高温下易老化、变形、破裂，无法满足实际使用需求。解决材料防腐问题的关键是创新的技术和材料的应用，而仿生学为防腐问题提供了新的解决办法和技术路线。

经过对自然生物的研究调查，研究人员发现一些生物具有独特的防腐和防潮机制，以适应各种复杂环境并保护自身免受侵害。例如，某些贝类分泌的特殊物质如碳酸钙微晶和有机基质，能形成坚硬的层状结构的外壳，有效抵御海水中的盐分、微生物和其他腐蚀性环境。此外，蜥蜴皮肤外层的角质鳞片、蜜蜂的蜡质蜂巢、蚕茧等均具有良好的防水和防潮性能，能够有效防止水分的流失，还能有效阻挡外界腐蚀性物质的侵入。这些自然界生物的防腐防潮机制不仅展示了生物进化的奇妙和智慧，也为现代材料科学提供了丰富的灵感和创新思路。通过模仿这些生物的自我保护机制，结合高分子材料加工技术，科学家们研发出多种仿生防腐高分子材料，这些材料通常具备优异的抗氧化、抗菌和抗水分侵蚀的特性，能够有效延长

材料的使用寿命，且具备良好的环境适应性，能够在各种恶劣条件下保持稳定的性能，为解决各种防腐问题提供了新的途径和方法。受青蛙皮肤的启发，Zhang等[16]制备了一种仿生无氟多功能滑涂层材料，60天期间内暴露在中性盐雾和3.5%（质量分数）NaCl溶液仍具有优异的长期耐腐蚀性。Zhao等[17]通过贻贝仿生在水性环氧树脂中加入新型改性埃洛石纳米填料开发了一种耐腐蚀性的涂层，在3.5%（质量分数）NaCl中浸泡60天仍具有超强的稳定性，在金属腐蚀保护特别是在酸性环境下具有良好的应用前景。Gong等[18]利用静电纺丝技术模拟生物体血管网络的自修复系统，开发出一种具有pH响应自修复防腐蚀特性聚乳酸三维纤维网络涂层，该涂层在3.5%（质量分数）NaCl溶液中50天内仍有持久的耐腐蚀性，此外，还具有高强度的黏附性、表面润湿性和物理阻隔性能。尽管仿生防腐高分子材料在模仿自然界生物的结构和功能方面取得了显著进展，但仍面临诸如难以精确复制复杂的自然结构，大规模生产中保持材料的性能一致性、长期稳定性和环境适应性等问题。通过先进的纳米技术和智能合成方法，开发出更加高效、可持续且具有多功能的仿生防腐高分子材料将成为解决防腐问题的未来研究方向。

此外，仿生防护高分子材料在抗冲击、抗紫外、抗氧化、抗磨损、防火、防静电及耐候性等方面也具有独特的优势，促使其成为各类高性能材料的重要替代或补充，展现出广阔的应用前景，未来的发展方向将更加注重绿色环保及可持续性，推动其在更多领域的推广与应用。

4.2.2 仿生医用高分子材料

仿生医用高分子材料是通过模仿自然界生物体的结构与功能特性，结合高分子成型加工技术，设计和制造出能够满足医疗及生物学领域需求的高分子材料。这类材料以实现治疗、修复或替代人体功能为目标，其设计灵感通常来源于生物体内的天然材料（如骨骼、软组织、皮肤等），通过模拟其形态、组织结构和生理功能，赋予材料优异的抗生物污染、生物相容性、生物降解性等性能。当前，仿生医用高分子材料的研究主要集中在抗菌、骨骼和软组织修复、人工器官及智能药物传递系统等领域。随着材料科学、纳米技术、3D打印技术以及生物学研究的进展，仿生医用高分子材料的设计愈发精细，能够模拟更复杂的生物功能，有望在未来成为医学领域的一个重要组成部分。

（1）仿生抗菌高分子材料

抗菌问题是现代医学和材料科学领域面临的重要挑战，尤其是在医院环境中，细菌的传播和感染可能引发严重的健康风险。细菌感染不仅会延长治疗周期，还可能导致严重的并发症，甚至危及生命。在外科手术、创伤修复以及人工器官植入等场景中，医用材料表面容易成为细菌附着和繁殖的温床，从而引发局部感染或移植物排斥等问题。传统的抗菌方法，如抗生素或化学消毒剂的使用，虽然具有一定的效果，但面临着细菌耐药性增强、环境污染以及对人体健康产生副作用等局限性。此外，部分抗菌涂层和材料在长期使用后，其抗菌性能可能逐渐减弱。因此，开发具有持久抗菌效果的医用材料成为当前亟需解决的关键问题。

自然界中的一些生物，如龙虾、鲨鱼、柳树叶子等，表面表现出优异的抗菌性能，这些生物特征通常通过微观结构或化学成分实现。例如，鲨鱼皮的微观纹理能够减少细菌附着，而莲花叶表面的超疏水性则可以防止污垢和细菌的积聚，蝙蝠翼的表面具有细小的纳米结构和油脂成分，能够在不使用化学抗菌剂的情况下阻止细菌的滋生。此外，部分植物、昆虫如蜂蜜、茶树油等，能够分泌天然的抗菌物质蜂蜜、银离子和某些植物萃取物等，防止细菌感染。在抗菌材料的开发中，这些独特的抗菌结构与物质，为技术创新提供灵感。通过模仿这些自然结构，设计并制备具有抗菌效果的仿生高分子材料，提供了高效、安全、可持续的抗菌解决方案。它们不仅具有优越的抗菌性能，还具备环保、生物相容性、持久性等多重优势，应用前景广泛。Zhang等[19]开发了一种具有抗菌特性和出色生物相容性的pH响应聚丙烯基抗菌材料，对革兰氏阳性菌和革兰氏阴性菌表现出自我防御特性，当感应到积聚在材料表面的细菌产生的酸性环境时，材料可以从表面释放出抗菌肽杀死病原体。Du等[20]制造出一种具有蝉翼启发纳米柱结构的仿生聚苯乙烯薄膜，薄膜表面的纳米柱可以在20min内穿透并杀死大部分大肠杆菌，并对微小的液滴具有优异的自走式去除性能。Zhang等[21]受蚕茧启发开发出一种新型丝素蛋白/丝胶蛋白水凝胶，可在10min内快速凝胶化，细菌抑制率超过98%，对伤口愈合具有出色的抗菌特性。仿生抗菌高分子材料在模拟自然界抗菌机制方面取得了重要突破，但仍存在一些亟待解决的难题。首先，这类材料在长期使用过程中可能出现抗菌性能下降的问题，其稳定性和耐久性仍需进一步优化。其次，如何在实现高效抗菌的同时，避免对人体健康或环境造成不利影响仍是一个核心挑战。未来的研究方向将聚焦于纳米技术与智能材料的深度融合，致力于设计兼具优异耐久性、自修复、抗病毒、自适应等多功能的仿生抗菌高分子材料。同时，开发绿色、可持续的合成和制备方法将成为推动仿生抗菌高分子材料在医疗、环保等领域规模化应用的关键，从而助力仿生抗菌高分子材料的创新突破。

（2）仿生骨修复高分子材料

随着人口老龄化加剧，骨科疾病、骨折、骨肿瘤以及骨缺损等问题日益增多。尽管骨组织具备自我修复能力，但在大面积缺损、衰老、骨质疏松或感染等情况下，这种能力会受到限制，导致愈合不良或延迟。骨修复是医学和生物材料领域的重要研究方向，主要针对骨组织损伤或疾病引发的缺损修复。传统疗法如手术修复、骨移植和人工骨材料植入虽有一定效果，但仍面临供体短缺、术后感染、材料排斥及愈合缓慢等挑战。因此，探索新的骨缺损修复材料成为迫切需求。随着骨组织工程（BTE）的进步，仿生学与其结合日益紧密。通过模拟自然骨组织的成分、结构和功能，并运用高分子成型技术，研究人员开发出兼具优异生物相容性和力学性能的骨修复材料，这些材料已广泛应用于骨科、牙科、整形外科及运动医学等领域。

天然骨骼以其高度有序的三维网状结构著称，这种结构使其在保持轻便的同时具备高强度。骨组织的微观构造由致密骨和海绵骨组成，形成了一个坚固且轻质的框架，赋予了骨骼卓越的力学性能和生物活性。骨骼的主要成分是由有机基质（如胶原蛋白）和无机矿物（如羟基磷灰石）复合而成，这种组合能够促进成骨细胞（如成骨前体细胞和成骨细胞）在其表面附着并生长。在骨愈合过程中，生长因子，如成纤维细胞生长因子（FGF）和骨形态发生蛋白（BMP），发挥着至关重要的调控作用。借鉴自然界中骨组织的结构、成分和功能，研究人员开发出更具生物相容性和生物活性的骨修复材料。Park等[22]制备了一种高度灵活的水凝胶刺突贴片，可以诱导牙髓干细胞形成具有增强黏着斑的3D球形形态，促进它们的成骨、软骨生成和脂肪生成，并增强了生长因子和细胞因子的分泌，并且该贴片还具有高效和强大的生物膜抗性。Yu等[23]利用同轴静电纺丝技术和浸涂制备了PLA/UA/GO纳米纤维仿生骨膜，具有精确调节巨噬细胞亚型转换的能力，早期与物理光热效应协同作用以达到抗菌目的，启动骨骼再生和修复，并持续促进晚期组织修复。Jiang等[24]通过3D打印技术成功制备了高精度的甲基丙烯酰化聚己内酯（PCLMA）仿生骨支架，这种支架能够为组织再生和长骨缺损修复提供适宜的微环境，并展现出优异的细胞相容性和成骨潜力。Zhou等[25]开发了一种具有细胞相容性的骨诱导纳米纤维膜，该膜在关键骨缺损修复过程中能够促进神经血管化网络的形成，为骨生成创造有利条件，从而显著增强骨再生效果。当然，仿生骨修复高分子材料在临床应用中也仍面临一些挑战，例如生物相容性不足、力学性能有限、降解速率与骨愈合进程不协调，以及长期植入后可能引发的毒性或免疫反应等问题。此外，现有材料在与骨组织的结合性能上仍有提升空间，导致修复效果还不尽如人意。未来研究将聚焦于开发具有更好生物相容性和力学性能的仿生高分子材料，优化其降解特性与骨愈合同步，同时加强其抗菌性和促进骨再生的功能，推动仿生骨修复高分子材料向临床应用加速迈进。

（3）仿生药物递送高分子材料

药物递送是指将药物从体外传输至体内的过程，旨在将药物精准送达目标部位以实现治疗效果。然而，传统递送方式（如口服或静脉注射）存在诸多局限性，例如生物利用度低、靶向性不足、剂量难以精确控制、耐药性、药物半衰期短以及血脑屏障等问题。近年来，药物递送系统的研究取得了显著进展，涵盖了纳米药物载体、缓释/控释技术等领域。在这一过程中，仿生学为优化药物递送系统提供了新的研究方向和创新思路。

自然界中生物体的形态和功能能够提高物质表面的吸附能力，如某些植物（如卷曲的叶片）能够有效捕集水分。生物体对外部刺激的响应机制（如热、pH变化或酶活性），能够根据局部环境的变化实现自我调节。此外，细胞与其特定受体之间存在的高度的选择性结合机制、许多生物材料（如胶原蛋白、壳聚糖等）的生物相容性、细胞膜内吞的机制等为药物递送系统的设计提供了新的灵感。基于细胞膜的仿生载体结合了细胞膜和纳米颗粒的优势，并以其生物多功能性和高生物相容性促进了血脑屏障识别和运输，为中枢神经系统疾病提供了有效治疗方案。Chen等[26]开发了一种由载有抗原的壳聚糖和亲水性聚乙烯醇/聚乙烯吡咯烷酮支撑阵列贴片组成的壳聚糖微针系统，用于抗原的持续皮内递送，可以持续释放抗原卵清蛋白（OVA）长达28天，且使用低剂量OVA（约200μg）的MNs免疫的大鼠在18周内持续保持高抗体水平，展现出节省抗原剂量的潜力。He等[27]通过将天然红细胞膜与人工聚乙二醇化脂质膜融合设计了一种集成的混合纳米囊泡，不仅可在体外显著降低α-溶血素（Hlα）对红细胞的毒性，还可有效地在体内海绵化Hlα使得小鼠免受Hlα诱导的损伤，对细菌感染有着卓越的治疗活性。Li等[28]设计了一种口服纳米药物系统，通过将聚乳酸-乙醇酸（PLGA）负载的S100A9抑制剂他喹莫德（TAS）合成为PLGA-TAS纳米颗粒，并利用过表达TLR4的巨噬细胞膜（MMs）进行封装，显著提升了纳米颗粒对炎症组织的靶向性，可在体外被炎性表型RAW264.7细胞内吞，在小鼠体内发炎的结肠炎组织高效富，集通过减少结肠炎区域的S100a9和其他细胞因子达到免疫调节和抑制作用，治愈溃疡性结肠炎小鼠的疾病。Ju等[29]开发了一种坚韧的聚N-异丙基丙烯酰胺和氢氧化钙纳米球体热敏水凝胶，易于药物装载并释放，每克水凝胶可以容纳18.488mg的阿莫西林。尽管基于高分子材料的仿生药物递送系统已取得显著进展，但在实际应用中仍面临诸多挑战，例如生物相容性和生物降解性不足、药物负载量有限、释放控制不精准以及生产成本较高等问题。此外，如何在体内环境中精确调控药物释放以增强疗效并减少副作用，仍是技术突破的核心。未来研究将聚焦于设计能够响应特定生物信号或环境变化（如pH值、温度等）的智能化高分子材料，以实现精准递送；同时，需结合纳米技术提升药物的负载能力和靶向性，推动仿生药物递送系统在临床治疗中的广泛应用。

除此之外，在生物医学工程领域，仿生医用高分子材料还可应用于降解骨植入物、动态软组织重建、功能性血管支架及神经界面再生等多个临床场景。这类材料通过精密调控的理化特性（如梯度降解速率、拓扑信号引导），展现出动态适配生物微环境的核心优势。例如三维互穿网络结构可引导细胞定向迁移与功能分化，同时通过负载生物活性因子构建靶向递送系统，实现组织再生效率与病灶治疗精准度的双重提升。这种跨尺度结构设计不仅重构了创伤修复的时空治疗范式，更为个性化医疗与再生医学提供了可编程的材料平台基础。

4.2.3 仿生智能高分子材料

仿生智能高分子材料是指通过模仿自然界生物体的结构、功能和响应机制，设计和制备的一类具有智能响应、致动、传输等特性的高分子材料。这些材料能够根据外界环境的变化（如温度、湿度、pH值、压力等）进行自我调节和适应，展现出一定的智能行为。随着材料科学和纳米技术的发展，这类高分子材料在可穿戴式传感器、医疗、环境监测、智能纺织品等领域有广阔的应用前景。

（1）仿生传感高分子材料

随着科学技术的迅猛发展以及相关条件的日趋成熟，传感技术作为现代信息技术产业的三大支柱之一，是衡量一个国家信息化程度的重要标志。当今传感器技术的研究与发展，已成为推动国家乃至世界信息化产业进步的重要动力。然而，传统传感器在实际应用中仍然面临诸多不足，例如灵敏度低、体积庞大、环境适应性差以及功耗高等问题，难以满足复杂场景下的高精度检测需求。特别是在柔性、微型化和智能化方面，传统传感器往往表现不佳，限制了其在可穿戴设备、医疗监测、智能机器人、环境监测、智能制造等领域的广泛应用。

自然界中的生物在漫长的进化过程中，为了适应复杂多变的生存环境，发展出了多种独特的结构以实现高效的信息获取与传递。例如，蜘蛛腿部密布的敏感绒毛能够感知微小的振动信号，帮助其精准捕捉猎物。蝎子的裂缝结构通过捕捉外部机械振动，将其转化为电信号并传递到神经系统，最终触发相应的行为反应。这些高效、灵敏的传感机制不仅帮助蜘蛛或蝎子等生物在自然环境中生存，也为人类开发先进的仿生传感技术提供了重要的理论依据和设计灵感。通过模仿这些生物独特的结构与功能，科学家们致力于设计出高灵敏度、高适应性的仿生传感高分子材料，推动其在医疗健康、环境监测、智能制造等领域的广泛应用，为技术创新和可持续发展注入新的活力。Mahata等[30]受红玫瑰花瓣由分层的微/纳米折叠组成启发，制造了一种具有单层和双层微纳米结构的PDMS基高灵敏度电容式压力传感器，该传感器具有高灵敏度（约0.055kPa）、快速的响应时间（约200ms）和弛豫时间（约150ms）以及高稳定性。Luo等[31]受蜘蛛腿部绒毛能够感应外部环境变化的启发，使用静电植绒技术制造了一种超灵敏的蓬松状气体流量传感器。该气流传感器拥有灵敏度高、响应时间短（0.103s）、气流速度检测限低（0.068m/s）等特点，可以在较宽的气流范围（0.068 ~ 16m/s）内进行超灵敏检测和对气流的多方向一致响应。Zhou等[32]则是通过模仿蝎子腿上的裂缝感应器设计了一种仿生超疏水热塑性聚氨酯传感器（TCGS），TCGS采用了阿基米德螺旋裂纹阵列和微孔，在2%应变时灵敏度达到218.13，提高了4300%，耐用性超过5000次。TCGS强大的超疏水性提高了检测小规模液体泄漏的灵敏度和稳定性，可对各种规模和成分进行精确监测并提供预警。Zhao等[33]就受头足类动物皮肤的发光机制和蜘蛛器官的超敏感反应的启发，开发了一种超灵敏的自供电机械发光智能皮肤。该智能皮肤在拉伸下具有优异的传感性能，如超低检出限（0.001%应变）、超高灵敏度（应变系数GF = 3.92×10^7）、超快响应时间（5ms）以及卓越的耐用性和稳定性（＞45000次循环）。这些出色的能力使该智能皮肤能够准确监测人体不同部位的脉搏并直观地检测手势。

当前，仿生传感高分子材料的发展也面临一些瓶颈，例如生物结构的复杂性与人工复现难度之间的差距、材料性能的局限性、多信号集成与处理以及规模化生产的挑战。未来，仿生传感器的发展将聚焦于以下几个方向：一是结合纳米技术和智能材料，设计更高灵敏度、更强环境适应性的传感器；二是开发多功能集成系统，实现自修复、自供能、自适应等特性；三是推动绿色、可持续的制造工艺，降低生产成本；四是深度融合人工智能技术，提升传感器的数据处理与决策能力。这些突破将推动仿生传感高分子材料在医疗健康、环境监测、智能制造等领域的广泛应用。

（2）仿生致动高分子材料

随着科技的飞速发展，尤其是人工智能技术的突破，材料领域正面临前所未有的挑战，传统材料已难以满足人工智能领域对高性能材料的迫切需求。特别是在智能穿戴设备方面，公众对轻量化、柔性化可穿戴机器人的需求日益增长，亟需新型材料以提升设备性能。刺激响应致动材料因其能够感知热、光、电等多种外部刺激并将其转化为可控的机械能，在人工智能领域中展现出巨大潜力，成为当前研究的热点。这些材料的创新将推动智能穿戴设备和机器人技术的进一步发展，为人工智能与材料科学的深度融合开辟新的路径。

自然界中的许多动植物，如变色龙、章鱼和金银花，能够通过调整体色在特定环境中实现伪装或交流。这些颜色变化是由体内组织在外界刺激下发生复杂运动或变形，从而引起光学特性（如反射、散射、吸收、折射甚至发光）的改变所实现的。此外，章鱼、某些蠕虫和植物还能够在外部刺激下表现出显著的机械变形行为。这些生物独特的运动行为和颜色调控机制为研究者提供了丰富的灵感，为开发新型智能材料和技术开辟了广阔的前景。Ma等[34]受生物可以调整它们的体色以在特定环境中进行伪装或交流的启发，开发了一种具有协同形状变形和变色功能的宏观各向异性复合聚合物水凝胶。该水凝胶没有荧光疲劳，荧光光谱不随温度变化，具有一定的光致发光稳定性。Kim等[35]受生物体中观察到的天然双层结构会随着环境触发而表现出不对称的体积变化的启发，提出了一种具有双层结构的基于光和电活性聚合物（LEAP）的致动器。与传统的电活性聚合物致动器相比，LEAP致动器的位移提高了250%，并且固定物体的重量增加了3倍。且即使在没有电源的情况下，LEAP执行器的弯曲运动也可以有效锁定几十分钟。此外，自锁LEAP执行器显示出超过2.0%的大且可逆的弯曲应变，可在人造肌肉、生物医学微器件和各种创新的软机器人技术中得到广泛应用。

尽管仿生智能高分子材料在致动领域取得了显著进展，但在实际应用中仍面临诸多挑战。首先，材料的耐久性、响应速度和能量效率亟待提升，以满足复杂环境下的长期使用需求。其次，现有材料通常依赖特定的外部刺激（如光、热、电等）才能发挥作用，限制了其应用范围和适应性。此外，如何实现材料的多功能集成（如自修复、自供能、环境响应等）以及提高其智能化水平（如自适应、自学习能力）仍是当前研究的重点。未来，通过结合纳米技术、人工智能和绿色制造工艺，开发具有高耐久性、快速响应、低能耗和多功能集成的仿生制动高分子材料，将成为推动该领域发展的关键方向，为智能机器人、柔性电子和医疗设备等应用提供更广阔的可能性。

（3）仿生液体输送高分子材料

定向液体输送在化工过程中的传热、分离、微流体等关键领域具有重要作用。几十年来，研究人员通过深入探索天然材料中微/纳米表面结构与水之间的相互作用机制，成功实现了液体的定向与自发驱动。这一研究领域从自然界中汲取了丰富的灵感，如蜘蛛丝的超亲水特性、仙人掌的梯度润湿结构、滨鸟喙的毛细效应、沙漠甲虫的集水机制、蝴蝶翅膀的微结构定向输水特性，以及猪笼草的超滑表面等。这些生物启发的特性为设计和制造新型智能材料提供了重要思路，推动了仿生功能表面、微流控芯片、高效集水系统等领域的创新突破。

基于这些自然原理，研究人员已开发出多种具有定向液体传输功能的仿生高分子材料。Li等[36]通过融合猪笼草唇状表面和水鸟喙的仿生原理，成功开发了一种具有温度响应特性的仿生复合材料，称为“经络喙模拟表面”。该表面能够根据温度变化智能地调控液体的单向或双向传输路径，沉积的水滴可在表面自主寻找最佳传输路径。这种智能仿生表面通过多原理集成设计，突破了传统单一仿生策略的局限性，在医疗设备、微流控芯片和高效传热系统等领域展现出广阔的应用前景。Li等[37]受仙人掌锥形刺结构启发，开发了一系列基于PDMS的亲油性锥形针状阵列结构，用于高效收集微米级油滴。该结构在水下环境中能够模拟仙人掌刺的集水机制，实现对微米级油滴的捕获和定向输送，并将其连续输送至锥形针底部。与传统的油水分离材料（如膜分离材料、本体吸收材料和湿度响应膜）相比，这种仿仙人掌脊柱阵列结构具有显著优势：它不仅具备优异的防污性能，还能实现高通量、高效率的油水分离，特别是在微米级油滴的连续分离方面表现出卓越的性能。这种仿生设计为开发高效、可持续的油水分离技术提供了新的思路，有望在海洋油污治理、工业废水处理等领域发挥重要作用。

尽管过去几十年在探索具有定向液体传输特性的天然材料和系统方面取得了显著进展，例如蜘蛛丝、仙人掌、沙漠甲虫等生物启发的独特机制，但仿生高分子材料的设计与制造仍面临诸多挑战。首先，在微观尺度上精确控制极微小液滴的行为仍然存在困难，尤其是在纳米级液滴的操控方面，现有的表面结构和润湿性调控手段尚不足以实现高精度的液滴定向传输。其次，液体运动的控制精度和驱动效率仍需进一步提升，许多仿生高分子材料在实际应用中表现出驱动力不足或响应速度慢的问题，限制了其在高效传热、微流控等领域的应用。

此外，如何实现复杂环境下（如高温、高压或强腐蚀性条件）的稳定液体传输也是亟待解决的难题。

仿生智能高分子材料凭借其独特的结构和功能特性，在医疗、环境监测、智能纺织品等领域展现出广泛的应用潜力。在医疗领域，这类材料被用于开发智能药物递送系统，能够根据体内环境的变化（如pH值、温度或酶浓度）实现药物的靶向释放和控释，从而提高治疗效果并减少副作用。此外，仿生智能高分子材料还被用于构建高灵敏度的生物传感器，可实时检测生物分子或病原体，并根据环境变化输出信号，为疾病诊断和健康监测提供了新工具。在环境监测领域，这类材料被用于开发高效的环境传感器，能够检测污染物、湿度、温度等环境参数，为环境治理和灾害预警提供技术支持。在智能纺织品领域，仿生智能高分子材料被用于制造具有温度调节、抗菌、湿度控制等功能的新型面料，显著提升了服装的舒适性和功能性。随着材料科学和纳米技术的快速发展，仿生智能高分子材料的设计与制备技术不断突破，其应用场景也在不断拓展。未来，仿生智能高分子材料有望在能源、电子、航空航天等领域发挥更大作用，为解决资源短缺、环境污染和健康危机等全球性挑战提供创新解决方案。

4.2.4 仿生能源高分子材料

仿生能源高分子材料是一类通过模仿自然界生物体的结构、功能及其能量利用机制而设计和开发的新型功能材料。这类材料能够高效地收集、存储和转化能量，其设计灵感主要来源于生物体在能量利用方面的卓越特性，例如光合作用中的光能捕获与转化、生物体内的热能高效传递与利用，以及生物电化学系统中的能量转换等。通过仿生策略，研究人员能够设计出具有高效能量转换效率、优异环境适应性和可持续性的能源材料。例如，模仿植物光合作用的光捕获复合物结构，开发高效人工光合系统；借鉴生物体内热能传递机制，设计高性能热电材料；或模拟电鳗的生物电化学系统，构建新型生物燃料电池。这些仿生能源高分子材料不仅能够实现高效、清洁的能源利用，还为解决能源短缺和环境污染问题提供了创新思路。

（1）仿生电化学储能高分子材料

仿生电化学储能高分子材料通过模仿自然界生物体的结构和功能特性，为解决传统储能材料在性能、可持续性和环境适应性等方面的局限性提供了新的思路。这类材料利用生物体的化学多样性、高效能量转换机制以及环境友好特性，在超级电容器、锂离子电池等储能器件中展现出巨大潜力。例如，模仿植物叶片的多尺度结构设计电极材料，或借鉴生物组织的锁水机制开发高性能电解质，均显著提升了储能器件的能量密度、功率密度和环境适应性。

在电极材料方面，仿生设计为超级电容器等储能器件提供了高性能解决方案。以聚苯胺（PANI）为代表的导电聚合物因其成本低、易合成和环境稳定性好而被广泛研究，但其循环稳定性差、掺杂度低等问题限制了其应用。Chang等[38]通过以新鲜植物叶片为模板，采用纳米铸造技术制备了具有三维结构的PANI/多壁碳纳米管（MWNT）纳米复合薄膜。这种分层多尺度结构不仅增强了离子和电子传输效率，还扩大了PANI/电解质界面，显著提高了比电容和循环稳定性。实验表明，该仿生电极在充放电过程中表现出高比电容、低电荷转移电阻和优异的循环性能，为高性能超级电容器的开发提供了新途径。在电解质方面，传统水凝胶电解质存在高温易脱水、低温易冻结以及电极-电解质界面黏附力差等问题。Mo等[39]受哺乳动物表皮锁水机制的启发，开发了一种仿生有机水凝胶（BM-gel）电解质。该电解质表面覆盖了一层厚度为100μm的弹性体涂层，可有效防止水分蒸发并隔离外部环境，使其在−20℃至80℃的宽温度范围内表现出优异的抗脱水性和抗冻性。这种仿生电解质不仅在常温下具有高比容量和体积能量密度，还在极端条件下表现出卓越的耐用性，为储能器件在恶劣环境中的应用提供了可能。仿生电化学储能高分子材料在性能、可持续性、环境适应性等方面展现出良好的性能，但其成本、规模化生产、稳定性、环境友好性等方面仍需要进一步的提升。

（2）仿生光热转换高分子材料

太阳能作为一种新兴的可再生能源，具有替代化石燃料的巨大潜力。光热转换作为太阳能利用的重要方式之一，其能量传递过程广泛存在于物理、化学和生物反应中，是自然界中最基本的能量转换形式之一。仿生光热转换高分子材料通过模仿自然界中高效的光能捕获和转换机制，能够高效吸收光能并将其转化为热能，为太阳能的利用开辟了新的途径。

自然界中，向日葵等植物通过实时调整花面方向以保持与阳光垂直，从而最大限度地捕获光能。这一现象启发了研究人员开发人工向光性材料。在制备快速响应的人工向光性材料时，需要综合考虑光热产生、界面热传导和光热驱动等关键环节的优化。Tu等[40]基于木质素-聚乙烯丙烯二烯单体（EPDM）开发了一种人工向光性材料，并提出了光热多米诺骨牌策略。该策略通过协调效应依次优化光热产生、热传导和热驱动过程。其中，木质素基有机自由基的引入显著增强了光热转换效率，而木质素与弹性体基体之间的界面配位键则促进了界面热传导。此外，通过协调辅助机械训练进一步优化了光刺激热驱动性能。这一系列优化过程如同多米诺骨牌效应，从光热产生到界面热传导，再到热驱动，形成了一个连续的优化链条，最终实现了快速响应的向光性材料。Xie等[41]通过模仿自然界水葫芦等植物的结构和生长特点，通过结合熔融共混和压缩成型的聚合物成型方法，经济高效地制备了具有三维互连蒸汽逸出通道和表面微纳结构的轻质聚乙烯/石墨烯纳米片（PE/GNS）泡沫材料。该材料表面在300～2500nm波长范围内的反射率低至1.6%，并具备自清洁、被动防冰和光热除冰功能。在1个太阳光照强度下，其蒸发速率可达1.83kg·m^{-2}·h^{-1}。这一方法为大规模生产适用于实际应用环境的太阳能光热界面蒸发器提供了一种理想的工业化制造途径，进一步推动了仿生光热转换高分子材料的实际应用。目前，仿生光热转换高分子材料的种类已较为丰富，显著提升了太阳能的利用效率。然而，该领域仍面临诸多挑战。首先，对导热机理的深入理解尚待加强，以优化材料的热传导性能。其次，光能转换为热能后，如何提高热能的利用效率并减少能量以热的形式逸散，是亟待解决的关键问题。此外，光热转换材料的长期性能稳定性和使用寿命也需要进一步研究，以确保其在实际应用中的可靠性和耐久性。这些研究方向对于推动仿生光热转换高分子材料的进一步发展至关重要。

（3）仿生辐射制冷高分子材料

随着全球变暖问题日益严重，能源资源日益紧缺，各行业对节能减碳的要求也越来越高。能源需求不断增加，能耗增长和全球变暖加剧形成恶性循环。每年很大部分能源用于建筑等的温度控制。传统的制冷设备（如冰箱和空调）消耗大量的能源和资源，并在运行过程中产生额外的热量，从而带来温室效应和城市热岛效应。辐射制冷是物体以中红外辐射的形式向外释放热量，实现零能耗降温的过程。辐射制冷具有完全被动的制冷机制，制冷系统无需任何能量输入，是解决全球变暖和降低能耗的有效方法。目前辐射制冷技术已从结构设计、材料选择、制备工艺、集成应用等多个角度被广泛研究，产生了包括镀膜、涂层、柔性薄膜、织物等多种类型的器件。新的研究也越来越重视辐射制冷在场景兼容性以及环境、气候自适应性等方面的需求。

在自然界中，部分生物能够在任意气候中以有利的方式调节体温。例如，长角甲虫具有双尺度绒毛的出色体温调节功能；鳞片不规则的银色蝴蝶和空心圆柱体结构的甲虫表现出宽带反射率和辐射散热；银色撒哈拉蚁可以通过调节自己的体温在环境恶劣的撒哈拉沙漠生存等。金色长角兽甲虫天然绒毛呈结构精细的三角形横截面，具有两种体温调节作用，可有效反射阳光并发出热辐射，从而降低甲虫的体温。Zhang等[42]从中汲取灵感，展示了一种柔性混合光子薄膜的仿生设计，可实现高效的被动辐射冷却。将共振极性介电微球颗粒引入具有光子结构的聚二甲基硅氧烷中，以增强可见光到近红外的反射率和中红外发射率，从而在阳光直射下实现较大的降温。他们制造的仿生高分子光子薄膜可以反射约95%的太阳辐照度，并表现出大于0.96的红外发射率。有效冷却功率约为90.8W/m^{2}时在阳光直射下记录温度下降高达5.1℃。此外，该薄膜具有疏水性、卓越的柔韧性和强大的机械强度，有望用于各种电子设备和可穿戴产品的热管理。Lee等[43]受蝴蝶的翅膀上纳米结构的启发，制备了一种多功能薄膜，重建了南美褐衬珍粉蝶翅膀鳞片的纳米结构。他们利用PVDF-HFP的辐射制冷材料特性，通过构建随机多孔和脊结构提高辐射冷却性能，最高辐射冷却温度为8.45℃。受撒哈拉银蚁依靠毛发光子结构保持体温的启发，Wu等[44]在聚二甲基硅氧烷（PDMS）上制造了两种毛发状光子结构，将它们贴在玻璃瓶上观察到显著增强的光学反射以及略微改进的中红外发射。这使玻璃瓶的温度在炎热的白天降低了约5.6℃，并在寒冷的夜间保持相对温暖。在发现长角甲虫多尺度绒毛的体温调节行为后，Wang等[45]合成了一种生物启发的被动辐射冷却双层涂层（Bio-PRC），在陶瓷底部骨架中构建了一个具有分层微图案的可调节聚合物状层，将多功能组件与特殊的交错“脊状”结构集成在一起。Bio-PRC涂层反射了88%以上的太阳辐照度，并表现出大于0.92的红外发射率，这使得在阳光直射下温度下降高达3.6℃。

仿生辐射制冷高分子材料在建筑材料降温、交通工具的降温、电子设备的散热、温室温度的控制等方面也都具有广阔的应用研究。但材料的成本、加工设计或规模化生产的要求、环境的耐受性、稳定性、使用寿命和效率等方面仍然是该种材料研发时需要重点关注的对象。

仿生能源高分子材料因其优越的能量收集、存储和转化特性，广泛应用于太阳能电池、热电材料、能量存储等领域。此外，这类材料还有可能在环境检测、农业、可穿戴设备、智能衣物、水净化等其他方向发挥出色的作用。随着研究的不断深入和技术的进步，相信仿生能源高分子材料的应用前景将更加广阔，并且能够推动可再生能源的利用和环境保护。

4.2.5 / 仿生环境高分子材料

仿生环境高分子材料是基于生物体在长期环境适应中形成的功能机制，运用高分子科学与工程技术开发的新型材料。其设计理念源于对生物系统物质转化、动态响应及生态适应等能力的跨尺度模仿，通过分子结构调控赋予材料多模态环境交互特性。此类材料不仅能够实现污染物的靶向吸附与可控降解，还可依据环境参数变化触发智能响应（如pH/光热调控自修复、温敏性相变等），在同步完成环境修复与资源再生的同时，展现出优异的生物安全性及生态协调性，为构建动态平衡的环境治理系统提供创新解决方案。

（1）仿生生物降解高分子材料

随着全球对环境保护和可持续发展的关注不断增加，传统非降解高分子材料在使用后难以自然分解，对环境造成了严重的污染。因此，开发具有生物降解性的高分子材料成为当前材料科学研究的热点之一。仿生生物降解高分子材料是一类通过模仿生物体在自然界中的降解机制和特性，采用先进的高分子材料制备加工技术设计与制造的材料。这些材料不仅具有良好的生物相容性和环境适应性，还能在完成其使用功能后，自动分解为对环境无害的小分子物质，从而减少对环境的污染[46]。

在神秘的自然界中，生物体展现出了令人惊叹的降解机制。微生物凭借其分泌的特定酶，能够分解复杂的有机物；而植物叶片，则通过自身的降解过程，将养分归还于土壤，滋养着大地的生生不息。正是这些自然界的降解智慧，为科学家们探索仿生生物降解高分子材料提供了宝贵的灵感[47]。Omura等[48]汲取自然之灵感，运用溶液浇铸法，从氯仿溶液中精心制备了三乙酸多糖薄膜。他们巧妙地将注射成型的样品置于特氟龙板分隔的容器中，以1mm厚的聚乙烯网密封，既防止了样品的逃逸，又确保了海水与微生物的自由穿梭。这一设计，使得他们得以深入探索在深海海底不同深度下材料的降解奥秘。实验结果显示，特定的微生物似乎拥有分解大多数可生物降解塑料的非凡能力，尤其是PHA、可生物降解聚酯以及多糖酯衍生物。深海海底，这片神秘而丰富的生态系统，蕴藏着大量的好氧与厌氧微生物。它们或许正是利用自身分泌的特定降解酶，分解着那些可生物降解的塑料。这些微生物，如同地球的清洁工，分布在世界各地，默默地守护着海洋的健康。然而，尽管仿生生物降解高分子材料的研究取得了令人瞩目的进展，但仍面临着诸多挑战。如何提高降解效率，实现降解过程的可控性，是当前亟待解决的关键问题。当前材料的降解速度相对较慢，且过程难以精确控制，这大大限制了其在需要严格控制降解时间的应用领域中的广泛应用。同时，材料降解过程中的生物安全性亦不容忽视，必须确保不会释放有害物质，以免造成二次污染[49]。

（2）仿生废水处理与回收高分子材料

在工业化和城市化的浪潮中，废水排放量持续飙升，给全球环境带来了前所未有的挑战。传统的废水处理技术，虽在一定程度上缓解了水资源的污染压力，但其高昂的成本、受限的效率以及潜在的二次污染问题，如同三道难以逾越的高墙，阻碍了废水处理适应日益严格的环境保护标准的步伐。在此背景下，仿生废水处理与回收高分子材料悄然兴起。它巧妙地模仿生物体在自然界中处理和净化水的机制，形成了独特的选择性吸附、快速分离和高效降解等特性[50]，匠心独运地设计与制造出了一种全新的废水处理与回收方案，为未来的水资源保护提供了坚实的保障。

于自然界浩瀚的奥秘之中，水生植物根系、微生物及贻贝等奇妙生物，各以其独特机制，展现了吸附富集重金属、降解有机物及清除颗粒物的非凡能力。南京理工大学张轩教授团队与中国科学院苏州纳米所王锦研究员团队携手报道了一种仿生多孔膜——PPy@PI-n，其以核壳结构纳米纤维为基，灵感源自鱼鳃微丝的精妙结构。他们以静电纺聚酰亚胺（PI）纳米纤维膜为基底，模拟鱼鳃丝的细腻结构，使Py单体于PI纳米纤维表面原位聚合，从而形成聚吡咯（PPy）包裹的多孔膜[51]。此番设计，不仅极大地提升了膜的亲水性，更赋予了其对重金属与有机分子卓越的吸附力。再者，他们还仿照微生物降解的机制，开发出了催化降解高分子材料，能在特定条件下，将有机污染物分解为无害小分子，实现废水深度净化。又借鉴贻贝黏性蛋白神奇的吸附特性，制备出了具有卓越黏附性能的材料，能有效去除废水中的油污与颗粒物，显著提升废水处理效率[52]。然而，仿生高分子材料在环境保护方面的探索之路，犹有峻岭横亘。吸附容量与降解效率的提升，仍是满足大规模废水处理需求的关键；再生过程的能耗与成本，亦成为其推广应用的桎梏[53]；复杂废水环境中材料的稳定性与长效性亦是亟待解决的难题。因此，未来研究方向，应聚焦于新型高分子吸附材料的开发，通过结构与功能进一步开发与优化，以提高吸附容量与选择性[54]。

（3）仿生环境监测与响应高分子材料

随着环境问题的日益严峻，对环境的实时监测与有效响应已成为守护人类健康与生态平衡不可或缺的一环。在此背景下，仿生环境监测与响应高分子材料应运而生，以其模拟生物体感知与适应环境变化的独特机制，为这一难题提供了高效、智能且可持续的解决方案。这类材料在环境保护、资源管理和公共安全等领域彰显出重要的战略价值。它们如同敏锐的侦探，能够实时捕捉环境中的物理、化学及生物变化，如温度、湿度、气体浓度以及污染物含量等细微线索。一旦环境变化触发警报，这些材料便会迅速作出响应，通过颜色变化、发光或活性物质的释放等直观方式，实现对环境状态的即时监测、预警与高效处理[55]。

生物体展现出多样化的环境感知与响应机制，如变色龙、植物和微生物等，它们能够通过改变外观或释放特定物质来适应周围环境的变化。这种仿生学的思想启发了科学家们的研究，他们希望能够利用这些生物体的机制来研发出具有智能调控能力的高分子材料。江汉大学的曹一平副教授和朱超副教授团队提出了一种新颖的动态共价键策略，利用邻苯三酚（PG）-硼砂（borax）动态共价键构建了一种空气/水触发的自修复和自生长的仿生智能层状复合材料[56]。这种材料在受到空气或水的刺激后能够展现出优异的自黏性、自修复、自密封和再加工等特性，为未来智能响应材料的发展提供了新的思路。除此之外，研究人员还通过模拟微生物的化学感知机制，制备出了特定化学物质响应性高分子材料，这些材料能够感知到环境中的有害物质并释放活性物质进行降解或中和，从而解决环境污染问题。尽管在仿生环境监测与响应高分子材料研究方面已有一定进展，但是仍然面临挑战。为了提高材料的灵敏度和选择性，以满足复杂环境下精准监测的需求，研究人员需要进一步改进材料的性能。此外，材料的长期稳定性和可重复使用性也需要关注，避免性能的衰减和响应的迟钝。未来的研究方向将是将仿生高分子材料与传感器技术、信息技术等进行有效集成，以实现环境监测与响应的智能化和自动化，为创造一个更加智能、环保的未来环境提供可能。

仿生环境高分子材料作为一种新型环保材料，蕴含着巨大的应用潜力和战略价值。通过深入研究生物与环境的相互作用机制，并结合高分子材料科学的创新，有望研发出高性能、多功能的仿生环境高分子材料。这些材料可以广泛应用于水处理、大气净化、土壤修复和能源转换等领域，为全球环境挑战提供技术支持，推动社会可持续发展[57]。

4.3 当前存在的问题与面临的挑战

仿生功能高分子材料的战略价值显著，在各个领域展示出了巨大的应用前景，包括材料防护、生物医用、智能传感、能源转换和环境保护。然而，其从实验室到产业化仍面临多重瓶颈，在研发和应用过程中，高分子材料的多功能性和高性能之间的平衡仍然是一个挑战。关键性能如强度、韧性和稳定性往往无法满足实际需求。此外，设计和合成仿生材料的过程复杂且昂贵，这限制了规模化应用的可能性。同时，材料的可调控性和自修复能力也受到技术瓶颈的限制。因此，精确控制材料的形态、功能和响应性成为亟待解决的问题。另外，环境友好性和可降解性在如今变得越来越重要。如何在满足功能需求的同时提高材料的可持续性和环保性，已经成为研究的焦点。总的来说，尽管仿生功能高分子材料有巨大的潜力，但必须克服关键问题并突破技术瓶颈。这将需要更多的创新和持久的努力，以满足日益增长的需求并推动行业的发展。

4.3.1 设计与制备方面

尽管仿生高分子设计在生物启发研究中取得一定进展，但仍面临着定量表征和系统方法的不足。生物结构与功能复杂多样，精确模仿其微观特性极具挑战性。特别是在仿生功能高分子材料领域，结构与功能之间的定量关系研究相对薄弱，缺乏坚实的理论基础。这导致材料设计过程过于依赖实验试错，效率低下，成本高昂。因此，需要加强对生物特性的定量研究，建立更系统的仿生设计方法，以提高材料设计的精准性和效率。这样才能更好地实现将生物结构和功能转化为人工材料的目标，促进仿生设计领域的持续发展和创新。

传统高分子合成方法已经难以满足对功能性和智能化高分子材料的要求。典型如高分子水凝胶，尽管具有高含水量和生物相容性，但其力学性能常常受到限制，限制了其在承重应用中的发展。为了实现多尺度结构的精确构建和结构-功能的完美融合，迫切需要更加先进的制备技术。然而，当前相关技术仍然不够成熟，严重制约了材料的制备效率和规模化生产的进展。为解决这一难题，需要加大对新型高分子材料合成和加工方法的研究投入，积极探索更加高效、可控、绿色的制备途径，为仿生高分子材料的发展开辟新的道路。

4.3.2 性能优化方面

① **有序与无序平衡难** 生物系统的有序-无序平衡是实现最佳功能并适应环境变化的关键。然而，现有仿生高分子材料难以复制这种平衡，限制了其性能提升。界面工程是一种常用的策略，不仅在材料科学中被广泛使用，生物体也经常利用这种方式。与本体材料相比，界面具有独特的键合方式，这赋予了材料多样性和非均一性，并为突破性能瓶颈提供了机会。

因此，研究和开发更有效的界面工程方法将有助于改善仿生高分子材料的性能，使其更好地模拟生物系统的平衡状态，从而更好地适应外部环境的变化。

② **多性能兼顾挑战大** 不同的物理性质往往是相互关联的，如材料的强度和断裂韧性通常表现为相互制约的关系。目前，面对多性能兼顾的挑战，仿生高分子材料需要在强度和韧性等物理性质之间找到平衡点。然而，现有理论模型并不能准确预测仿生高分子材料的性能，也缺乏相应的调控理论。这导致材料研发过程中需要大量的实验来验证，效率低下。因此，为了更好地解决这一问题，需要加强理论研究，探索新的调控策略，提高材料性能预测准确性。只有通过不断创新和努力，才能更好地克服挑战，实现仿生高分子材料性能的整体提升。

③ **环境适应性有待提高** 环境适应性是仿生功能高分子材料发展中的一个关键挑战。与生物体不同，这些材料在复杂环境条件下往往难以保持稳定的性能，容易受到温度、湿度、光照和化学物质等因素的影响，导致功能退化或失效。为了提升仿生功能高分子材料在实际应用中的可靠性和耐久性，必须通过精确设计和优化材料结构，增强其在复杂环境中的适应能力和稳定性。只有解决这一问题，才能充分发挥这类材料在能源、医疗、环境等领域的潜力，推动其更广泛的应用。

4.3.3 应用拓展方面

尽管在实验室中已取得一些成果，国内许多仿生功能高分子材料的科研工作仍需要在工程应用及工业生产中进行进一步检验。材料性能的实际表现往往受到多种复杂因素的影响，这给其充分发挥性能带来了挑战，也可能限制其应用范围。因此，科研人员需要更加注重将仿生功能高分子材料与实际应用相结合，加强工程实践，从而推动这些材料在工业生产中的实际效果。只有通过不断检验和改进，这些材料才能更好地适应复杂的工程应用环境，发挥出其最大的潜力。

仿生功能高分子材料的研发需要多学科合作，涉及材料科学、生物学、物理学、化学和工程学等领域。然而，目前跨学科协同机制不够完善，学科间沟通存在障碍，阻碍了合作的效果发挥，制约了材料研究水平和应用速度。为推动仿生功能高分子材料的发展，必须加强多学科交叉合作，建立有效的协同机制，促进学科间合作，拓展材料研究领域，提升创新水平和市场应用价值。这样才能更好地推动仿生功能高分子材料的创新和发展，实现更广泛的应用。

4.3.4 理论研究方面

① **构效关系不明晰** 仿生功能高分子材料的结构与功能关系一直以来存在明显模糊之处。在材料设计领域，对微观结构对宏观性能的影响进行深入理解至关重要，但相关研究却缺乏系统理论支撑。尤其对于先进的仿生智能高分子材料，巧妙的分子结构设计赋予其环境响应性或特定高级功能。然而，目前对于这些材料中结构与功能之间的联系的认知还非常有限，亟需加强研究以提升结构设计的精确性。只有通过深入的研究和理论探讨，才能更好地理解仿生功能高分子材料的构效关系，为材料设计领域的进一步发展提供更为可靠的指导和支持。

② **性能预测与调控理论欠缺** 目前，预测和调控仿生功能高分子材料性能的理论模型和方法仍然存在缺乏的情况。为了解决这一难题，研究人员不得不依靠大量的实验来进行探索，这在材料研发中耗时耗力。然而，通过机器学习辅助设计的方法已经被证明是研发高性能高分子材料的有效途径。随着高分子材料研究逐渐转向机器学习和大数据驱动的新研究范式[58]，通过结构数字化表示和数据库构建，建立基于机器学习的性能预测模型，实现虚拟设计与高通量筛选。值得注意的是，仿生功能高分子材料的数据相对匮乏，并且其复杂的多尺度结构与性能关系让机器学习辅助设计面临着双重挑战。然而，通过不断努力解决数据和建模问题，相信将来可以克服这些挑战，推动仿生功能高分子材料的性能预测和调控理论的发展，从而加速材料设计和开发的进程。

4.4 仿生功能高分子材料未来发展

4.4.1 技术创新与突破

通过跨学科协同创新与核心技术攻关，聚焦仿生拓扑结构调控、环境-材料交互范式重构等前沿领域，系统性突破传统技术路径的局限性。借助智能响应网络构建与动态功能集成策略，驱动材料体系在环境适应性、能量转换效率及服役周期等维度的突破性优化，最终实现仿生功能材料从分子级设计到工程化应用的代际跃迁，完成由被动式环境治理向主动型生态调控的跨维度升级。

① **多学科融合** 仿生功能高分子材料的研发突破高度依赖于多学科知识的深度融合。这一领域结合了材料科学、化学、生物学、物理学和工程学等多学科的理论与技术，通过模仿自然界中生物体的结构与功能，设计出具有优异性能的新材料。例如，生物学为材料设计提供了仿生灵感，化学和材料科学助力分子结构的精确调控与合成，物理学和工程学则为其性能优化与实际应用提供了理论支持和技术手段。这种跨学科的协同创新不仅推动了材料性能的突破，还为其在能源、医疗、环境等领域的应用开辟了新的道路。

② **关键技术研发** 要深入理解仿生高分子材料的优异特性，需要运用现代分析手段对其微观构造和性能关联进行系统研究。通过高精度显微设备可以清晰呈现材料的立体构造特征，采用分子光谱技术能有效解析材料的成分变化规律，结合材料强度与形变测试数据，可以科学指导材料性能的优化与改进。在特殊环境适用材料的研发中，核心在于创新制备工艺以满足多样化需求。例如运用静电纺丝技术可制造出极细纤维构成的医用材料，适合用于人体组织修复领域；3D成型技术能快速制造个性化生物医疗器材；表面改性技术可赋予材料自清洁、抗腐蚀等特殊功能，显著提升其环境适应性。这些创新方法为开发新型智能材料提供了可靠的技术支撑。

③ **智能材料研制** 智能仿生高分子材料区别于常规材料的核心优势在于能动态感知外界刺激并产生精准反馈。为实现这种特性，研究者们常通过优化分子排列方式或嵌入特定感应单元，使材料对温湿度、酸碱度、光线及电磁场等环境参数形成灵敏反馈机制。未来智能材

料的发展趋势将突破单一环境响应的局限，向多特性融合方向升级。通过不同功能模块的协作增效，材料可形成动态联动的智能调控系统。以智能防护层为例，其不仅能监测湿度变化，还能在受损时激活自我修复程序，通过智能识别与修复同步作用，既维持了防护体系的完整性，又提升了材料的耐用性，这种复合型智能设计在工业防护、电子器件等领域具有广阔应用前景。

4.4.2 应用领域拓展

仿生功能高分子材料的创新突破将聚焦于跨学科应用场景的开拓，通过仿生设计与智能特性融合推动材料科学向系统化方向发展。将仿生功能高分子材料从现有的应用范围扩展到更多新的领域，以满足不同行业对高性能、多功能材料的需求，是仿生功能高分子材料向高层次发展的重要研究方向。

① **医疗健康领域** 随着现代医疗理念革新与技术创新协同推进，具备生物适配特性的仿生高分子材料正加速渗透医疗健康产业。在生命维持系统构建方面，具有环境响应特性的智能材料正突破传统医疗器具的局限；组织修复领域的技术迭代尤为显著，通过静电纺丝与3D打印融合制备的仿生基质，已实现从单一力学支撑向多信号传导功能的跃升；药物递送系统的智能化突破体现在多重响应机制的协同控制，能够根据人体内部环境的变化控制药物的释放，提高药物的治疗效果和减少副作用，更值得期待的是，仿生外膜修饰技术使载药微粒突破血脑屏障的效率较传统制剂大大提升，为中枢神经系统疾病治疗开辟新途径。仿生功能高分子材料的生物相容性、物理特性和生物力学行为使其能够满足人工器官制造的多方面要求，在人工器官制造中具有重要应用；通过结构仿生设计，如模拟骨组织的多孔支架或神经网络的导电拓扑，高分子材料可显著促进骨与软组织的再生，同时避免免疫排斥反应。伴随着人们对健康的重视和医疗技术的不断进步，仿生功能高分子材料在医疗健康领域的应用将更加广泛，以提高医疗治疗的效果和患者的生存质量。

② **电子信息领域** 在战略性新兴产业迭代升级的驱动下，电子信息技术与消费电子产品的革新对仿生功能高分子材料提出了多维度的性能需求。这类兼具智能响应与机械适应性的先进材料，正推动柔性电子器件向超薄可卷曲形态演进。例如，研发出具有高导电性、高柔韧性的仿生功能高分子材料，用于制造可弯曲、可折叠的显示屏和电子设备。更为重要的是，这类材料的环境交互能力为智能传感技术开辟了新维度，通过设计具有多物理场耦合效应的分子结构，可研制出能同步感知压力、温湿度变化的集成化传感器阵列，这将极大拓展物联网终端设备的应用边界。在电子信息制造业、消费电子产业等战略性新兴产业的快速发展带动下，对高性能、多功能的仿生功能高分子材料的需求将持续增加。这些材料可用于制造柔性电子器件、智能传感器、高性能电池等，提升电子产品的性能和智能化水平。

③ **航空航天领域** 极端服役环境对航空材料的综合性能提出了严苛的要求，基于仿生原理开发的高性能聚合物材料凭借其独特的性能优势，如轻质、高强度、耐高温、抗辐射等，将在航空航天装备的制造中发挥重要作用，用于制造飞机的轻量化结构件、卫星的外壳材料等，提高航空航天装备的性能和可靠性。借鉴深海生物表皮微结构设计的梯度模量复合材料，

开发出高效的仿生减阻材料。这些材料可以应用于航空航天装备，减少飞行阻力，提高燃油效率，降低能源消耗。开发具有特殊功能（如防冰、抗黏附、电磁屏蔽等）的表面材料，应用于空天飞行器，解决关键界面问题，提高飞行器的性能和安全性。

④ **环境保护领域** 在全球碳中和战略背景下，生物基高分子材料的创新研发正成为解决传统塑料污染的关键路径。基于可再生资源转化的技术路线，科研界正着力开发兼具环境降解特性与功能适应性的新型聚合物材料，这些材料可以替代传统的不可降解塑料，减少环境污染，同时具有良好的生物相容性和可再生性，为包装、农用覆盖等场景提供绿色替代方案。其核心价值在于实现材料全生命周期的生态循环，既可以降低石油基产品的环境负荷，减少环境污染，又可拓展生物质资源的高值化应用场景。此外，模仿自然界中自清洁的功能生物表面，开发出具有超疏水、超疏油性能的自清洁材料。这些材料可以应用于建筑外墙、汽车表面等，减少污垢的附着，降低清洁成本。

⑤ **建筑领域** 建筑科技革新方向则聚焦于仿生智能材料的系统集成应用，通过模拟生物系统的自我修复、环境感知与动态响应机制，构建具备多维功能的新型建筑基材，提升建筑的智能化、耐久性和可持续性。这类材料通过模仿自然界的自愈合、感知响应、智能调节和自清洁等功能，实现结构与功能一体化设计策略，不仅提升了建筑物的能源利用效率与服役寿命，更推动了建筑表皮自适应系统的进化，为实现碳中和背景下的智慧城市建造提供了关键材料支撑，其发展将深度重构传统建筑材料的性能边界，促进建造业向环境交互式智能系统的范式转变。

4.4.3 产业与市场发展

在制造业智能化转型的政策驱动下，战略性新兴产业呈现多维突破态势。以电子信息制造、智能终端为代表的支柱型产业加速技术迭代，带动上游关键材料领域革新升级。仿生功能高分子材料作为新一代基础性材料，其技术演进与下游产业形成深度协同发展模式。伴随着我国制造业的大发展，仿生功能高分子材料需求持续增长，市场规模不断扩大。

① **市场规模增长** 受新能源汽车动力组件、柔性电子器件等新兴领域需求激增，以及医疗、电子、航空航天等领域对材料性能要求加深的影响，具备高强度、自修复、智能响应等特性的仿生功能高分子材料市场近年来迅速扩大。随着人们环保意识的增强和可持续发展理念的推广，生物可降解和可再生高分子材料的需求也显著增长。此外，技术进步和研发投入的增加进一步推动了市场扩展。未来几年，仿生多功能高分子材料市场将继续保持高速增长，成为材料科学领域的重要发展方向。

② **进口替代与产业升级** 随着国内研发能力的提升和关键技术的突破，中国在该领域逐步减少对进口材料的依赖，实现了从“跟跑”到“并跑”甚至“领跑”的转变。国内企业通过加大研发投入，开发出具有自主知识产权的高性能仿生高分子材料，如自修复聚合物、智能响应凝胶和生物可降解材料，广泛应用于医疗、电子、环保等高附加值领域。同时，政策支持与产业链协同创新加速了产业升级，推动了从原材料到终端产品的全链条优化。这一进程不仅提升了国产材料的国际竞争力，也为全球市场提供了更具性价比的解决方案，助力中

国在全球仿生材料产业中占据重要地位。

③ **产学研合作加强** 仿生功能高分子材料的产学研合作近年来显著加强，成为推动技术创新与产业转化的重要引擎。随着国家政策对战略性新兴材料的倾斜支持，高校、科研院所与头部企业通过共建联合实验室、产业创新中心等模式深度融合，聚焦材料设计、功能优化及规模化制备等关键环节。例如，智能自修复材料、仿生传感薄膜等前沿成果已通过校企合作快速实现工程化验证，并应用于医疗植入器械、柔性电子及新能源领域。同时，学科交叉创新平台加速了生物工程、人工智能与材料科学的协同研发，推动仿生材料向环境响应、动态适应等智能化方向突破。这一合作机制不仅缩短了技术商业化周期，还通过定向人才培养与专利共享机制，强化了产业链韧性，为全球市场提供更具竞争力的解决方案，助力我国在新材料领域实现从“跟跑”到“引领”的跨越式发展。

参考文献

[1] 杜家纬 . 仿生梦幻 . 郑州 : 河南科学技术出版社 , 2000.

[2] 孙毅 . 仿生学的发展现状与未来 . 科技信息 , 1997,(8): 8-9.

[3] 宋思扬 . 生物技术概论 . 3 版 . 北京 : 科学出版社 , 2007.

[4] 黄原 . 分子系统学 : 原理、方法及应用 . 北京 : 中国农业出版社 , 1998.

[5] Lucas W F. 生命科学模型 . 长沙 : 国防科技大学出版社 , 1996.

[6] 张蓉 . 波纹梁夹芯超表面吸 / 透波结构电磁 - 力学特性研究 . 成都 : 电子科技大学，2023.

[7] Ru Y, Fang R, Gu Z, et al. Reversibly thermosecreting organogels with switchable lubrication and anti - icing performance. Angewandte Chemie, 2020, 132(29): 11974-11978.

[8] Wu Y, She W, Shi D, et al. An extremely chemical and mechanically durable siloxane bearing copolymer coating with self-crosslinkable and anti-icing properties. Composites Part B: Engineering, 2020, 195: 108031.

[9] Wong T, Kang S, Tang S, et al. Bioinspired self-repairing slippery surfaces with pressure-stable omniphobicity. Nature, 2011, 477(7365): 443-447.

[10] Cheng S, Guo P, Wang X, et al. Photothermal slippery surface showing rapid self-repairing and exceptional anti-icing/deicing property. Chemical Engineering Journal, 2022, 431: 133411.

[11] Xie H, Xu W, Du Y, et al.Cost-effective fabrication of micro-nanostructured superhydrophobic polyethylene/graphene foam with self-floating, optical trapping, acid-/alkali resistance for efficient photothermal deicing and interfacial evaporation. Small, 2022, 18(17): 2200175.

[12] Bing W, Tian L, Wang Y, et al. Bio - inspired non-bactericidal coating used for antibiofouling. Advanced Materials Technologies, 2019, 4(2): 1800480.

[13] Tong Z, Rao Q, Chen S, et al. Sea slug inspired smart marine antifouling coating with reversible chemical bonds: Controllable UV-responsive coumarin releasing and efficient UV-healing properties. Chemical Engineering Journal, 2022, 429: 132471.

[14] Qin Y, Wang S, Fan Y, et al. Osthole-infused polyurethane flexible coatings for enhanced underwater drag reduction and robust anti-biofouling. Progress in Organic Coatings, 2024, 188: 108213.

[15] Ning X, Wu T Du Y, et al.Bioinspired multilayer mulch film integrating mudrepulsion, adhesion reduction, and antifouling for high-efficiency resource reycling. Chemical Engineering Journal,2024: 4497155002-155002.

[16] Zhang B, Yao R, Li L, et al. Bionic tea stain-like, all-nanoparticle coating for biocompatible corrosion protection. Advanced Materials Interfaces, 2019, 6(20): 1900899.

[17] Zhao C, Hu Y, Guo W. Enhancement of active anti-corrosion properties of waterborne epoxy resin by mussel bionic modified halloysite nanotube. Colloids and Surfaces A: Physicochemical and Engineering Aspects, 2023, 675: 132018.

[18] Gong B, Chen Z, Zhang W, et al. A novel strategy for constructing active anti-corrosive coatings by embedding three-dimensional fiber networks. Chemical Engineering Journal, 2024, 496: 154297.

[19] Zhang J, Zhu W, Xin B, et al. Development of an antibacterial surface with a self-defensive and pH-responsive function. Biomater Sci, 2019,7: 3795-3800.

[20] Du Y, Wu T, Zhou W, et al. Cicada Wing-Inspired Transparent Polystyrene Film Integrating Self-Cleaning, Antifogging, and Antibacterial Properties. ACS Applied Materials & Interfaces, 2023, 15(39): 46538-46549.

[21] Zhang D, Zhao L, Cui X, et al. Silkworm cocoon bionic design in wound dressings: A novel hydrogel with self-healing and antimicrobial properties. International Journal of Biological Macromolecules, 2024, 280: 136114.

[22] Park S, Park H H, Sun K, et al. Hydrogel nanospike patch as a flexible anti-pathogenic scaffold for regulating stem cell behavior. ACS Nano, 2019, 13(10): 11181-11193.

[23] Yu L, Qiao Y, Ge G, et al. Rational design of engineered bionic periosteum for dynamic immunoinduction, smart bactericidal, and efficient bone regeneration. Advanced Functional Materials, 2024, 34(41): 2401109.

[24] Jiang W, Zhan Y, Zhang Y, et al. Synergistic large segmental bone repair by 3D printed bionic scaffolds and engineered ADSC nanovesicles: Towards an optimized regenerative microenvironment. Biomaterials, 2024, 308: 122566.

[25] Zhou P, Liu T, Liu W, et al. An antibacterial bionic periosteum with angiogenesis-neurogenesis coupling effect for bone regeneration. ACS Applied Materials & Interfaces, 2024, 16(16): 21084-21097.

[26] Chen M, Lai K, Ling M, et al. Enhancing immunogenicity of antigens through sustained intradermal delivery using chitosan microneedles with a patch-dissolvable design. Acta biomaterialia, 2018, 65: 66-75.

[27] He Y, Li R, Li H, et al. Erythroliposomes: Integrated hybrid nanovesicles composed of erythrocyte membranes and artificial lipid membranes for pore-forming toxin clearance. ACS Nano, 2019, 13(4): 4148-4159.

[28] Li Z, Zhang X, Liu C, et al. Macrophage-biomimetic nanoparticles ameliorate ulcerative colitis through reducing inflammatory factors expression. Journal of Innate Immunity, 2022, 14(4): 380-392.

[29] Ju G, Tang J, Cheng Q, et al. Tough, adhesive and thermosensitive PNIPAM/CNS hydrogel synthesized by tiny nanoparticles cross-linking. Polymer, 2024, 308: 127355.

[30] Mahata C, Algadi H, Lee J, et al. Biomimetic-inspired micro-nano hierarchical structures for capacitive pressure sensor applications. Measurement, 2020, 151: 107095.

[31] Luo J, Ji N, Zhang W, et al. Ultrasensitive airflow sensor prepared by electrostatic flocking for sound recognition and motion monitoring. Materials Horizons, 2022, 9(5): 1503-1512.

[32] Zhou W,Du Y，Chen Y,et al. Bioinspired utrasensitive flexible strain snsors for real-time wireless detection of liquid leakage. Nano-Micro Letters, 2025, 1(1): 1-18.

[33] Zhao Y, Gao W, Dai K, et al. Bioinspired multifunctional photonic - electronic smart skin for ultrasensitive health monitoring, for visual and self-powered sensing. Advanced Materials, 2021, 33(45): 2102332.

[34] Ma C, Lu W, Yang X, et al. Bioinspired anisotropic hydrogel actuators with on-off switchable and color-

tunable fluorescence behaviors. Advanced Functional Materials, 2018, 28(7): 1704568.

[35] Kim S J, Kim O, Park M J. True low-powerself-locking soft actuators. Advanced Materials, 2018, 30(12): 1706547.

[36] Li C, Yu C, Hao D, et al. Smart liquid transport on dual biomimetic surface via temperature fluctuation control. Advanced Functional Materials, 2018, 28(49): 1707490.

[37] Li K, Ju J, Xue Z, et al. Structured cone arrays for continuous and effective collection of micron-sized oil droplets from water. Nature Communications, 2013, 4(1): 2276.

[38] Chang C, Weng C, Chien C, et al. Polyaniline/carbon nanotube nanocomposite electrodes with biomimetic hierarchical structure for supercapacitors. Journal of Materials Chemistry A, 2013, 1(46): 14719-14728.

[39] Mo F, Liang G, Wang D, et al. Biomimetic organohydrogel electrolytes for high-environmental adaptive energy storage devices. EcoMat, 2019, 1(1): e12008.

[40] Tu Z, Wang J, Liu W, et al. A fast-response biomimetic phototropic material built by a coordination-assisted photothermal domino strategy. Materials Horizons, 2022, 9(10): 2613-2625.

[41] Xie H, Xu W, Du Y, et al. Cost - effective fabrication of micro - nanostructured superhydrophobic polyethylene/graphene foam with self - floating, optical trapping, acid - /alkali resistance for efficient photothermal deicing and interfacial evaporation. Small, 2022, 18(17): 2200175.

[42] Zhang H, Ly K C S, Liu X, et al. Biologically inspired flexible photonic films for efficient passive radiative cooling. Proceedings of the National Academy of Sciences, 2020, 117(26): 14657-14666.

[43] Lee J, Jung Y, Lee M J, et al. Biomimetic reconstruction of butterfly wing scale nanostructures for radiative cooling and structural coloration. Nanoscale Horizons, 2022, 7(9): 1054-1064.

[44] Wu W, Lin S, Wei M, et al. Flexible passive radiative cooling inspired by Saharan silver ants. Solar Energy Materials and Solar Cells, 2020, 210: 110512.

[45] Wang S, Wang Y, Zou Y, et al. Biologically inspired scalable-manufactured dual-layer coating with a hierarchical micropattern for highly efficient passive radiative cooling and robust superhydrophobicity. ACS Applied Materials & Interfaces, 2021, 13(18): 21888-21897.

[46] 盛忠智 . 一种新型可降解材料的生物安全性及降解性能研究 . 长春 : 吉林大学，2010.

[47] 姚凯 . L- 谷氨酸苄酯与 L- 丙氨酸共聚物合成研究 . 南京 : 南京工业大学，2005.

[48] Omura T, Isobe N, Miura T,et al. Microbial decomposition of biodegradable plastics on the deep-sea floor. Nat Commun，2024, 15: 568.

[49] 顾心惠 . 抗紫外生物可降解薄膜与肉制品新鲜度智能标签的制备及应用 . 泰安 : 山东农业大学，2022.

[50] 刘少恒 . 重金属对细菌 Bacillus sp.P1 降解菲的影响及其机理研究 . 长沙 : 湖南大学，2014.

[51] Shang M, Ma B, Hu X, et al. Biomimetic core-shell-structured nanofiber membranes for rapid and portable water purification. ACS Applied Materials & Interfaces, 2022, 14(39): 44849-44858.

[52] 李继航 . 聚乳酸及其共聚物的制备与性能研究 . 无锡 : 江南大学，2009.

[53] 唐小伟 . 改性膨润土处理城市垃圾渗滤液中重金属的研究 . 西安 : 长安大学 , 2014.

[54] 常永新 . 基于荧光响应的金属离子探针的设计、合成及其应用研究 . 开封 : 河南大学，2020.

[55] 崔婷婷 . 我国生态文明建设中生态消费问题研究 . 锦州 : 渤海大学，2015.

[56] Bei Z, Lei Y, Lv R, et al. Elytra-mimetic aligned composites with air-water-responsive self-healing and self-growing capability. ACS Nano, 2020,14: 12546-12557.

[57] 胡进 . 自修复聚氨酯弹性体的设计制备与力学性能增强研究 . 广州 : 华南理工大学，2021.

[58] 杜善达 . 以机器学习方法辅助设计芳基萘胺类抗氧剂分子结构的研究 . 北京 : 北京化工大学，2022.

作者简介

吴婷，华中科技大学化学与化工学院副教授，博士生导师，*Biomimetics*期刊客座编辑，*Journal of Bionic Engineering*和《塑料工业》期刊青年编委，长期致力于聚合物成型加工新方法与仿生功能高分子材料研究，以第一/通讯作者在*Adv. Mater.*、*Adv. Funct. Mater.*、*ACS Nano*、*Nano-Micro Lett.*、*Nano Energy*等期刊发表SCI论文30余篇，申请发明专利16件，授权发明专利6件，主持国家自然科学基金青年项目、国家重点研发计划项目子课题等国家/省部级科技项目及企业合作项目8项。

瞿金平，中国工程院院士，华南理工大学机械与汽车工程学院教授、华中科技大学化学与化工学院教授，国家杰出青年科学基金获得者、教育部“长江学者奖励计划”首批特聘教授、全国先进工作者。获得中国发明专利80多件、国际发明专利10件；发表SCI收录论文200余篇，出版著作6部。曾获国家技术发明奖二等奖2项、国家科学技术进步奖二等奖1项、中国专利金奖2项；香港蒋氏科技成就奖、何梁何利基金科学与技术创新奖、广东省科学技术奖突出贡献奖、全国创新争先奖状等奖励荣誉。

第5章

柔性电控微纳执行器

王 宁 姚 晔 刘景全 刘清坤

近年来，随着微纳米薄膜制造技术的飞速发展，新型电控微纳米执行器不断涌现。因其具有尺寸小、能直接被集成电路控制、可大批量生产等诸多优点，电控薄膜微纳执行器在微纳机器人、生物医学器件以及智能超材料领域具有广泛的应用。本章综述了近年来电控微纳薄膜执行器的重要突破。首先，阐述了化学和物理两大类微纳薄膜的电致动机制。接着，系统总结了多种类型的电致动薄膜材料，并着重介绍了新兴的纳米薄膜材料。其次，详细介绍了电控微纳薄膜执行器在微纳机器人等领域的应用。最后，讨论了当前电控微纳薄膜执行器研究中的关键问题和未来发展前景。

5.1 概述

随着纳米科学、增材制造技术和半导体工艺的快速发展，微型机器人在设计和制造方面有了长足的进步，并在生物医疗、环境检测、军事侦查等领域具有广泛的应用。作为其关键组成部分，微纳执行器能够响应外部的光、电、磁、热等刺激，并将刺激信号转换为机械形变[1-7]。相比于响应其他外界刺激的执行器，电控微纳执行器具有可寻址、和半导体工艺兼容、能直接被集成电路控制等优点[8-10]，在微纳机器人、生物医疗器件和智能超材料方面具有广泛的应用。尽管电控微执行器有颗粒、纤维、薄膜等多种形状[11-18]，然而，基于半导体工艺的电控薄膜微执行器具有低成本、可大批量生产等特点，近年来引起了广泛关注。

迄今为止，已有多篇综述介绍了响应不同激励源的执行器材料，如光驱动软材料[19-23]、磁驱动软材料[24-27]和化学驱动执行器材料[28-31]等。在执行器制造方面，有多篇综述介绍了不同形状的执行器，如纤维状执行器[32-35]和微尺度颗粒形变材料[36]等。近年来，微纳米薄膜制

注：本章原载于《中国科学：物理学 力学 天文学》2024年第6期。

造技术的飞速发展，尤其是原子层沉积技术及二维材料的出现，促使新型电控微纳米薄膜执行器不断涌现。然而，详细阐述其原理、材料及应用的综述相对较少。

根据电刺激-响应机理，电控薄膜执行器主要分为两种类型：一种是通过电化学反应产生形变，另一种是由物理效应引起形变。首先，本章阐述了电控薄膜执行器的形变机理及主要性能指标.同时结合近年来涌现出的研究成果，系统性地总结了多种电致动薄膜材料，包括欠电位沉积致动材料、嵌入赝电容致动材料、氧化还原赝电容致动材料、双电层致动材料、静电力致动材料、电致伸缩和铁电材料以及热电致动材料等，并着重介绍了纳米材料的电致动原理和性能。其次，本章从微纳机器人、生物医疗器件和智能超材料三个方面介绍了电控薄膜执行器的新型应用场景。最后，本章讨论了电控薄膜执行器的未来前景和长期挑战。

5.2 薄膜的电致形变原理

电控薄膜执行器的形变机理可分为电化学和物理两大类。其中，电化学致动机理涉及离子嵌入、氧化还原等化学反应过程，物理形变机理则涉及离子吸附、晶格变形以及聚合物网络构型变化等过程。

单层材料致动模式通常为膨胀和收缩，其变形往往局限于平面内。不存在面外变形或变形较小，使得单层材料致动模式难以被应用于微纳机器人、生物医学器件或智能超材料等需要三维变形的领域。因此，微纳执行器通常采用双层或多层结构，其中包括形变层和惰性层，以将执行器的运动模式转换为弯曲变形，如图5-1（a）所示。

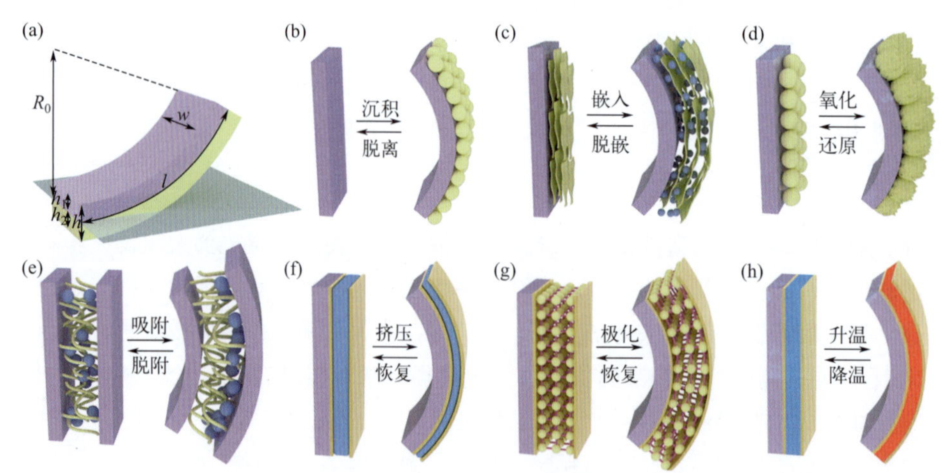

图 5-1　薄膜电致形变原理图

（a）薄膜主要几何参数；（b）欠电位沉积致动；（c）嵌入赝电容致动；（d）氧化还原赝电容致动；（e）双电层致动；（f）静电力致动；（g）电场致动；（h）电热致动

5.2.1 电化学形变原理

电化学执行器的主体部分是能发生电化学反应的薄膜电极。这些执行器既可以在液态电解质中工作，也可以由两个电极与夹在中间的电解质构成三明治结构，从而在空气中工作。电化学效应导致的形变主要起源于三种机制：欠电位沉积、嵌入赝电容和氧化还原赝电容。

(1) 欠电位沉积致动

欠电位沉积是指当金属基执行器沉积电位小于平衡电位时，其表面吸附单层金属离子、质子或氢氧根等离子。由于主体材料表面吸附离子后，会发生电荷转移，导致其吸附的离子被还原成原子，进而附着在执行器材料表面，从而导致表面晶格膨胀，引起界面应力变化，使执行器弯曲[37]，如图5-1（b）所示。

根据Jin等[38]的研究，欠电位沉积引起的薄膜表面宏观应变ε如下：

$$\varepsilon=\frac{2\rho\xi\Delta Q}{9\alpha Km} \tag{5-1}$$

式中，ΔQ为转移电荷；m为试样质量；K为金属的体积模量；ρ为形变金属密度；α为修正因子；ξ为应力电荷系数[39]。式（5-1）总结了材料应变与沉积电荷之间的关系。

(2) 嵌入赝电容致动

嵌入赝电容是指在电压作用下，碱金属离子或质子插入到主体材料中，如图5-1（c）所示。嵌入赝电容有两种可能的致动机理。一种是在电压作用下，离子插入形变薄膜的片层结构中，从而产生层间电荷屏蔽。由于层间排斥力被减弱，层间距减小，形变薄膜在面外方向产生压缩应变，在面内方向产生拉伸应变，从而使薄膜产生弯曲形变[40]。另一种是离子插入到片层结构中，使薄膜膨胀，在面内和面外方向上同时产生拉伸应变[41]。

(3) 氧化还原赝电容致动

氧化还原赝电容的致动原理为，在电压作用下，形变薄膜发生氧化还原反应，并与溶剂中的离子结合使其体积膨胀，如图5-1（d）所示。与嵌入赝电容致动不同的是，在氧化还原赝电容致动中，薄膜自身发生了氧化还原反应。

执行器的形变和氧化层的厚度密切相关，氧化层的厚度可以通过氧化电压和氧化时间来控制。例如，对于基于金属铂氧化还原反应的致动器，Liu等[10]的研究表明，氧化层厚度h_{ox}和氧化电压V及氧化时间t的对数成正比：

$$h_{ox}=h_r(\frac{V}{V_0}+\ln\frac{t}{t_0}) \tag{5-2}$$

式中，h_r，V_0，t_0为和材料相关的参数。

5.2.2 物理形变原理

根据发生形变的机理，基于物理效应的执行器主要可分为双电层致动形变、静电力致形变、电场致形变和电热致形变四种不同类型。

(1) 双电层致动

双电层致动效应的原理如图5-1（e）所示。在电压作用下，一侧电极吸附电解液中的可移动离子，使得该侧主体材料膨胀，而另一侧电极附近的移动离子被耗尽，该侧主体材料收缩，从而使执行器向离子耗尽侧弯曲[42]。在充电和放电周期中，执行器会产生可逆的弯曲与展平。与欠电位沉积和嵌入赝电容致动不同的是，双电层致动不涉及化学反应过程，法拉第电流为零，因此具有更高的能量利用效率。

根据Bufalo等[43]的理论研究，执行器的末端位移δ与施加电压和执行器长度密切相关：

$$\delta = \frac{\alpha l^2}{2k} V \tag{5-3}$$

式中，k和α为梁理论的本构参数；k为电极短路时执行器的弯曲刚度；αV为无机械变形时电压V产生的弯矩；l为执行器的长度。

（2）静电力致形变

介电弹性体执行器（Dielectric Elastomer Actuator，DEA）是静电力致形变的典型代表，其本质上是一种可变电容器。当在两侧电极上施加电压时，电极上的异种电荷相互吸引，产生的静压力使弹性体在沿电场方向压缩，从而在垂直电场方向产生拉伸应变，如图5-1（f）所示。在DEA中，由电压产生的应力可通过物理模型[44-45]得出：

$$p = \varepsilon_0 \varepsilon_r \left(\frac{V}{h}\right)^2 \tag{5-4}$$

式中，ε_0为真空介电常数；ε_r为相对介电常数；p为麦克斯韦应力；V为所加电压；h为膜厚。可进一步根据麦克斯韦应力进行材料应力分析，从而预测应变-电压关系。该模型可较好地描述DEA的简单机电行为。之后，研究人员对高变形、高频响应、黏弹性响应等复杂情况开展了进一步研究[46-49]。

（3）电场致形变

电场致形变指在电场作用下，晶格或分子构象改变导致的材料的宏观形变，主要包含压电效应和电致伸缩效应，如图5-1（g）所示。压电效应和电致伸缩效应的宏观表现是材料在电场的作用下发生形变，但形变量与外加电场的关系并不相同。

在压电材料中，电场产生的应变与电场强度呈线性相关，可用压电方程进行描述[50]：

$$S_{ij} = s_{ijkl} T_{kl} + d_{kij} E_k \tag{5-5}$$

式中，S_{ij}为应变张量；s_{ijkl}为弹性模量张量；T_{kl}为应力张量；d_{kij}为压电系数张量；E_k为k方向的电场场强。

电致伸缩效应普遍存在于电介质中，其原因是材料中的偶极子在电场作用下沿相反方向位移，导致材料发生整体应变。与压电材料不同的是，电致伸缩效应引起的形变与电场之间存在二次耦合关系：

$$S_{ij} = Q_{ijkl} E_k E_i \tag{5-6}$$

式中，S_{ij}为应变；Q_{ijkl}为电致伸缩系数，是一个四阶张量；E_i为i方向的场强。

（4）电热致形变

在电热致形变材料中，温度会改变材料内部原子的热运动甚至导致材料发生相变，从而使得材料体积发生变化。而材料的温度可通过电阻发热量进行控制，进而实现电热控制的形变，如图5-1（h）所示。

相变包括形状记忆合金（Shape Memory Alloy，SMA）的奥氏体与马氏体间的转变、液晶弹性体（Liquid Crystal Elastomer，LCE）的液晶相与各向同性相间的转变、材料的气液态转变等。

5.2.3 性能及定义

具有弯曲变形能力的执行器的相关重要性能参数如下：

① 薄膜几何参数：执行器厚度h、长度l、宽度w等，如图5-1（a）所示。

② 驱动电压：执行器工作电压V。

③ 曲率半径：悬臂梁执行器弯曲形状可近似为一段圆弧，其圆心到执行器中性面的距离为弯曲半径R_0，用于描述薄膜弯曲程度。曲率κ为弯曲半径的倒数。双层悬臂梁曲率κ可用下式计算：

$$\kappa=\frac{6m_2n_2(1+m_2)(\alpha_1-\alpha_2)}{h_1(1+4m_2n_2+6m_2^2n_2+4m_2^3n_2+m_2^4n_2^2)} \tag{5-7}$$

式中，α_i为材料的应变；$m_i=h_i/h_1$，$n_i=E_i/E_1$，h为层厚度，E为弹性模量。对于双层膜结构，其形变层应变为α_1，非形变层的应变α_2=0。

当偏移量δ远小于执行器长度l时，有以下近似公式：

$$\kappa=\frac{2\delta}{l^2} \tag{5-8}$$

当执行器为多层薄膜时，曲率可参考多层薄膜的曲率公式得出[51]。

④ 响应时间：一般指执行器形变量由开始至最大值所需时间。

⑤ 能量密度：单位质量或单位体积的执行器输出的机械能，单位为J/kg或者J/m^3。

薄膜的体积能量密度W_V和质量能量密度W_g公式如下：

$$W_V=\frac{E\int\varepsilon^2}{2} \tag{5-9}$$

$$W_g=\frac{E\int\varepsilon^2}{2\rho} \tag{5-10}$$

式中，E为等效杨氏模量；ε为材料应变；ρ为材料密度。

⑥ 转换效率：电能转换为执行器机械能的百分比，用于描述执行器能量利用率。

⑦ 工作寿命：满足特定响应速度与特定曲率的循环次数。

⑧ 工作环境：根据应用场合不同，设计执行器时需考虑其工作环境，如气态、液态或真空等环境。大多数电化学执行器工作在液态电解质中，少数电化学执行器可以工作在空气中。物理效应驱动的执行器一般既可工作在空气中，也可工作在溶液中。

5.3 电致动薄膜材料分类

5.3.1 电化学执行器

典型的电化学执行器材料包括欠电位沉积致动材料、嵌入赝电容致动材料、氧化还原赝电容致动材料等。

(1)欠电位沉积致动材料

欠电位沉积致动材料具有厚度小、工作电压低、寿命长等特点，在纳米执行器和纳米机器人领域具有潜在的应用价值。这是因为：由于沉积层为单原子层，欠电位沉积致动材料可用于制造纳米甚至原子尺度的超薄执行器。同时因为沉积电压通常低于材料的氧化还原平衡电位，因此执行器可以在较低的电压下工作。最后，由于沉积只发生在材料表面，对形变层的晶格结构影响较小，故此类执行器具有较长的工作寿命。

2010年，Jin等[38]制备了孔径小至几纳米的Au-Pt合金块状执行器，内部结构如图5-2（a）所示。合金孔内部表面吸附了大量氧离子，使材料产生显著应变。执行器的应变能密度达到6.0 MJ/m^3，最大可逆应变约为1.3%，响应时间为数分钟。

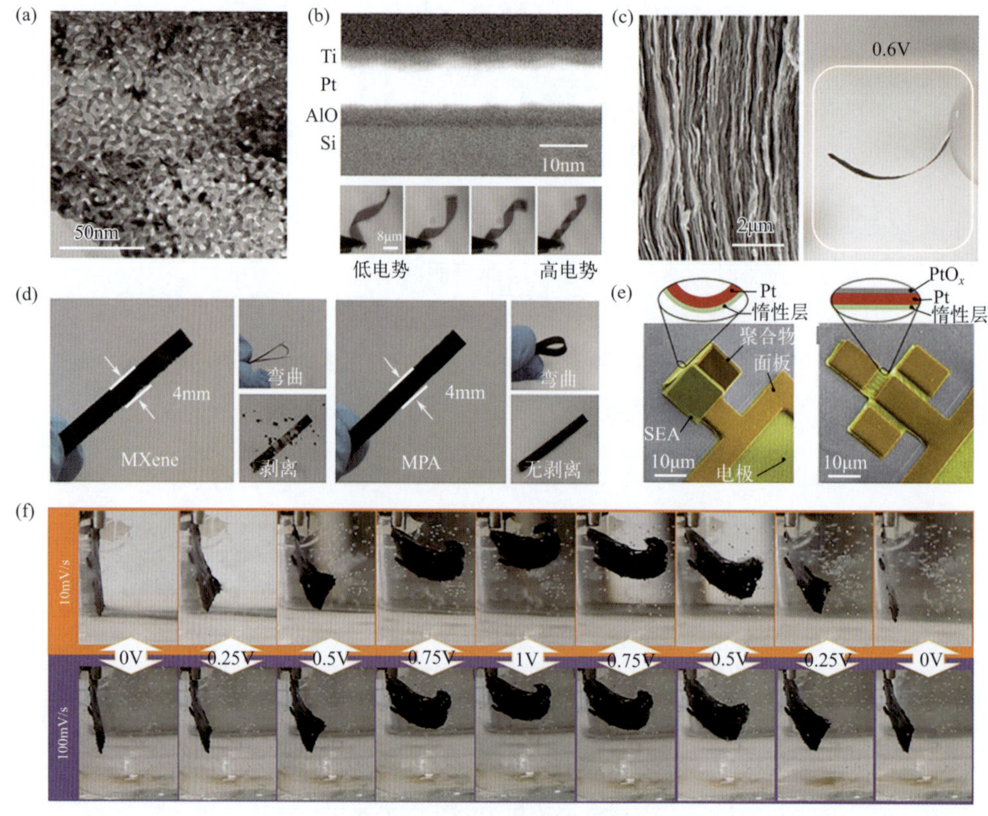

图5-2　电化学薄膜执行器

（a）Au-Pt合金孔结构的透射电子显微镜图像[38]；（b）Pd/Ti双层薄膜执行器横截面的透射电子显微镜图像（Pt/Ti双层薄膜执行器状态：在负电压作用下，薄膜伸平；在正电压作用下，薄膜卷曲[9]）；（c）左图显示了$Ti_3C_2T_x$电极横断面片层结构的扫描电子显微镜图像，右图显示了$Ti_3C_2T_x$电化学执行器的电驱动曲率变化[53]；（d）基于MXene、MXene-PEDOT:PSS/AgNWs（MPA）电极的执行器，MPA薄片在弯曲下具有良好的附着力[41]；（e）Pt/TiO_2电化学执行器在还原（左图）和氧化（右图）状态下的横截面示意图[10]；（f）MnO_2/Ni执行器在不同电压下的响应[55]

然而上述执行器体积较大，响应时间长，在微纳机器人执行器应用方面仍存在一些挑战。2020年，Miskin等[9]采用原子层沉积技术，制造了厚度仅为10nm的Pt/Ti双层薄膜执行器，如图5-2（b）所示。在正电压作用下，OH^-离子沉积在Pt金属层表面，使其表面产生拉伸应力，导致执行器弯曲。执行器在200mV的工作电压下，曲率变化高达$0.4\mu m^{-1}$。相较于孔状材料，该执行器具有较短的响应时间，仅为10 ～ 100ms，且只消耗10nW的功率。

（2）嵌入赝电容致动材料

在嵌入赝电容执行器中，执行器主体材料多为具有高比表面积的二维材料，如过渡金属的氧族化合物/碳化物等。离子嵌入主体材料的片层结构中，使材料发生形变。相较于只在材料表面发生化学反应的电化学执行器，嵌入赝电容执行器的形变层内部均参与反应，因此具有较大的应变。然而由于材料的片层特性，该执行器的厚度通常较大，多为10 ～ 100μm。

2017年，Acerce等[40]研制了二硫化钼（MoS_2）电化学执行器，厚度约为29μm。该执行器由MoS_2与聚合物衬底双层结构组成。在电压作用下，H^+、Li^+、Na^+或K^+嵌入和脱离MoS_2层，产生动态的膨胀和收缩效应。在3V的工作电压下，执行器产生约0.6%的应变，曲率可达$0.07mm^{-1}$。根据MoS_2存储离子量的差异，响应时间为10 ～ 200s不等。其机械应力约为17MPa，循环次数高达5000次。

研究人员也在探索其他二维材料用作微执行器形变层，以实现在低工作电压（约1V）下的快速致动。2011年，Naguib等[52]发现了一大族二维过渡金属碳化物和氮化物，称为MXene。MXene，特别是$Ti_3C_2T_x$，具有快速的电荷存储能力、优异的导电性和高机械强度，因而近年来也被用作嵌入赝电容执行器形变层材料。2019年，Pang等[53]研制了以$Ti_3C_2T_x$作为形变层的电化学执行器，厚度约为70μm，如图5-2（c）所示。由于H^+的嵌入，$Ti_3C_2T_x$在面内方向产生拉伸应变，导致执行器弯曲。在1V电压下，执行器产生了0.26%的应变，曲率为$0.038mm^{-1}$，响应时间约为8s，且在10000次循环后仍保持稳定的性能。

二维材料执行器的主要问题为离子的层间传输较为缓慢。为了解决该问题，2021年，Wang等[54]开发了基于MXene/聚苯乙烯（Polystyrene，PS）微球混合电极的电化学执行器，厚度为95μm。在此结构中，大量1μm直径的PS微球打破了形变层原有的二维结构，为离子的快速注入提供了通道。在1V电压下，该执行器产生了约1.18%的弯曲应变，使长度为2cm的执行器末端产生了2mm位移，等效曲率约为$0.01mm^{-1}$。为了克服MXene层间导电性差的问题，2022年，Liu等[41]提出在MXene中添加银纳米线（AgNWs）和导电聚合物（如PEDOT:PSS），以提高形变层的电子传输效率，增加其导电性，从而加速离子注入。同时，加入AgNWs和PEDOT:PSS使得电极具有更好的黏附性，如图5-2（d）所示。该执行器厚度为25μm。在0.5V电压下，具有0.48%的应变，使长为35mm的执行器产生了13.8mm的弯曲位移，等效曲率可达$0.02mm^{-1}$。相比纯MXene电极，具有更短的响应时间，约为5s。

（3）氧化还原赝电容致动材料

氧化还原赝电容执行器利用了活性材料表面发生的可逆氧化还原反应产生形变。最典型的氧化还原赝电容致动材料包括Pt、MnO_2以及导电聚合物等。

2021年，Liu等[10]研制了厚度约为10nm的Pt/TiO_2电化学执行器，如图5-2（e）所示。该执行器通过电化学氧化还原Pt的表面，使其产生应变，进而导致执行器弯曲。由于Pt的氧化状态是稳定的，在撤掉电压后仍保持其形状，因此执行器展现出良好的形状记忆特性。在1V电压下，执行器最小弯曲半径可达500nm，且响应时间约为100ms，是一种新型的响应速度快、曲率高、工作电压低的微米级形状记忆执行器。同时，研究人员也在探索将其他电池电极材料用作电化学执行器。2019年，Liu等[55]制备了厚度为6.5 μm的MnO_2/Ni电化学执行器，如图5-2（f）所示。在充放电过程中，Mn元素的价态发生变化，使Mn-O键伸缩，引起了Na^+的嵌入与脱嵌，从而使MnO_2体积变化。在1V电压下，长度为2cm的执行器最大弯曲角度可达89°，等效曲率为0.16mm^{-1}。

聚吡咯（Polypyrrole，PPy）、聚噻吩（Polythiophene，PTH）和聚苯胺（Polyaniline，PANI）等导电聚合物（Conducting Polymers，CPs）因其在氧化还原过程中发生形变，可作为柔性有机电化学执行器材料。在氧化还原过程中，电子沿着聚合物主链插入（还原）或排出（氧化）。为确保电中性，聚合物与周围的电解质进行离子交换反应，离子的嵌入与脱嵌使CPs产生可逆的体积变化[56]。

1995年，Smela等[57-58]研制了掺杂十二烷基苯磺酸盐的聚吡咯和金组成的双层电化学执行器，厚度为1.1μm。在−1.0～+0.35V的驱动电压下，曲率变化约为0.18μm^{-1}，响应时间可达0.5s。

用两个CP层将电解质层夹在中间可形成具有三层结构的执行器。当使用时，一层发生还原反应，而另一层发生氧化反应，进而使执行器弯曲。三层执行器输出力约为双层执行器的两倍，使驱动能力大大提高。基于此，2003年，Zhou等[59]研制了将PPy作为形变层、Polyvinylidene fluoride（PVDF）作为电解质层的三层执行器，厚度为160μm。在±2.0V的驱动电压下，每层PPy的应变约为2%，执行器长度为2cm时，最大位移可达3.0cm，等效曲率为0.75cm^{-1}。

5.3.2 物理执行器

典型的物理执行器材料包括双电层致动材料、静电力致动材料、电致伸缩和铁电致动材料、电热致动材料等。

（1）双电层致动材料

离子交换聚合物金属复合材料（Ionic Polymer -Metal Composite，IPMC）因其电荷存储性能优异，是一种应用广泛的双电层致动材料。

1998年，Shahinpoor等[60]研制出以全氟磺酸聚合物Nafion作为离子交换膜、薄金属作为双侧电极的IPMC执行器。在电压作用下，膜中正离子（如Na^+、Ca^{2+}）移动到阴极一侧，负离子由于与聚合物中的碳链结合而固定，导致执行器弯曲。在2V的驱动电压下，长2cm、厚0.2mm的执行器的末端位移约为7.5mm，等效曲率约为0.038mm^{-1}，且工作频率在1Hz量级。

在电极界面上的电荷或离子积累是IPMC产生高应变的关键。2006年，Akle等[61]提出提高电极比表体积可以有效地提高执行器的电容，于是开发了具有多孔RuO_2电极的IPMC，增加了执行器电容，使其产生了较大应变。在3V的电压下，厚度约为0.2 mm的执行器实现了＞2%的应变。除上述材料外，多孔碳材料是另外一种可以实现高比表面积的材料。2011年，Torop等[62-63]制备了基于碳气凝胶的IPMC执行器，厚度为95μm。在2V的电压下，其应变可达2.2%，驱动频率为1Hz量级。

与传统的Nafion-IPMC相比，将IPMC膜设计为多孔结构，使其具有更高的吸水性，可以增加膜中阳离子数量，提高执行器的驱动性能。2015年，Jung等[64]用浸出法制备多孔膜IPMC，厚度为90μm。与传统的Nafion-IPMC相比，多孔Nafion-IPMC在交流输入电压下位移增加约80%，在直流输入电压下位移增加约250%。

为了克服全氟聚合物成本高的缺点，一些非全氟聚合物IPMC作为替代品被开发出来[65]。其中，嵌段共聚物因其成本低、强度高和性能稳定，是IPMC执行器离子交换层的新兴材料。2018年，Khan等[65]研制了基于磺化聚乙烯醇嵌段共聚物的IPMC执行器。在3.5V的电压下，长30mm、厚0.11mm的执行器具有19mm的末端位移，等效曲率约为0.042mm^{-1}，在低成本的条件下实现了与传统IPMC相近的性能。

（2）静电力致动材料

相比其他微执行器，介电弹性体具有重量轻、能量密度高（>8MJ/m^3）、机电耦合效率高（>90%）、响应速度快和应变较大等[66-68]优点，因此在微型机器人执行器方面有着广泛的应用。2000年，Pelrine等[44]报告了介电弹性体在电场下产生了超过100%的应变，且响应速度较快，可达170Hz，如图5-3（a）所示。为了获得更好的性能和更小的尺寸，研究人员在DEA电极和弹性体材料等方面进行了多项优化。

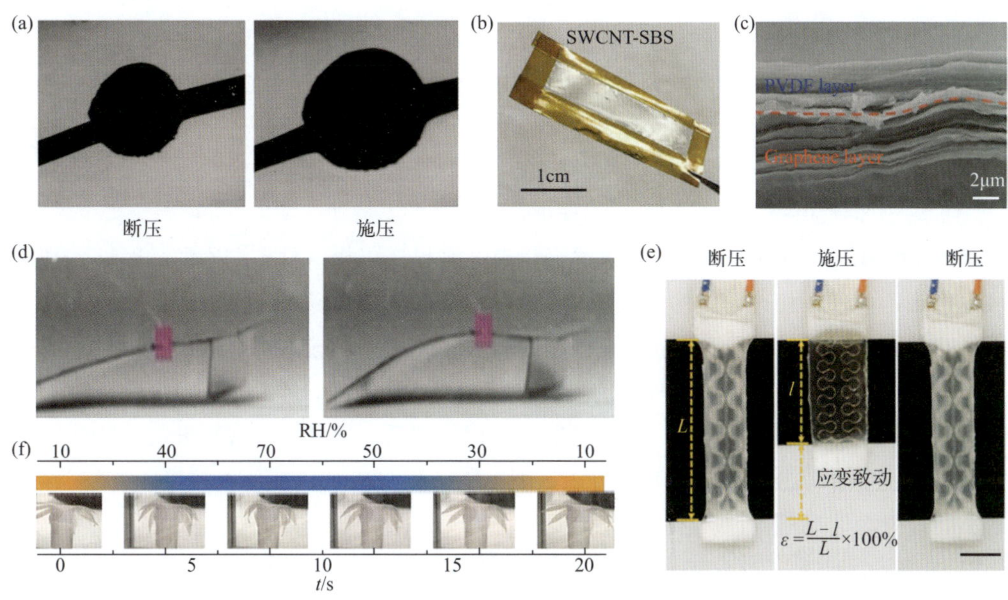

图5-3　基于物理效应的电驱动薄膜执行器

（a）DEA执行器产生了68%的应变[44]；（b）SBS-碳纳米管复合执行器[74]；（c）石墨烯-PVDF执行器横截面的扫描电子显微图像[82]；（d）PVDF薄膜运动图像[83]；（e）嵌入电阻丝的LCE电热执行器[89]；（f）湿态执行器随湿度的响应[92]

DEA的微型化对电极的杨氏模量、厚度和电阻提出了更高的要求。对于基本的DEA机电响应模型而言，电极通常被假设为柔性且厚度可忽略不计的材料[69]，但当弹性体厚度降低时，电极对驱动性能的影响则逐渐显著。为保证较小的电阻，电极的厚度不能随弹性体一起变薄，这就要求更加柔顺且可拉伸的电极材料[70]。虽然炭黑、碳脂作为第一代电极，具有良好的柔顺性，但在可靠性、可拉伸性等方面存在缺陷，暂未能得到广泛应用。金属薄膜具有良好的导电性，与微纳制造工艺兼容，可实现纳米尺度上的图案化。然而，其应用的最大阻碍在于高杨氏模量（比弹性体高几个数量级）和低可拉伸性（约2%～3%）[71]，对高应变的DEA会产生很大限制，而这可通过制备图案化电极予以优化。如2014年，Low等[72]利用双轴褶皱银电极实现了110%的径向应变。2015年，Ong等[73]利用褶皱ITO电极实现了37%的面积应变。这在一定程度上解决了金属电极刚性对DEA的驱动的限制。

近年来，碳纳米管作为DEA电极得到了普遍应用，并由此开发了完整的微型机器人。相较于炭黑和碳脂，碳纳米管拥有更低的电阻，使执行器电阻-电容回路的响应频率可以达到要求[74]，如图5-3（b）所示；相较于金属电极，碳纳米管电极无需复杂的表面工艺，可以较为容易地制备多层堆叠DEA执行器，进而在更低的电压下获得相同的驱动效果。2019年，Ji等[75]以碳纳米管为电极，实现了低于500V电压下的高频响应（＞500Hz），充分体现了碳纳米管作为电极的优势。

DEA具有电击穿和机电不稳定性等缺点。薄膜厚度降低时表面缺陷更容易导致电击穿，从而使DEA短路而失效。“吸合”效应会导致薄膜急剧变薄进而失稳。由于此效应是非线性效应，故而难以做出准确预测[76]。针对上述问题，可通过自愈合电极解决电击穿的问题[77]，在出现缺陷时通过升华等方式自行防止短路；而机电不稳定性则较为复杂，需要根据材料进行建模与实验，以确定实际性能。2022年，Kim等[78]结合激光烧蚀和自清除法，可以可靠地隔离缺陷并恢复DEA性能，从而显著提高DEA寿命和弹性。在对DEA进行100次穿刺后，可通过激光恢复87%的驱动力。此外，一种从根本上解决机电不稳定性的方法是采取电荷喷涂的方式[79]，但由于电荷移除的困难性等因素，暂未得到广泛应用。

（3）电致伸缩和铁电致动材料

对于微型执行器应用而言，以PVDF为代表的有机压电材料具有良好的柔顺性，且可加工成纳米级的薄膜，相比传统的刚性压电材料而言具有一定优势。PVDF聚合物内部存在部分不活跃的无定形相，并且有着接近1～10GPa的杨氏模量。较高的弹性模量提供了高能量密度，同时在外加电场下可产生较大的电致伸缩应变。1998年，Zhang等[80]报告了电子辐照的聚氟乙烯共聚物［P(VDF-TrFE)］消除了大的极化滞后，并且可实现较大的电致伸缩应变（约4%），而同时代其他压电材料电致伸缩应变只能达到约0.1%，展现了PVDF及其共聚物优异的驱动潜力。

PVDF执行器性能的优化主要集中在减小厚度和降低控制电压上。2013年，Choi等[81]首次制备了厚度仅为1.5μm的PVDF执行器，可在40V的驱动电压下实现9μm的纵向位移。在此基础上，2016年，Xiao等[82]制备了石墨烯-PVDF双层执行器，如图5-3（c）所示。在热膨胀、压电和压电效应的共同作用下，执行器可在更低的电压下实现动作。在10V的驱动电压下，3 mm厚的执行器在4Hz的频率下实现了0.1mm^{-1}的曲率变化。2019年，Wu等[83]制备了约10 μm厚的PVDF压电执行器，在60V的驱动电压下最大位移约1mm，如图5-3（d）所示。

相比于PVDF等有机压电材料，传统的无机铁电材料具有高性能、研究较充分的优势，且可通过柔性化的方式克服高杨氏模量和易碎的缺点。2019年，Dong等[84]合成了单晶铁电钛酸钡，在原位弯曲试验中实现了180°的折叠，显示了材料的超弹性。这是由于高应力显著地改变了能量曲线，使偶极子可持续旋转，避免了高应力导致的断裂。通过新的制备方式，研究人员可以制备柔性无机铁电薄膜，以适应生物医学等不同场景的需求。

（4）电热致动材料

最基础的电热致形变现象是电热导致的热胀冷缩。然而，由于材料的热膨胀系数通常较小，所制得的执行器的曲率较小。与热胀冷缩相比，电热导致的材料相变通常具有较高的应变，且具有良好的可控性。本节将叙述电热相变执行器使用的典型材料，及近年来在机器人应用上的进展。

相比于其他类型执行器，电热执行器通常具有较低的响应频率，但当尺寸缩小后，材料的高比表面积使散热能力增强，使执行器的响应频率大幅提高。2019年，Knick等[85]利用光刻技术制备了1μm厚的SU-8聚合物和270nm厚的镍钛合金微型双层梁结构执行器。在0.5V的驱动电压和1mW的输入功率下，执行器实现了3000Hz的响应频率，最大曲率为3mm^{-1}。在此高频率下，执行器仍具有较长的使用寿命，可重复变形数百万次。

镍钛形状记忆合金的加工通常较为困难，而另一类形状记忆材料——形状记忆聚合物（Shape Memory Polymer，SMP）则具有制造容易、成本较低和可生物降解等优点[86]。但SMP具有相对较短的使用寿命和较高的驱动电压等缺点，这可通过改进材料来予以改善。

对于使用寿命的提升，可以通过制备自愈合材料来加以改善。2021年，Orozco等[87]利用可逆的Diels-Alder加成反应，制备了具有自愈合特性的SMP执行器。在约60V的驱动电压下，执行器中聚合物部分被加热至130℃，并于1h后自行修复了80%以上的损伤。这使得执行器可对运动产生的缺陷进行修补，从而提高了SMP的使用寿命和可靠性。为了降低驱动电压，可通过在SMP中加入液态金属来降低材料的电阻，在保持功率不变的情况下可使用更低的驱动电压。2021年，Wang等[88]将镓和锌填充于聚己内酯中，制备了工作电压为2V的液态金属-形状记忆聚合物复合膜。同时，掺杂的液态金属并未显著影响形状记忆效应，研究人员所制备的执行器可于80s内实现99%的形状恢复率。

对于高应变需求的执行器，可使用液晶弹性体作为驱动材料。2019年，He等[89]将可伸缩电阻加热器嵌入LCE层中，制备了应变达40%的LCE执行器，如图5-3（e）所示。在3V的驱动电压下，执行器响应时间约为40s。为了缩短响应时间，2020年，Liu等[90]通过在LCE层中嵌入网格型金属丝，降低了电阻，提高了加热功率。在6.5V电压下，厚为0.5mm的执行器曲率变化为0.1mm^{-1}，响应时间为30s。在此低电压下，LCE达到了约20℃/s的高加热速率。在此基础上，研究人员制造了可抓取物体的柔性机械爪，其能量密度为9.97kJ/m^3，驱动应力为0.46GPa。

对于需要自传感能力的电热执行器，可使用热响应湿态聚合物（Thermally Responsive Hygromorphic Material）作为驱动材料。2015年，Taccola等[91]利用PEDOT: PSS为湿度敏感层，聚二甲基硅氧烷（Polydimethylsiloxane，PDMS）为惰性层，制备了湿态执行器，可利用电热改变材料内湿度进而引起形变。水分子在PEDOT: PSS中的进出会导致可逆的电阻变化，1%的相对湿度改变通常会导致0.125%的相对电阻变化，使其具有自传感能力。同时，所制得的执行器可由数百毫瓦的驱动功率实现0.05Hz左右的响应。2019年，Muralter等[92]提高了湿态执行器的响应频率，如图5-3（f）所示。研究人员在薄PDMS衬底上沉积了聚N-乙烯基己内酰胺聚合物层，提升了水分子的进出效率，制备出了可在数十秒内应变高达200%的执行器。

5.4 电控薄膜执行器的应用

电控薄膜执行器由于其尺寸小、形变大的优点，在微纳机器人、生物医疗器件与智能超材料领域具有广泛的应用。

5.4.1 微纳机器人

2020年，Miskin等[9]以欠电位沉积驱动Pt/Ti双层薄膜作为执行器，并采用半导体工艺集成片上光伏电池，制造了激光驱动的尺寸小于100μm的四足爬行机器人，如图5-4（a）所示。当激光交替照射在机器人前后光伏电池上时，其前后肢产生了交替运动，驱动机器人向前爬行，其瞬时速度可达30μm/s。这项技术的优势在于可利用半导体工艺大规模生产微型机器人，如可在4英寸晶圆上集成超过100万个爬行机器人。2022年，Reynolds等[8]进一步将含有振荡电路的芯片集成到微型机器人上，使其可以自动爬行，速度超过10μm/s，如图5-4（b）所示。由于电化学执行器通常需要在液态电解质中工作，其应用场合受到限制。2023年，Wu等[93]通过电化学氧化还原反应驱动MnO_2薄膜，结合水凝胶电解质，研制了在空气中工作的执行器。基于以上材料，Wu等制造了微型尺蠖仿生机器人，其同时具有压力传感功能。

化学效应驱动的执行器通常响应频率较低，而物理效应驱动的执行器可达到较高的响应

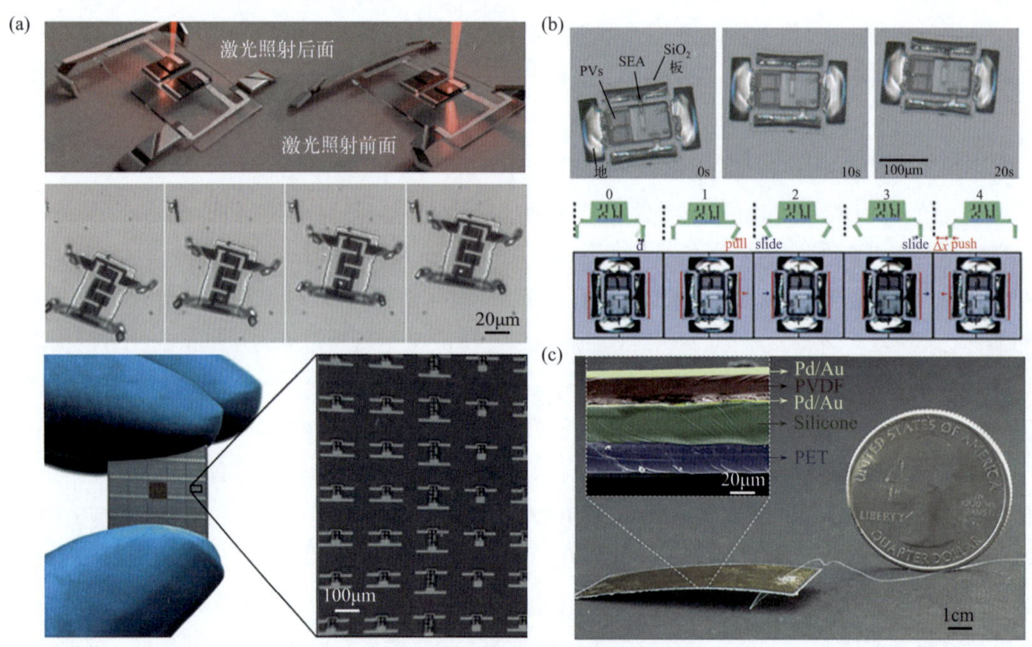

图5-4 微纳机器人

（a）通过将激光引导到前后腿交替偏压的光伏电池上，机器人可以行走（上、中图），有数千个机器人的芯片的光学图像（下图）[9]；（b）集成了控制芯片的机器人的行走图像[8]；（c）PVDF机器人图像[83]

频率。2019年，Ji等[75]制备了6mm厚的PDMS作为弹性体薄膜，在100V的电压下产生了4%的应变；同时，利用碳纳米管为电极降低了电阻，使器件的响应频率提高到数千赫兹，满足了驱动需求。在此低电压和高驱动频率的基础上，研究人员将控制与供能模块集成于机器人上，设计制造了长度为4cm、质量为1g的可巡线自主无系留软体机器人。2019年，Chen等[94]开发了一种多层、紧凑的DEA，其功率密度为600 W/kg，解决了DEA通常功率较低的问题，并设计制造了质量为100mg的扑翼模块及扑翼机器人，并利用谐振消除了非线性换能引起的高次谐波，驱动频率可达500Hz。2019年，Wu等[83]将PVDF的响应频率提高到850Hz。在此基础上，研究人员制备了运动速度可达20BL/s的爬行机器人，如图5-4（c）所示。

5.4.2 生物医疗器件

在生物医学应用的方面，电控薄膜执行器可为体外培养的细胞提供合适的力学环境。2016年，Agrawal等[95]利用LCE复合材料作为细胞培养的动态基材，培养了新生大鼠心肌细胞，如图5-5（a）所示。在40V/60Hz的交流信号驱动下，聚苯乙烯/胶原蛋白基和戊二醛/胶原蛋白基上培养的心肌细胞的72h成活率上升了数倍。2017年，Damaraju等[96]利用压电聚合物PVDF-TrFE制备了柔性的三维纤维支架，模拟了细胞的生理负荷条件。软骨成纤维细胞被培养28天后，实验组比对照组的分化程度明显提高，蛋白多糖和MSC等组织学检测指标均提升50%以上。2021年，Kim等[97]利用丙烯酸DEA设计了动态细胞培养装置的驱动元件，培养了从人体肺中提取的成纤维细胞。在1.5kV/1 Hz的交流电压下，培养基发生了最大0.33mm的垂直应变，模拟了肺部环境。对照组的细胞分化速率不足1%，而实验组为4.37%，极大地提高了成纤维细胞的分化速率。

5.4.3 智能超材料

基于执行器的电响应形变特性，可以设计多种力学、光学等超材料。2021年，Liu等[10]基于该原理制造了Miura-Ori力学超材料，其具有负泊松比，如图5-5（b）所示。2023年，Liu等[98]基于IPMC执行器研制了用于机器人的力学超材料，其可以根据不同的供电策略切换姿势。2016年，Matsui等[99]基于导电聚合物执行器，研制了一种在太赫兹和微波频率范围内工作的新型电活性超材料，如图5-5（c）所示。因微纳米执行器其尺寸小、灵敏度高，可以利用线性执行器来改变两个太赫兹超表面的相对横向位置，通过施加控制电压获得了可调的共振特性。2021年，Zhang等[100]研究了在亚微米尺度上SMP的4D打印，由大小可调的多色网格组成的打印结构，能够通过纳米级结构变形实现大的可切换视觉效果。随着纳米结构变平，颜色和印刷信息变得不可见，如图5-5（d）所示。

5.5 展望

本章从电化学致动与物理效应致动两方面总结归纳了电响应微纳薄膜的工作原理和材料

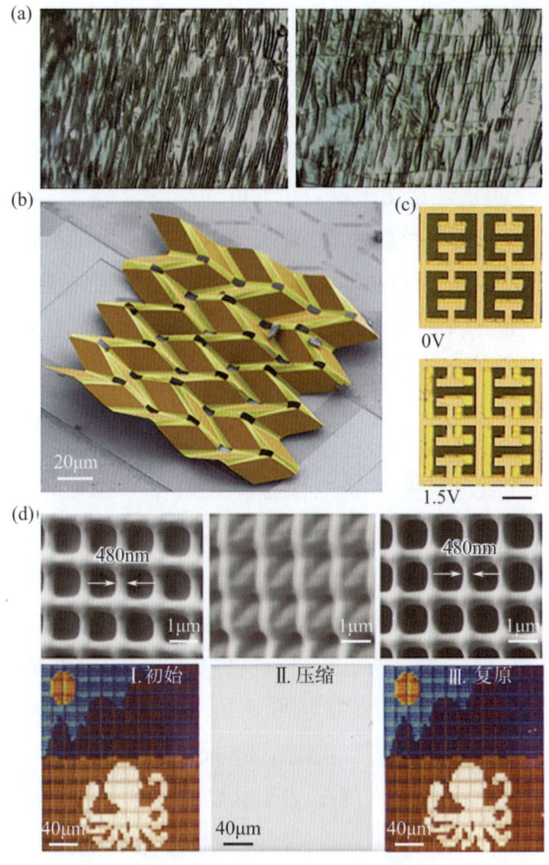

图 5-5　生物医疗器件与智能超材料

（a）LCE 表面拉伸装置的俯视图，左图为拉伸前，右图为电热驱动产生的表面拉伸 [95]；（b）具有负泊松比的机械折纸超材料 [10]；（c）在太赫兹和微波频率范围内工作的电活性超材料 [99]；（d）4D 打印的 SMP，用于可切换视觉效果的光学超材料 [100]

体系。每种执行器都有各自的优缺点，例如电化学执行器的操控电压较低，但通常需要浸没于液体环境中，以提供化学反应所需的条件；利用电场效应的执行器具有高响应频率和高能量密度的优点，但控制电压一般较高；电热执行器具有大驱动力和高稳定性，但通常具有低的响应频率和能量利用率。在微型机器人应用方面，几种执行器互有优劣，在不同的应用场景和设计需求下有着不同的选择。在未来的发展方向上，需要从以下三方面进行突破：

① **寻找新的材料体系**　未来微纳执行器将向着尺寸更小、驱动电压更低、速度更快、能量密度更高、效率更高、重复次数更多以及工作环境更广的方向发展。要达到以上的性能，需要材料、化学、物理、微纳技术等多学科的交叉融合，使材料本身性能取得基础性的突破。例如，寻找具有更大电化学应变的材料体系，发展全固态的电化学执行器，探索具有更低电压的物理执行器的新材料体系等。

② **优化微纳加工工艺**　微纳加工工艺对薄膜性能有着至关重要的影响。制备更薄、质量更高薄膜的技术会给微纳执行器带来革命性的影响。例如，厚度的降低通常意味着更低的控制电压、更小的弯曲半径和更快的响应频率。未来的发展方向包括优化纳米材料制备技术和

薄膜生长技术，例如发展二维材料的大面积制备技术、原子层和分子层沉积技术，实现薄膜形貌的精确控制，从而降低薄膜的厚度，并保证薄膜良好的电学和力学性质，提高其稳定性和响应特性。

③ **兼顾微纳系统集成** 电控微纳执行器的主要优势是可以和集成电路、微型传感器、片上能源集成在一起，形成微型机器人系统，所以需要综合考虑供电电压、能源消耗以及集成工艺等问题。例如，虽然电热微纳执行器的结构简单、制造容易，但因其能量利用效率较低，给集成片上能源带来很大的挑战。再如，对于物理效应执行器，需要进一步降低压电和DEA微纳执行器的驱动电压，使其能够被片上集成电路直接控制。

参考文献

[1] Sidorenko A, Krupenkin T, Taylor A, et al. Reversible switching of hydrogel-actuated nanostructures into complex micropatterns. Science, 2007, 315: 487-490.

[2] Taccola S, Greco F, Sinibaldi E, et al. Toward a new generation of electrically controllable hygromorphic soft actuators. Adv Mater, 2015, 27: 1668-1675.

[3] Miskin M Z, Dorsey K J, Bircan B, et al. Graphene-based bimorphs for micron-sized, autonomous origami machines. PNAS, 2018, 115: 466-470.

[4] Hagaman D E, Leist S, Zhou J, et al. Photoactivated polymeric bilayer actuators fabricated via 3B printing. ACS Appl Mater Interfaces, 2018, 10: 27308-27315.

[5] Ha M, Canon Bermudez G S, Liu J A C, et al. Reconfigurable magnetic origami actuators with on-board sensing for guided assembly. Adv Mater, 2021, 33: 2008751.

[6] Zhang H, Lin Z, Hu Y, et al. Low-voltage driven ionic polymer-metal composite actuators: Structures, materials, and applications. Adv Sci, 2023, 10: 2206135.

[7] Maeda S, Hara Y, Yoshida R, et al. Self-oscillating gel actuator for chemical robotics. Adv Robot, 2008, 22: 1329-1342.

[8] Reynolds M F, Cortese A J, Liu Q, et al. Microscopic robots with onboard digital control. Sci Robot, 2022, 7: eabq2296.

[9] Miskin M Z, Cortese A J, Dorsey K, et al. Electronically integrated, mass-manufactured, microscopic robots. Nature, 2020, 584: 557-561.

[10] Liu Q, Wang W, Reynolds M F, et al. Micrometer-sized electrically programmable shape-memory actuators for low-power microrobotics. Sci Robot, 2021, 6: eabe6663.

[11] Lu W, Smela E, Adams P, et al. Development of solid-in-hollow electrochemical linear actuators using highly conductive polyaniline. Chem Mater, 2004, 16: 1615-1621.

[12] Leote R J B, Beregoi M, Enculescu I, et al. Metallized electrospun polymeric fibers for electrochemical sensors and actuators. Curr Opin Electrochem, 2022, 34: 101024.

[13] Tanjeem N, Minnis M B, Hayward R C, et al. Shape - changing particles: From materials design and mechanisms to implementation. Adv Mater, 2022, 34: 2105758.

[14] Tang S Y, Sivan V, Khoshmanesh K, et al. Electrochemically induced actuation of liquid metal marbles. Nanoscale, 2013, 5: 5949.

[15] Sîrbu I D, Preninger D, Danninger D, et al. Electrostatic actuators with constant force at low power loss using matched dielectrics. Nat Electron, 2023, 6: 888-899.

[16] Conrad H, Schenk H, Kaiser B, et al. A small-gap electrostatic micro-actuator for large deflections. Nat Commun, 2015, 6: 10078.

[17] Kedzierski J, Chea H. Multilayer microhydraulic actuators with speed and force configurations. Microsyst Nanoeng, 2021, 7: 22.

[18] He Q, Wang Z, Wang Y, et al. Electrospun liquid crystal elastomer microfiber actuator. Sci Robot, 2021, 6: eabi9704.

[19] Yang M, Yuan Z, Liu J, et al. Photoresponsive actuators built from carbon-based soft materials. Adv Opt Mater, 2019, 7: 1900069.

[20] Yang Y, Shen Y. Light - driven carbon - based soft materials: Principle, robotization, and application. Adv Opt Mater, 2021, 9: 2100035.

[21] Chen Y, Yang J, Zhang X, et al. Light-driven bimorph soft actuators: Design, fabrication, and properties. Mater Horizons, 2021, 8: 728-757.

[22] Cunha M P da, Debije M G, Schenning A P H J. Bioinspired light-driven soft robots based on liquid crystal polymers. Chem Soc Rev, 2020, 49: 6568-6578.

[23] Bisoyi H K, Li Q. Light-driven liquid crystalline materials: From photo-induced phase transitions and property modulations to applications. Chem Rev, 2016, 116: 15089-15166.

[24] Wu S, Hu W, Ze Q, et al. Multifunctional magnetic soft composites: A review. Multifunctional Materials, 2020, 3: 042003.

[25] Kim Y, Zhao X. Magnetic soft materials and robots. Chem Rev, 2022, 122: 5317-5364.

[26] Bira N, Dhagat P, Davidson J R. A review of magnetic elastomers and their role in soft robotics. Frontiers in Robotics and AI, 2020, 7.

[27] Murali N, Rainu S K, Singh N, et al. Advanced materials and processes for magnetically driven micro- and nano-machines for biomedical application. Biosens Bioelect, 2022, 11: 100206.

[28] Lin H, Zhang S, Xiao Y, et al. Organic molecule-driven polymeric actuators. Macromol Rapid Commun, 2019, 40: 1800896.

[29] Zhu X, Hu Y, Wu G, et al. Two-dimensional nanosheets-based soft electro-chemo-mechanical actuators: recent advances in design, construction, and applications. ACS Nano, 2021, 15: 9273-9298.

[30] Ma S, Zhang Y, Liang Y, et al. High-performance ionic-polymer-metal composite: Toward large-deformation fast-response artificial muscles. Adv Funct Mater, 2020, 30: 1908508.

[31] Wang T, Wang T, Weng C, et al. Engineering electrochemical actuators with large bending strain based on 3D-structure titanium carbide MXene composites. Nano Res, 2021, 14: 2277-2284.

[32] Foroughi J, Spinks G. Carbon nanotube and graphene fiber artificial muscles. Nanoscale Adv, 2019, 1: 4592-4614.

[33] Hyeon J S, Park J W, Baughman R H, et al. Electrochemical graphene/carbon nanotube yarn artificial muscles. Sens Actuators B Chem, 2019, 286: 237-242.

[34] Yu Y, Wang J, Han X, et al. Fiber-shaped soft actuators: Fabrication, actuation mechanism and application. Adv Fiber Mater, 2023, 5: 868-895.

[35] Wang Y, Qiao J, Wu K, et al. High-twist-pervaded electrochemical yarn muscles with ultralarge and fast contractile actuations. Materials Horizons, 2020, 7: 3043-3050.

[36] Tanjeem N, Minnis M B, Hayward R C, et al. Shape - changing particles: From materials design and mechanisms to implementation. Adv Mater, 2022, 34: 2105758.

[37] Weissmüller J. Adsorption-strain coupling at solid surfaces. Current Opinion in Chemical Engineering, 2019, 24: 45-53.

[38] Jin H, Wang X, Parida S, et al. Nanoporous Au-Pt alloys as large strain electrochemical actuators. Nano Lett, 2010, 10: 187-194.

[39] Viswanath R N, Kramer D, Weissmueller J. Adsorbate effects on the surface stress-charge response of platinum electrodes. Electrochimica Acta, 2008, 53: 2757-2767.

[40] Chhowalla M, Acerce M, Akdoğan E K. Metallic molybdenum disulfide nanosheet-based electrochemical actuators. Nature, 2017, 549: 370-373.

[41] Liu L, Wang C, Wu Z, et al. Ultralow-voltage-drivable artificial muscles based on a 3d structure MXene-PEDOT:PSS/AgNWs electrode. ACS Appl Mater Interfaces, 2022, 14: 18150-18158.

[42] Jung K, Nam J, Choi H. Investigations on actuation characteristics of IPMC artificial muscle actuator. Sens Actuator A Phys, 2003, 107: 183-192.

[43] Bufalo G D, Placidi L, Porfiri M. A mixture theory framework for modeling the mechanical actuation of ionic polymer metal composites. Smart Mater Struct, 2008, 17: 045010.

[44] Pelrine R, Kornbluh R, Pei Q, et al. High-speed electrically actuated elastomers with strain greater than 100%. Science, 2000, 287: 836-839.

[45] Pelrine R E, Kornbluh R D, Joseph J P. Electrostriction of polymer dielectrics with compliant electrodes as a means of actuation. Sens Actuator A Phys, 1998, 64: 77-85.

[46] Wissler M, Mazza E. Modeling of a pre-strained circular actuator made of dielectric elastomers. Sens Actuator A Phys, 2005, 120: 184-192.

[47] Zhu J, Cai S, Suo Z. Resonant behavior of a membrane of a dielectric elastomer. Int J Solids Struct, 2010, 47: 3254-3262.

[48] Plante J S, Dubowsky S. Large-scale failure modes of dielectric elastomer actuators. Int J Solids Struct, 2006, 43: 7727-7751.

[49] Suo Z. Theory of dielectric elastomers. Acta Mechanica Solida Sinica, 2010, 23: 549-578.

[50] Smits J G, Dalke S I, Cooney T K. The constituent equations of piezoelectric bimorphs. Sens Actuator A Phys, 1991, 28: 41-61.

[51] Hsueh C H, Lee S, Chuang T J. An alternative method of solving multilayer bending problems. J Appl Mech, 2003, 70: 151-154.

[52] Naguib M, Kurtoglu M, Presser V, et al. Two - dimensional nanocrystals produced by exfoliation of Ti_3AlC_2. Adv Mater, 2011, 23: 4248-4253.

[53] Pang D, Alhabeb M, Mu X, et al. Electrochemical actuators based on two-dimensional $Ti_3C_2T_x$ (MXene). Nano Lett, 2019, 19: 7443-7448.

[54] Wang T, Wang T, Weng C, et al. Engineering electrochemical actuators with large bending strain based on 3D-structure titanium carbide MXene composites. Nano Res, 2021, 14: 2277-2284.

[55] Liu L, Su L, Lu Y, et al. The origin of electrochemical actuation of MnO_2/Ni bilayer film derived by redox pseudocapacitive process. Adv Funct Mater, 2019, 29: 1806778.

[56] Rohtlaid K, Nguyen G T M, Ebrahimi-Takalloo S, et al. Asymmetric PEDOT:PSS trilayers as actuating and sensing linear artificial muscles. Adv Mater Technologies, 2021, 6: 2001063.

[57] Smela E, Kallenbach M, Holdenried J. Electrochemically driven polypyrrole bilayers for moving and positioning bulk micromachined silicon plates. J Microelectromech S, 1999, 8: 373-383.

[58] Smela E, Inganäs O, Lundström I. Controlled folding of micrometer-size structures. Science, 1995, 268: 1735-1738.

[59] Zhou D, Spinks G M, Wallace G G, et al. Solid state actuators based on polypyrrole and polymer-in-ionic liquid electrolytes. Electrochimica Acta, 2003, 48: 2355-2359.

[60] Shahinpoor M, Bar-Cohen Y, Xue T, et al. Some experimental results on ionic polymer-metal composites (IPMC) as biomimetic sensors and actuators. 5th Annual International Symposium on Smart Structures and Materials. San Diego, CA, 1998: 251.

[61] Akle B J, Bennett M D, Leo D J. High-strain ionomeric-ionic liquid electroactive actuators. Sens Actuator A Phys, 2006, 126: 173-181.

[62] Torop J, Sugino T, Asaka K, et al. Nanoporous carbide-derived carbon based actuators modified with gold foil: Prospect for fast response and low voltage applications. Sens Actuators B Chem, 2012, 161: 629-634.

[63] Palmre V, Lust E, Jänes A, et al. Electroactive polymer actuators with carbon aerogel electrodes. J Mater Chem C, 2011, 21: 2577-2583.

[64] Jung S Y, Ko S Y, Park J O, et al. Enhanced ionic polymer metal composite actuator with porous nafion membrane using zinc oxide particulate leaching method. Smart Mater Struct, 2015, 24: 037007.

[65] Khan A, Inamuddin, Jain R K, et al. Development of sulfonated poly(vinyl alcohol)/aluminium oxide/graphene based ionic polymer-metal composite (IPMC) actuator. Sens Actuator A Phys, 2018, 280: 114-124.

[66] Shankar R, Ghosh T K, Spontak R J. Dielectric elastomers as next-generation polymeric actuators. Soft matter, 2007, 3: 1116-1129.

[67] O' Halloran A, O' Malley F, McHugh P. A review on dielectric elastomer actuators, technology, applications, and challenges. J Appl Phys, 2008, 104: 071101.

[68] Shankar R, Ghosh T K, Spontak R J. Dielectric elastomers as next-generation polymeric actuators. Soft Matter, 2007, 3: 1116-1129.

[69] Pelrine R E, Kornbluh R D, Joseph J P. Electrostriction of polymer dielectrics with compliant electrodes as a means of actuation. Sens Actuator A Phys, 1998, 64: 77-85.

[70] Rosset S, Shea H R. Flexible and stretchable electrodes for dielectric elastomer actuators. Applied Physics A, 2013, 110: 281-307.

[71] Shigemune H, Sugano S, Nishitani J, et al. Dielectric elastomer actuators with carbon nanotube electrodes painted with a soft brush. Actuators, 2018, 7: 51.

[72] Low S H, Lau G K. Bi-axially crumpled silver thin-film electrodes for dielectric elastomer actuators. Smart Mater Struct, 2014, 23: 125021.

[73] Ong H Y, Shrestha M, Lau G K. Microscopically crumpled indium-tin-oxide thin films as compliant electrodes with tunable transmittance. Appl Phys Lett, 2015, 107(13): 132902.

[74] Horii T, Okada K, Fujie T. Ultra-thin and conformable electrodes composed of single-walled carbon nanotube networks for skin-contact dielectric elastomer actuators. Adv Electron Mater, 2023, 9: 2200165.

[75] Ji X, Liu X, Cacucciolo V, et al. An autonomous untethered fast soft robotic insect driven by low-voltage dielectric elastomer actuators. Sci Robot, 2019, 4: eaaz6451.

[76] Zhang W M, Yan H, Peng Z K, et al. Electrostatic pull-in instability in MEMS/NEMS: A review. Sens Actuator A Phys, 2014, 214: 187-218.

[77] Peng Z, Shi Y, Chen N, et al. Stable and high-strain dielectric elastomer actuators based on a carbon nanotube-polymer bilayer electrode. Adv Funct Mater, 2021, 31: 2008321.

[78] Kim S, Hsiao Y H, Lee Y, et al. Laser-assisted failure recovery for dielectric elastomer actuators in aerial robots. Sci Robot, 2023, 8.

[79] Keplinger C, Kaltenbrunner M, Arnold N, et al. Röntgen's electrode-free elastomer actuators without electromechanical pull-in instability. PNAS, 2010, 107: 4505-4510.

[80] Zhang Q M, Bharti V, Zhao X. Giant electrostriction and relaxor ferroelectric behavior in electron-

irradiated poly (vinylidene fluoride-trifluoroethylene) copolymer. Science, 1998, 280: 2101-2104.

[81] Choi S T, Kwon J O, Bauer F. Multilayered relaxor ferroelectric polymer actuators for low-voltage operation fabricated with an adhesion-mediated film transfer technique. Sens Actuator A Phys, 2013, 203: 282-290.

[82] Xiao P, Yi N, Zhang T, et al. Construction of a fish-like robot based on high performance graphene/pvdf bimorph actuation materials. Adv Sci, 2016, 3: 1500438.

[83] Wu Y, Yim J K, Liang J, et al. Insect-scale fast moving and ultrarobust soft robot. Sci Robot, 2019, 4: eaax1594.

[84] Dong G, Li S, Yao M, et al. Super-elastic ferroelectric single-crystal membrane with continuous electric dipole rotation. Science, 2019, 366: 475-479.

[85] Knick C R, Sharar D J, Wilson A A, et al. High frequency, low power, electrically actuated shape memory alloy MEMS bimorph thermal actuators. J Micromech Microeng, 2019, 29: 075005.

[86] Voit W, Ware T, Dasari R R, et al. High-strain shape-memory polymers. Adv Funct Mater, 2010, 20: 162-171.

[87] Orozco F, Kaveh M, Santosa D S, et al. Electroactive self-healing shape memory polymer composites based on diels-alder chemistry. ACS Appl Polym Mater, 2021, 3: 6147-6156.

[88] Wang X, Lan J, Wu P, et al. Liquid metal based electrical driven shape memory polymers. Polymer, 2021, 212: 123174.

[89] He Q, Wang Z, Wang Y, et al. Electrically controlled liquid crystal elastomer-based soft tubular actuator with multimodal actuation. Sci Adv, 2019, 5: eaax5746.

[90] Liu H, Tian H, Shao J, et al. An electrically actuated soft artificial muscle based on a high-performance flexible electrothermal film and liquid-crystal elastomer. ACS Appl Mater Interfaces, 2020, 12: 56338-56349.

[91] Taccola S, Greco F, Sinibaldi E, et al. Toward a new generation of electrically controllable hygromorphic soft actuators. Adv Mater, 2015, 27: 1668-1675.

[92] Muralter F, Greco F, Coclite A M. Applicability of vapor-deposited thermoresponsive hydrogel thin films in ultrafast humidity sensors/actuators. ACS Appl Polym Mater, 2019, 2: 1160-1168.

[93] Wu R, Kwan K W, Wang Y, et al. Air-working electrochemical actuator and ionic sensor based on manganese dioxide/gelatin-glycerol composites. Adv Mater Technologies, 2023, 8: 2202062.

[94] Chen Y, Zhao H, Mao J, et al. Controlled flight of a microrobot powered by soft artificial muscles. Nature, 2019, 575: 324-329.

[95] Agrawal A, Chen H, Kim H, et al. Electromechanically responsive liquid crystal elastomer nanocomposites for active cell culture. ACS Macro Lett, 2016, 5: 1386-1390.

[96] Damaraju S M, Shen Y, Elele E, et al. Three-dimensional piezoelectric fibrous scaffolds selectively promote mesenchymal stem cell differentiation. Biomaterials, 2017, 149: 51-62.

[97] Kim D U, Lee S, Chang S H. Dynamic cell culture device using electroactive polymer actuators with composite electrodes to transfer in-plane mechanical strain to cells. Int J Pr Eng Man-gt, 2021, 8: 969-980.

[98] Liu C, Xu H, Liang Y, et al. High water content electrically driven artificial muscles with large and stable deformation for soft robots. Chem Eng J, 2023, 472: 144700.

[99] Matsui T, Inose Y, Powell D A, et al. Electroactive tuning of double-layered metamaterials based on π-conjugated polymer actuators. Adv Opt Mater, 2016, 4: 135-140.

[100] Zhang W, Wang H, Wang H, et al. Structural multi-colour invisible inks with submicron 4D printing of shape memory polymers. Nat Commun, 2021, 12: 112.

作者简介

刘清坤，上海交通大学集成电路学院副教授，国家级青年人才，国家重点研发计划首席科学家，“功能材料与智能微系统”校企联合实验室主任。研究方向为集成微纳米机器人和智能纳米材料，以第一/通讯作者在*Nature*、*Nature Materials*、*Science Robotics*、*PNAS*等期刊发表多篇论文。入选上海市海外高层次人才、小米青年学者，担任中国微米纳米技术学会分会理事，*SmartBot*期刊青年编委。

刘景全，上海交通大学集成电路学院特聘教授，微米纳米加工技术全国重点实验室主任（上海交大部分），上海市优秀学术带头人、上海市曙光学者、教育部新世纪优秀人才。研究兴趣包括可穿戴/可植入柔性电子器件、MEMS脑机接口器件、极端环境智能微传感器以及微纳加工技术。主持国家自然科学基金重点项目、国家重大专项、国家重点研发计划和上海市重大项目等。获教育部自然科学一等奖、上海市发明一等奖等奖项。

第6章

热辐射光谱调控技术

吴小虎

热辐射调控是通过材料设计与结构优化选择性操纵热辐射光谱特性的关键技术，在能源、国防和热管理等领域具有重要应用价值。根据普朗克黑体辐射定律，传统材料的热辐射光谱通常呈现宽带连续分布，难以满足特定场景对光谱精细调控的需求。近年来，随着超材料、光子晶体及微纳结构的发展，热辐射光谱的定向调控取得了显著进展。本章围绕热辐射调控的核心应用展开综述：

① 红外隐身通过抑制中远红外波段辐射实现目标与背景的热信号融合；

② 辐射制冷利用大气透明窗口增强热辐射以实现无耗能降温；

③ 太阳能吸收器通过宽频太阳光吸收与低热辐射损耗提升光热转换效率。

这些研究为热辐射的主动设计与应用提供了新思路。

6.1 光谱选择性红外隐身

根据斯忒藩-玻耳兹曼定律，物体的单位面积向半球空间发射的总辐射功率M可以通过下式计算[1]：

$$M=\varepsilon\sigma T^4 \tag{6-1}$$

式中，ε为物体的红外发射率；σ为玻尔兹曼常量；T为物体表面的绝对温度。由式（6-1）可知，物体在红外波段的辐射强度受其表面的发射率（ε）的影响，并与物体表面的绝对温度（T）的四次方成正比。

因此，选用低发射率材料可以显著减少目标的红外辐射能量，从而实现红外隐身的目的。然而，传统低发射率材料通常在整个红外波段内均表现出较低的发射率，虽然能够有效抑制红外信号，但却阻碍了热量的有效释放，导致目标温度升高，从而严重影响其热隐身性能。相比之下，光谱选择性红外隐身材料能够根据波长灵活调控发射率特性，实现对热管理与红外隐身性能的协同优化。理想的光谱选择性材料应在大气窗口（3 ～ 5μm和8 ～ 14μm）内具有低发射率，以降低可被探测到的红外信号，同时在非大气窗口（5 ～ 8μm）内具有高发射率，以增强辐射散热能力[2]。如图6-1所示，这类材料的理想发射率曲线兼顾了红外隐身与热调控需求，为高温目标提供了更加高效且可行的隐身方案。

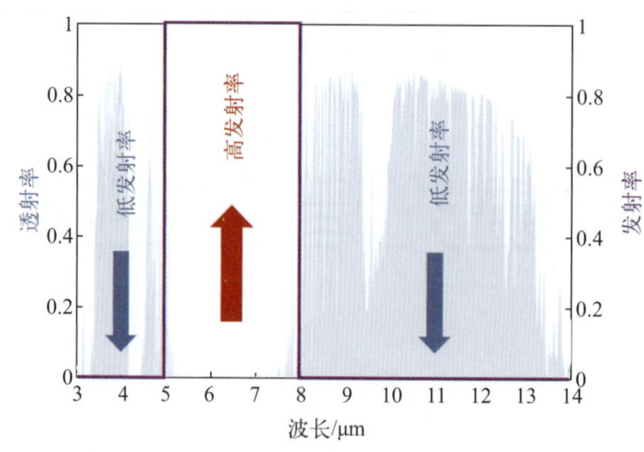

图6-1　理想光谱选择性红外隐身材料的发射率曲线

为了实现上述理想的发射率调控曲线，材料结构设计尤为关键。目前，研究主要集中在通过精确构建微纳结构来实现光谱选择性的红外发射率调控。其中，多层平板结构和超材料结构因其各自独特的调控机制和优异的性能表现，成为光谱选择性红外隐身材料设计的两大主流路径。前者依靠光学干涉效应实现对特定波段的反射与发射控制，后者则通过人工设计的亚波长结构实现对电磁波的共振调控。以下将分别介绍这两类结构在红外隐身领域的研究进展与典型应用。

Zhang等[3]通过磁控溅射沉积，成功制备了一种一维Ge-ZnS光子晶体，其结构示意图以及发射率曲线如图6-2（a）所示。实验结果显示，在3 ～ 5μm和8 ～ 14μm大气窗口内的平均发射率分别为0.046和0.19，而在非大气窗口内的发射率为0.579。进一步，Deng等[4]采用电子束蒸发技术成功制备Ge-ZnS光子晶体，如图6-2（b）所示，实验测得3 ～ 5μm波段内发射率为0.043，8 ～ 14μm波段内发射率为0.093，随后在顶部沉积YbF_3-ZnS-Ge-ZnS薄膜，使材料在可见波段的反射率降低到了2.67%。Zhang等[5]采用ZnSe-Ge设计了一种具有高反射波段和特定可见外观的多层膜。在3 ～ 5μm和8 ～ 14μm波段内具有较高的平均反射率。基于薄膜干涉理论，Zhang等[6]进一步采用ZnSe-Ge叠层结构设计并制备了多色隐身薄膜。该薄膜在红外波段表现出优异的选择性反射特性，其3 ～ 5μm和8 ～ 14μm波段的平均反射率分别达到94.3%和85.5%，同时通过结构色调控实现了可见光隐身效果，进一步实现红外隐身与可见光隐身的一体化兼容。Peng等[7]提出了一种基于四层Fabry-Perot（F-P）腔的创新结构，如图6-2（c）所示，该结构由保护层Ge、超薄金属Ag、介质层Ge和反射层Ag组成。实验结果表明，该结构在3 ～ 5μm和8 ～ 14μm波段的发射率分别低至0.18和0.31，而在5 ～ 8μm波段则高达0.82，有效实现了光谱选择性辐射的红外隐身功能。Qin等[8]通过七层膜结构（Al_2O_3-Ge-Al_2O_3-Ge-ZnS-GST-Ni）调控光谱，实现可见光/近红外低反射，并在短波红外/中波红外/长波红外波段，通过光子带隙和材料低损耗特性，实现低发射率（0.270/0.042/0.218）。此外，该结构还实现了2.5 ～ 3μm和5 ～ 8μm的双波段辐射散热，如图6-2（d）所示。

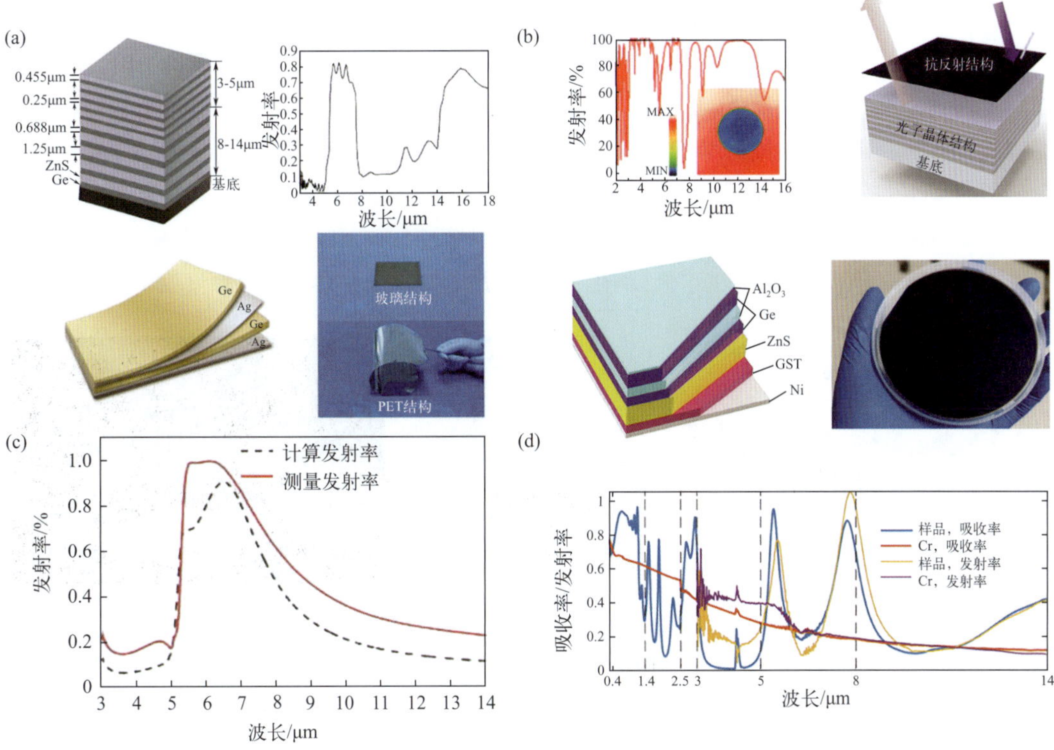

图6-2　多层平板光谱选择性红外隐身技术

（a）Ge/ZnS光子晶体结构示意图以及发射率曲线；（b）YbF_3-ZnS-Ge-ZnS减反射层和Ge-ZnS光子晶体堆叠实现低红外发射和可见光高吸收；（c）超薄金属Ag与Ge构成F-P腔结构；（d）全红外波段隐身双波段散热多层膜结构

光子晶体与多层膜结构，通过薄膜干涉、表面等离激元共振等物理机制，可以实现红外大气窗口的低发射率调控与非大气窗口的高效散热，部分研究还兼顾可见光隐身。但结构设计依赖复杂制备工艺（如电子束光刻、磁控溅射），且部分结构层数较多，高温下易剥落，多波段协同调控的普适性与规模化制备能力有待提升，且对复杂环境下的稳定性验证尚不充分。

Xu等[9]通过在同一结构单元中设计四个不同宽度的金贴片作为电偶极子共振单元，激发特定波长的电磁共振。在3 ～ 5μm和8 ～ 14μm波段，结构发射率$\varepsilon<0.06$，抑制红外探测。在5.5 ～ 7.6μm波段，金贴片与介质层激发强共振，发射率大于0.8，通过热辐射实现被动冷却。如图6-3（a）所示，Pan等[10]在金膜上沉积了一层220nm厚的GST薄膜，实现了3 ～ 5μm和8 ～ 14μm内小于0.33的低发射率和5 ～ 8μm内约0.77的高发射率。并通过Si层厚度可调控结构色。Kim等[11]利用各种材料在不同波段的不同光学特性成功减少分层结构的层数。设计了Al圆盘-Ge-Ag反射层的结构，如图6-3（b）所示。在1.06μm处吸收率大于92%，显著降低了激光反射信号。并保持较低的红外发射率，通过改变圆盘半径及填充因子，可生成红、绿、蓝等颜色。如图6-3（c）所示，Kim等[12]将选择性红外隐身材料与微波吸波材料相结合，该结构在5 ～ 8μm波段的发射功率比Au表面高1570%（370K时），有效降低热负载；在可探

测红外波段，发射率小于0.2。在8～12GHz频段内，该结构能有效降低目标的微波特征信号，实现对微波的高效抑制，提升隐身效果。如图6-3（d）所示，Lee等[13]分层组装PI基底、离散金底层、氮化硅介电层与Au方环图案、PDMS介电层和铝底层，在大气窗口波段平均发射率0.22；在5～8μm非探测窗口，发射率为0.37，进一步通过优化微波吸收器结构，微波吸收波段可达到2～12GHz。此外，Liu等[14]将编码超表面引入近红外波段，提出机器学习驱动的逆向设计方法，构建双波段隐身超材料，实现激光散射抑制与红外热辐射调控的协同优化［图6-3（e）］。通过Ge-AZO界面的表面等离激元共振实现5～8μm宽带吸收，增强辐射散热，降低物体表观温度；大气窗口（3～5μm和8～14μm）发射率<0.1，抑制红外探测信号。图6-3（f）展示了一种用于红外隐身的半金属-电介质-金属超材料发射体，其总厚度仅545nm，由Bi

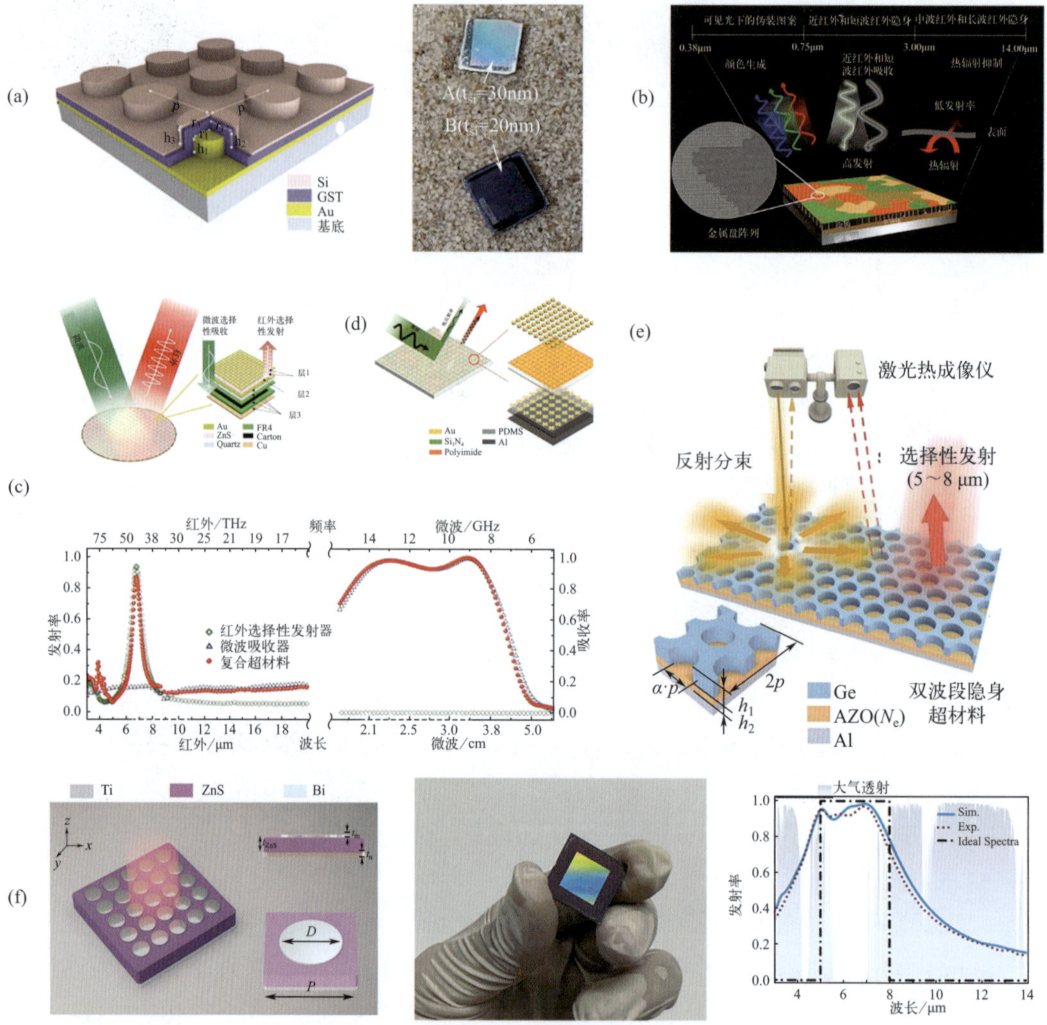

图6-3　超材料光谱选择性红外隐身技术

（a）Si-GST-Au结构实现结构色和热红外低发射率；（b）实现可见-近红外-热红外兼容性伪装的Al圆盘-Ge-Ag反射层超材料结构示意图；（c）选择性红外隐身材料与微波吸波材料结合示意图以及光谱发射率；（d）选择性红外隐身材料与微波吸波材料结合优化结构示意图；（e）热红外探测波段低发射率与5～8μm波段的辐射散热；（f）半金属-电介质-金属超材料结构示意图与光谱发射率

微盘阵列、ZnS电介质层和Ti金属层组成[15]。该结构在5～8μm非大气透明窗口实现平均0.91的高发射率，在中波（3～5μm）和长波（8～14μm）大气透明窗口的发射率分别为0.72和0.34。实验表明，其辐射温度和实际温度均低于对比样品，展现出高效能量耗散能力和热稳定性，具有结构简单、成本低、角度不敏感等优势，在军事伪装、红外防伪等领域有应用潜力。

上述研究通过设计复合结构，利用电磁共振、薄膜干涉等机制，在红外大气窗口（3～5μm、8～14μm）实现低发射率，同时在非探测窗口通过高发射率实现辐射散热，并通过结构色调控或微波吸收器集成，兼顾可见光隐身或微波抑制。优势在于多物理机制协同调控多波段响应，但不足在于结构复杂度较高，跨尺度制备工艺（如纳米光刻与微米级组装）的兼容性及环境适应性（如温度、机械形变）仍需优化。

综上所述，光谱选择性红外隐身作为热辐射光谱调控的重要应用方向，体现了通过精确设计材料在特定波段的发射率，实现功能化热辐射控制的核心思想。该技术不仅在抑制目标红外特征、提升隐身性能方面展现出显著优势，同时也突出了热辐射光谱调控在实际工程应用中的潜力与价值。当前主流的多层结构与超材料结构在实现大气窗口低发射率与非大气窗口高发射率方面取得了积极进展，表明热辐射光谱调控策略已具备较强的工程适配性。未来，结合新型材料体系与微纳结构优化，进一步提升调控精度、环境稳定性与制备可行性，将是推动该方向持续发展的关键。

6.2 辐射制冷

辐射冷却技术作为热辐射光谱调控的一种重要表现形式，无需额外能量输入，具有被动、高效的特点。根据热力学第二定律，该技术依赖材料在大气透明窗口（8～13μm）波段内的高发射率特性，使物体能够将热量以辐射形式自发地释放至温度极低（约3K）的外太空，从而实现显著的冷却效果[16-18]。为了实现有效的辐射冷却，材料需同时满足两个光谱调控条件：一方面，在大气透明窗口范围内应具备高热发射率，以增强热量向外太空的辐射能力，从而降低表面温度；另一方面，在太阳光谱范围（0.3～2.5μm）内应具备高反射率，有效阻止太阳能吸收，避免热量积累。理想的辐射冷却材料应具备如图6-4所示的光谱选择性发射特性，以实现对入射和出射辐射能的协同调控，最大化净冷却能力。

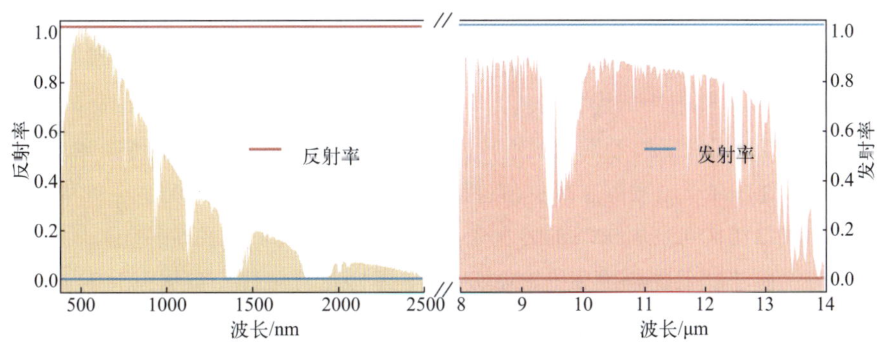

图6-4 实现辐射制冷技术的理想发射谱线

系统的辐射制冷效果与表面发射率特性有关，其净功率可表示为[19]

$$P_{cool}=P_{emit}-P_{atm}-P_{sun}-P_{nonrad} \tag{6-2}$$

$$P_{emit}(T_s)=A\int\cos\theta \mathrm{d}\Omega\int_0^{\infty}I_{BB}(T_s,\lambda)\varepsilon(\lambda,\theta)\mathrm{d}\lambda \tag{6-3}$$

$$P_{atm}(T_{amb})=A\int\cos\theta \mathrm{d}\Omega\int_0^{\infty}I_{BB}(T_{amb},\lambda)\varepsilon_{amb}(\lambda,\theta)\varepsilon(\lambda,\theta)\mathrm{d}\lambda \tag{6-4}$$

$$P_{sun}(T)=A\cos\theta_{sun}\int_0^{\infty}I_{sun}(\lambda)\varepsilon(\lambda,\theta_{sun})\mathrm{d}\lambda \tag{6-5}$$

$$P_c=Ah(T_{amb}-T) \tag{6-6}$$

式中，P_{emit}（T_s）为辐射体对外辐射的输出功率；A为辐射体面积；T_s为表面温度；ε（λ，θ）为物体在波长λ、出射角θ时的发射率；I_{BB}（T_s，λ）为温度T_s的黑体的辐射出射度；P_{atm}（T_{amb}）为辐射体接收来自大气的辐射功率；T_{amb}为大气温度；ε_{amb}（λ，θ）为大气发射率；P_{sun}（T）为接收太阳辐射功率；I_{sun}（λ）为选用AM1.5的太阳辐照度；P_c为与外界环境热对流与传导功率；h为传热系数。

为了实现高效的辐射制冷，研究者们在材料设计与性能优化方面开展了大量探索。特别是在如何提高材料在大气透射窗口内的发射率、抑制太阳辐射吸收，以及提升实际应用环境下的稳定性与适应性方面，取得了显著进展。目前的研究主要集中在单一功能型材料与多功能复合型材料两大方向：前者强调高选择性红外辐射性能，以实现高冷却效率；后者则在此基础上进一步集成了机械柔性、光调控、热响应、自清洁等多种功能，拓展了辐射制冷技术在可穿戴设备、智能建筑及空间热控等领域的应用潜力。

Rephaeli等[20]设计了首个能在白天实现高效辐射制冷的金属-介质光子结构，如图6-5（a）所示，其通过宽带太阳能反射层（吸收仅3.5%的太阳辐射）与中红外大气窗口（8～13μm）高发射率光子晶体层的集成设计，在环境温度下实现超100W/m²的净制冷功率，且在非理想大气条件和热对流/传导交换下仍有效，为被动式日间制冷提供了新方向。Raman等[21]通过七层HfO_2和SiO_2组成的光子结构，实现了在直射阳光下温度比环境空气低4.9℃的被动辐射冷却效果。图6-5（b）展示了该结构示意图与红外发射率曲线，该结构能反射97%的入射阳光，并在大气透明窗口（8～13μm）内高效选择性散热，冷却功率达40.1W/m²。如图6-5（c）所示，Hossain等[22]提出了一种圆锥型超材料发射器，通过交替铝和锗层构成的七周期金属-介质结构，实现了8～13μm大气透明窗口内的平均发射率超过0.9。实验表明，该结构在环境温度下冷却功率达116.6W/m²，夜间可降温12.2℃，白天结合太阳能反射器（3%吸收）可降温9℃，为高效被动辐射冷却提供了新方案。Zou等[23]设计了一种金属负载介质谐振器超表面，通过掺杂硅与银层构成的矩形谐振器阵列，在8～13μm大气窗口实现宽角度宽带热辐射[图6-5（d）]。通过等离子蒸发等工艺制备该结构，实验证明夜间冷却功率达96W/m²，可降温10.29℃，在白天该结构可反射90%的可见光，降温可达21.12℃。图6-5（e）展示了Liu等[24]基于多级溶剂置换法制备的梯度多孔PMMA超薄膜与光谱曲线，实现99%的太阳反射率和97%的中红外发射率。实验显示，该材料在24h连续测试中平均降温4.6℃，峰值降温8.2℃，冷却功率达90W/m²。

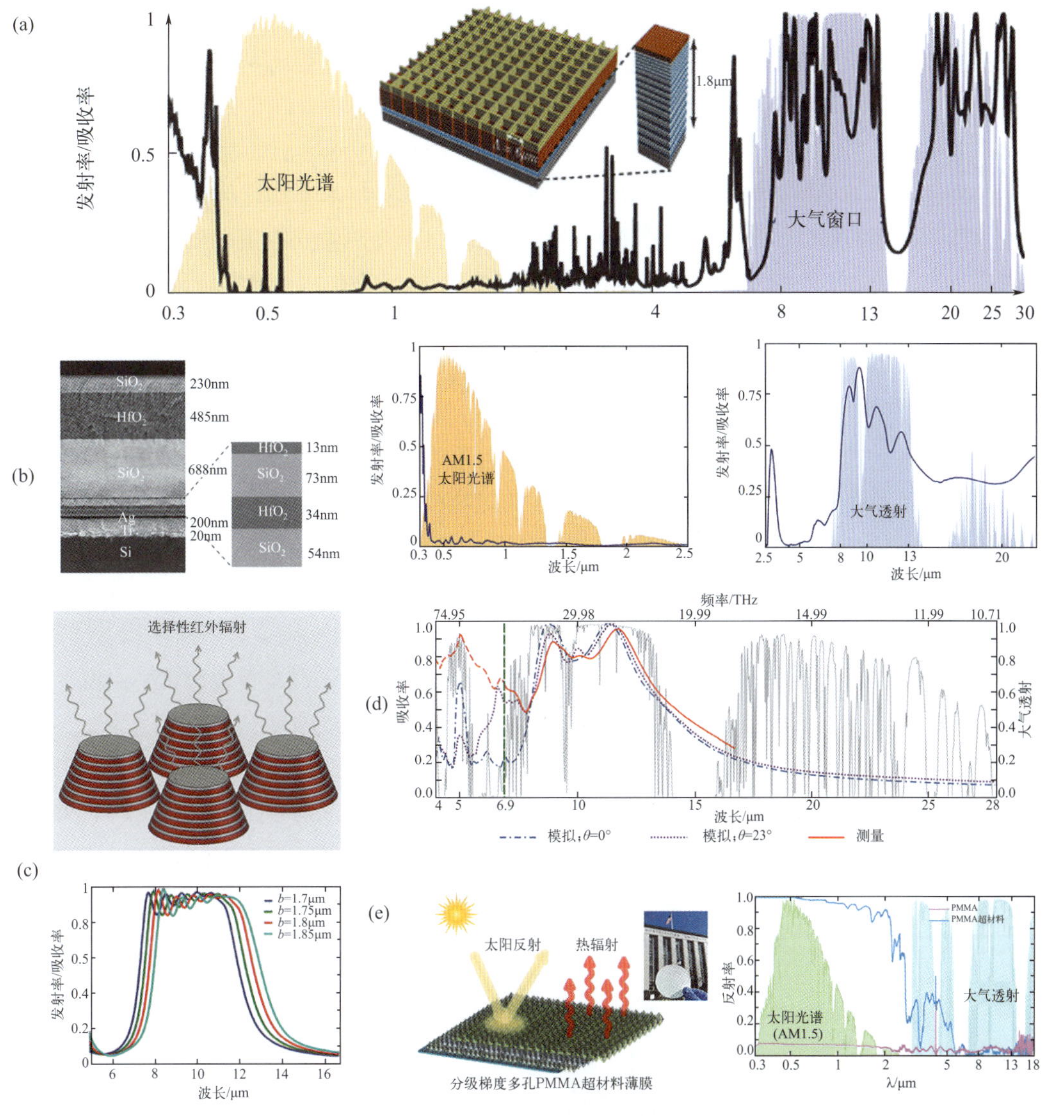

图6-5　单一功能辐射制冷材料

（a）日间辐射制冷器结构示意图及日间辐射制冷器的发射率；（b）多层光子晶体辐射制冷材料结构示意图及红外发射率曲线；（c）圆锥形超材料辐射制冷材料结构示意图及选择性发射率光谱；（d）金属超材料发射率光谱；（e）多孔 PMMA 超薄膜与光谱曲线

如图6-6（a）所示，Wu等[25]利用飞秒激光烧蚀技术在聚四氟乙烯（PTFE）表面构建珊瑚状分级多孔结构，具有高太阳反射率减少热吸收，8～14μm高发射率促进辐射制冷。此外，实验证明牛奶/咖啡/甘油液滴无残留，且水滴可以卷走表面积灰，证明其兼具自清洁功能和被动冷却性能。Meng等[26]通过静电纺丝与静电喷涂技术制备了一种分级超疏水氟化SiO_2/PVDF-HFP纳米纤维膜，实现97.8%的太阳反射率和96.6%的大气窗口发射率［图6-6（b）］。在户外测试中实现白天降温11.5℃、夜间降温4.1℃，兼具自清洁、机械稳定性和化学耐久性。Huang等[27]开发了聚合物基微光子多功能超材料，通过微金字塔表面结构集成光漫射、辐射冷却和自清洁功能。户外测试中温度比环境低6℃。此外，图6-6（c）展示了水流可快速清除表面灰尘，接触角保持152°，夜间结露形成水滴，清除污染物，适用于建筑透明屋顶与墙面，兼具节能、降温和减少维护的优势。Tang等[28]设计了一种温度自适应辐射涂层，如图6-6（d）所示，基于钨掺杂二氧化钒的金属-绝缘体相变特性，在低于15℃、大气窗口发射率为0.20时用于保温，高于30℃、发射率为0.90时用于辐射制冷，兼具机械柔性与自适应性，为建筑全年热管理提供了新方案。此外，Liu等[29]提出基于二氧化钒的光谱自适应宽带发射器。如图6-6（e）所示，通过其相变特性实现白天光热模式收集太阳能、夜间辐射冷却模式散热。VO_2层的相变使器件实现中红外发射率从0.21到0.75的调制，最大功率达58W/m²。该涂层在航天器热管理、红外伪装等领域具应用潜力。图6-6（f）展示了Wang等[30]基于VO_2设计的一种可扩展热致变色智能窗，通过溶液工艺制备。利用VO_2及其掺杂材料的相变特性，实现了长波红外发射率的动态调节（高温时发射率为0.61，低温时发射率为0.21），同时保持可见光透明和近红外调制能力（夏季反射太阳光，冬季透过太阳光）。通过F-P谐振腔结构实现被动辐射冷却调节，在不同气候区的能耗模拟中表现出优于商用低辐射玻璃的节能效果，有望降低建筑供暖和制冷的碳排放。图6-6（g）展示了一种多层超材料织物，通过随机分散散射体的分层设计，实现了在太阳光谱内92.4%的高反射率和大气窗口（8～13μm）内94.5%的高发射率，可通过工业纺织路线规模化生产，兼具机械强度、防水性和透气性[31]。实际测试表明，人体覆盖该织物时温度比商用棉织物低约4.8℃，汽车模型测试中，内部温度比无覆盖低30℃，24h持续冷却温差≥2℃。

辐射制冷材料可分为单一功能和多功能两类。单一功能辐射制冷材料主要通过优化红外辐射特性来实现高效冷却，如金属超材料、半导体材料和光子晶体，重点提升制冷效果。多功能辐射制冷材料则在实现辐射制冷的同时，还具备其他附加功能，如光电转换、抗紫外线、抗污染等，常见于人工超材料、复合涂层和纳米结构材料，适用于更广泛的应用场景，如太阳能电池、建筑节能窗和航天器热管理系统等方面。

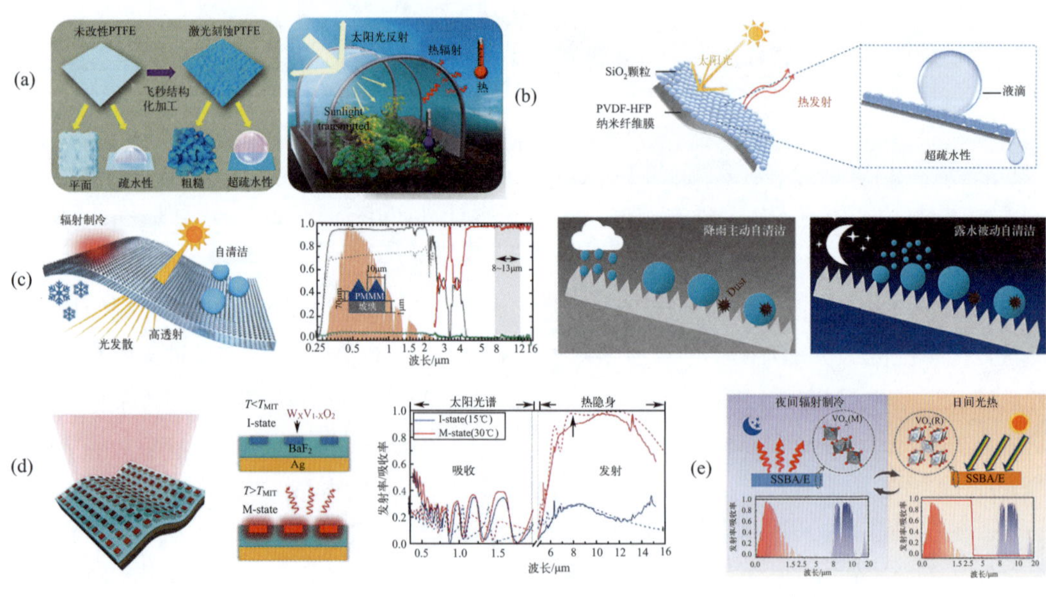

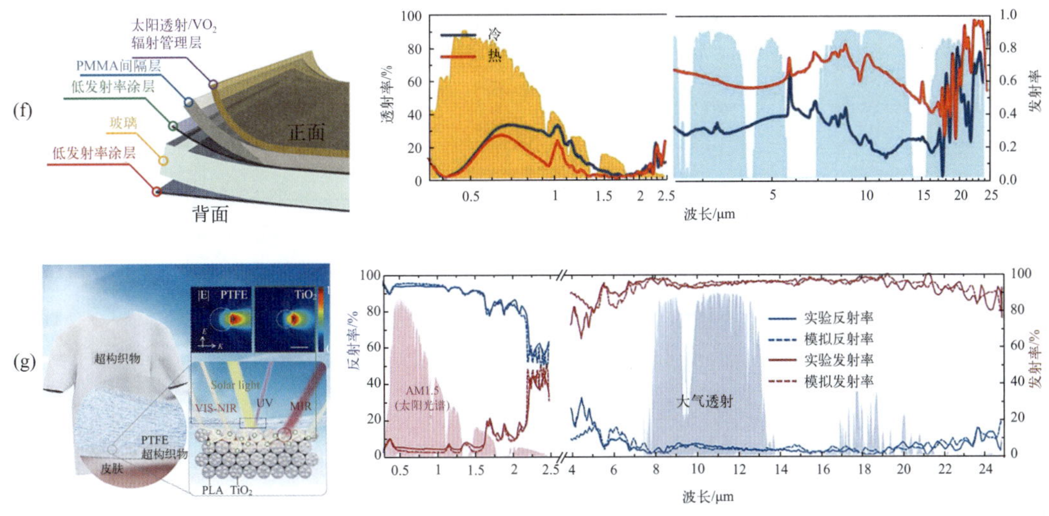

图 6-6 多功能辐射制冷材料

（a）超疏水聚四氟乙烯（PTFE）薄膜；（b）分级超疏水氟化 SiO_2/PVDF-HFP 纳米纤维膜；（c）具有多种功能集成的金字塔形超材料及自清洁特性；（d）基于钨掺杂二氧化钒的超材料及光谱；（e）白天光热模式收集太阳能、夜间辐射冷却模式散热；（f）可扩展热致变色智能窗及红外发射光谱；（g）辐射制冷织物及光谱发射率

6.3 太阳能吸收器

能源是人类经济社会发展的基础支撑，长期以来一直作为国民经济的核心物质基础。鉴于传统能源资源的有限性，降低对其依赖程度已成为全球关注的重点，因此清洁能源的研发与应用已成为当前社会发展的重要研究方向。太阳能作为一种可再生能源，具有广泛的应用前景，涵盖了住宅与商业建筑的日常供电、交通工具的动力驱动，甚至在太空探索与国防等领域中亦有实际应用。作为太阳能利用系统的关键组成部分，太阳能吸收器在实现高效能量转化的过程中扮演着至关重要的角色，因此，针对这一部件的研究具有深远的现实意义。

超材料凭借其优异的尺寸紧凑性、轻量化特性及高度可定制的功能性，在系统集成方面展现出显著优势，吸引了大量学者的关注。通过设计不同几何构型的超材料结构，研究者能够激发表面等离子激元（SP）效应，利用这一效应有效地实现强能量吸收，进而推动太阳能吸收器的性能提升。太阳能吸收器的主要目标是实现对太阳辐射光谱中能量分布集中的特定波段范围内的宽带高效吸收。通过精确调控微纳尺度超材料的形状、尺寸及其他结构参数，研究人员能够设计出针对可见光波段、可见光-近红外波段，甚至覆盖近全光谱的超材料太阳能吸收器，从而进一步提升太阳能吸收效率与系统性能。

图6-7（a）展示了Zhu等[32]提出的一种基于Cu-Si_3N_4-Cu的纳米结构宽带吸收器，在可见光波段可实现高效吸收。实验设计了两种结构，分别为：结构Ⅰ（顶部Cu光栅）在400～600nm平均吸收率超80%，结构Ⅱ（顶部+底部Cu光栅）将吸收范围扩展至400～700nm，平均吸收率超80%。如图6-7（b）所示，Gao等[33]设计了一种SiO_2-TiN-SiO_2-TiN四层结构的宽带完美吸收器，厚度仅325nm，可在可见光波段（400～800nm）实现平

均99.52%的吸收率，最高达99.98%（620nm），最低为97.18%（400nm）。其性能源于传播表面等离子体共振、局域表面等离子体共振和F-P共振的共同作用，具有高耐火性（TiN熔点2950℃）、偏振无关、大入射角不敏感和制备简单等优势，适用于太阳能电池和光热转换设备。如图6-7（c）所示，Luo等[34]开发了一种结构简单、成本低廉且适用于大规模生产的可见光太阳能吸收器，满足高性能吸收需求。该吸收器在整个可见光波段表现出与偏振无关的强吸收行为，平均吸收率超过90%，在500～560nm波长范围内实现了近完美吸收（超过99%）；当入射角为60°时，吸收率仍保持在80%以上。图6-7（d）展示了一种高效低成本的太阳能吸收器结构及可见光波段光谱曲线图。Berka等[35]设计出一种基于镍和二氧化硅的三层超材料太阳能吸收器，顶部采用对称纳米谐振器结构（外环方形、内环包围五个圆形）。通过有限元法模拟表明，该吸收器在可见光波段实现平均95.82%的吸收率，峰值吸收率达99.86%和99.91%，且对偏振角度不敏感，在横电（TE）和横磁（TM）模式下均能承受60°斜入射，兼具结构紧凑、低成本等优势，可大规模应用于太阳能吸收器。

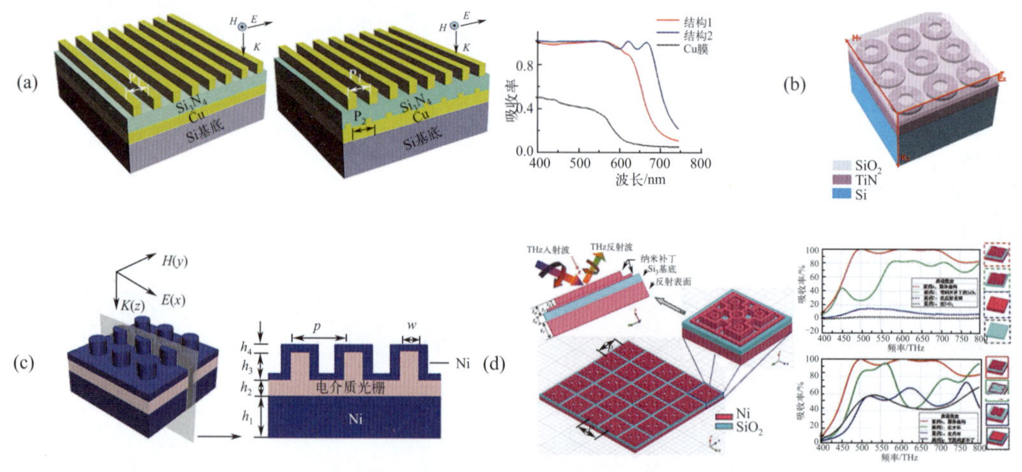

图6-7　可见光太阳能吸收器

（a）Cu-Si_3N_4-Cu纳米结构宽带吸收器及可见光波段发射率光谱；（b）SiO_2-TiN-SiO_2-TiN四层结构的宽带完美吸收器；（c）电介质圆柱体周期阵列夹在镍之间构成的新型超材料吸收体；（d）高效低成本太阳能吸收器结构示意图及光谱曲线

如图6-8（a）所示，Zheng等[36]提出了一种由周期性纳米盘组合阵列与TiO_2薄膜构成的高效超宽带太阳能吸收-发射器件，其吸收带宽达1869nm，200～2600nm波段平均吸收率为93.77%，在1500K时热发射效率达92.83%，且具有偏振不敏感、抗入射角干扰等特性，在热光伏、高温光电子等领域具有应用潜力。如图6-8（b）所示，Jiao等[37]通过时域有限差分法设计了一种超宽带广角吸收器，其结构由底层金属钨、中间介电层三氧化二铝和顶部周期性对称椭圆阵列钛纳米盘组成。优化结果显示，在500～1800nm波长范围内平均吸收率达94%，1200nm处吸收率可达100%，吸收带宽为1300nm。0°～60°入射时吸收率始终大于90%，适配更广角度入射场景。如图6-8（c）所示，Zhou等[38]设计了一种基于Si_3N_4-Ti-Si_3N_4-Ti四层结构的超宽带超材料完美太阳能吸收器，其核心为带X型腔的钛纳米盘阵列。该吸收器在400～2500nm波段可实现97.6%的平均吸收率。此外，它具有偏振无关、大入射角不敏感和高制造误差容忍度等优势，在太阳能吸收器领域具有重要应用潜力。如图6-8（d）所示，Sun等[39]提出一种基于TiN超材料的太阳能吸收器，其结构由TiN反射层、SiO_2绝缘层和TiN环形阵列组成。在300～2500nm光谱范围内，平均吸收率达97.6%，AM1.5光谱下吸收能量占比95.8%。高吸收性能源于表面等离激元共振（SPR）、导模共振（GMR）和腔共振（CR）的耦合效应，且器件在几何公差范围内保持性能，具备实际应用潜力。进一步，如图6-8（e）所示，Zhang等[40]在此基础上提出一种基于TiN超材料的广角、宽带、偏振不敏感太阳能吸收器，在300～2500nm波长范围内平均光谱吸收率高达97.5%，通过优化结构参数，验证了TiN材料在高温和复杂电磁环境下的稳定性，为太阳能热光伏和热转换系统设计提供了新思路。图6-8（f）展示了一种基于π形TiN顶层设计的TiN-Si_3N_4-Ti结构的超宽带热稳定太阳能吸收器[41]，其在200～2500nm光谱范围内平均吸收率达97.69%，AM1.5条件下光谱吸收效率为96%，且具备60°角度不敏感和偏振不敏感特性，为低成本耐高温材料的应用，以及太阳能吸收器提供了新方案。

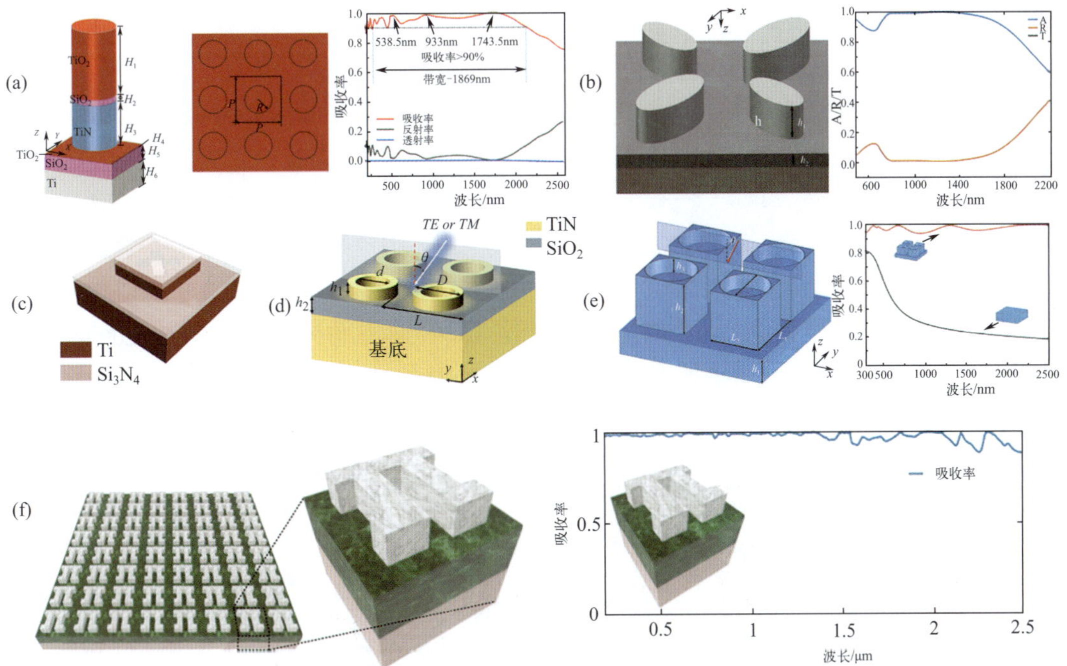

图6-8 可见光－近红外太阳能吸收器

（a）超宽带太阳能吸收-发射器件结构示意图及发射光谱；（b）超宽带广角吸收器结构示意图及发射光谱；（c）超宽带完美太阳能吸收器结构示意图；（d）基于TiN的超材料太阳能吸收器结构示意图；（e）基于TiN的太阳能吸收器结构示意图及光谱发射率；（f）基于π形TiN顶层设计的TiN-Si_3N_4-Ti结构的超宽带热稳定太阳能吸收器

如图6-9（a）所示，Liu等[42]提出了一种纳米薄膜谐振器的全光谱太阳能吸收器设计。通过等离子体共振与难熔金属本征宽带光谱响应的协同效应，实现了98%以上的全光谱太阳能吸收率（波长范围280～4000nm）。如图6-9（b）所示，Liu等[43]进一步设计了一种600nm厚的难熔金属棱柱体结构，通过多层Ti-SiO_2的多共振行为与材料本征宽带模式协同作用，在280～4000nm全太阳光谱范围内实现了99.66%的吸收率。结构具有角度不敏感性和高温稳定性，可替换半导体层用于光电器件，在热光伏、光热技术等领域有广泛应用。图6-9（c）展示了Wang等[44]设计的一种由Ti、Si和SiO_2组成的三层结构太阳能吸收器及其光谱发射率，通过阻抗匹配理论和坡印廷矢量分析，实现了超宽带全光谱高效吸收。在400～3000nm范围内平均吸收率达98.7%，AM1.5光源下加权平均吸收率为97.6%，且具有耐高温、偏振无关和大角度入射稳定性（60°时平均吸收率为93%）等特性，可应用于太阳能热收集、热电转换和热发射体等领域。如图6-9（d）所示，Li等[45]设计了一种堆叠圆孔盘吸收器，实现了0.25～4μm全光谱超宽带吸收。在3450nm光谱范围内平均吸收率达97.5%，可见光波段平均吸收率超99%，与AM1.5标准太阳光谱高度吻合。如图6-9（e）所示，Haque等[46]设计了一种基于氮化钛（TiN）的超宽带超表面吸收体，用于太阳能热光伏电池在可见光至近红外区域的应用。该吸收体在200～1733.5nm范围内吸收率超90%，在719.7～1371nm范围内近完美吸收（超99.5%），同时兼具选择性辐射功能，作为超表面发射器在1900K时光热转换效率达80%。TiN材料的耐高温、抗氧化及CMOS兼容性克服了传统贵金属的局限性，结构采用十二边形棱柱和多层介质设计，通过优化几何参数提升性能，为高效稳定的STPV系统提供了新方案。如图6-9（f）所示，Almawgani等[47]研究了基于CNT-TiC复合材料的超宽带盘状谐振器太阳能吸收结构，其在200～3000nm光谱范围内平均吸收率达97.35%，最高吸收率达99.89%，在紫外、可见光、近红外和中红外区域的吸收率分别为97.06%、97.81%、97.36%、97.26%。该结构结合TiC活性层、CNT抗反射层及TiO_2-SiC谐振器，具备偏振不敏感和高效能量转换特性，可应用于太阳能加热、感应及空间辐射屏蔽等领域。如图6-9（g）所示，Zheng等[48]提出了一种基于三层TiN-Si_3N_4纳米盘阵列堆叠在W衬底上的高效太阳能吸收器与热发射器。在280～4000nm全波段平均吸收率达91.5%，AM1.5加权平均吸收率高达99%，吸收率超90%的带宽达2929nm，平均吸收率为97.4%。作为热发射器时，2000K下热辐射效率达94.8%，结构具有偏振无关、入射角不敏感（入射角60°时吸收率仍超80%）等优势，兼顾耐高温与低成本特性，为太阳能利用和热辐射领域提供了新方案。

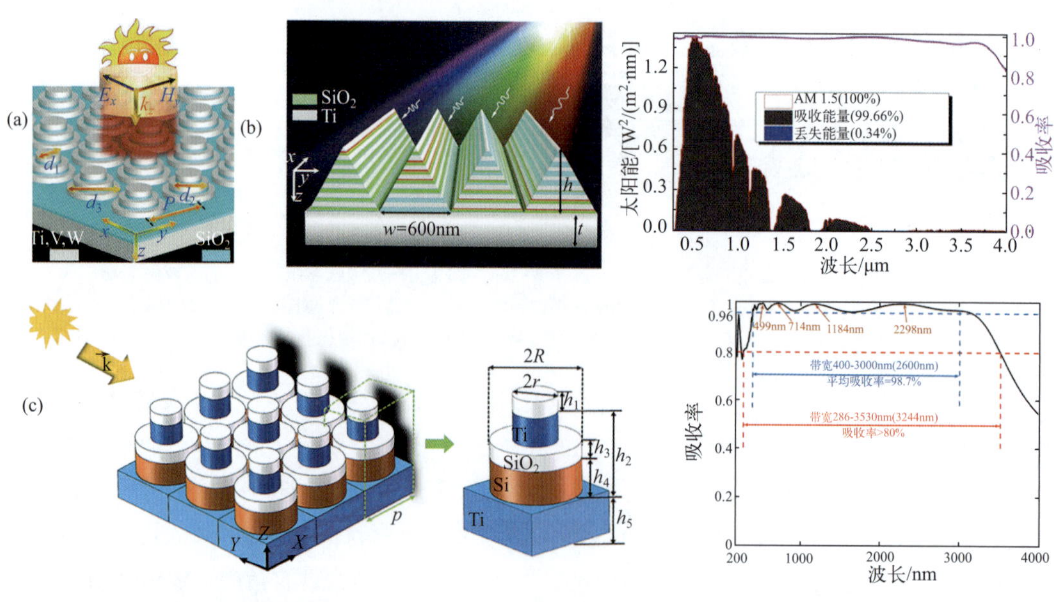

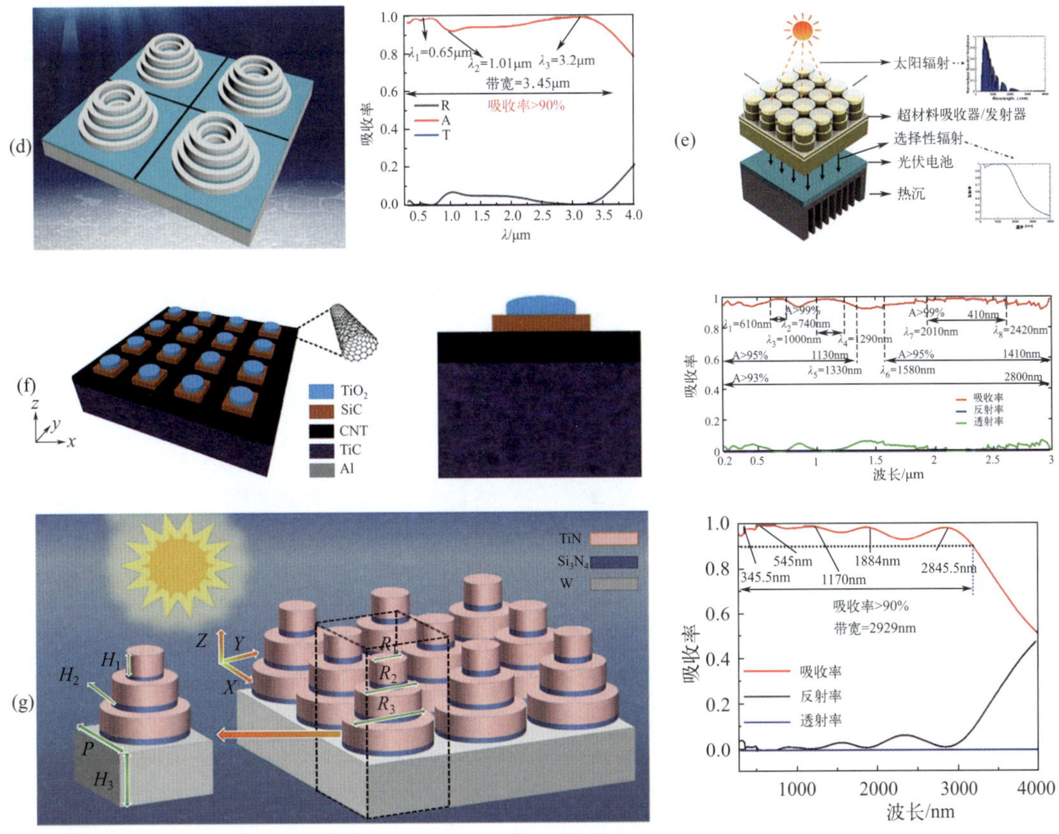

图 6-9 近全光谱太阳能吸收器

(a) 纳米薄膜谐振器；(b) 棱柱体太阳能吸收器；(c) Ti-Si-SiO_2 太阳能吸收器结构示意图及光谱发射率；(d) 堆叠圆孔盘吸收器结构示意图及光谱发射率；(e) 基于 TiN 的超宽带超表面吸收体；(f) 超宽带盘状谐振器太阳能吸收器及光谱发射率；(g) 纳米盘阵列太阳能吸收器

太阳能吸收器借助超材料在提升太阳能吸收率方面成果显著，实现了多波段高效吸收，且具备多种优良特性。然而，目前研究仍存在一定不足。部分结构设计依赖复杂制备工艺，成本较高，限制了大规模应用；在不同环境条件下的长期稳定性和可靠性研究不够深入，实际使用场景中的性能表现有待进一步验证。未来需在降低成本、提升稳定性和优化能量转化等方面开展更多研究。

总结

热辐射光谱调控技术在红外隐身、辐射制冷和太阳能吸收器领域研究颇丰，应用前景广阔，但也面临挑战。光谱选择性红外隐身技术，通过多层平板和超材料结构调控发射率，实现红外隐身与散热，还能兼顾可见光隐身或微波抑制。不过，其制备工艺复杂，结构稳定性差，环境适应性不足。后续研究应探索新型材料，优化微纳结构，改进制备技术，以推动其在军事等领域的广泛应用。辐射制冷技术利用大气透明窗口散热，无须耗能。单一功能材料侧重制冷效率，多功能复合材料集成多种功能拓展应用场景。然而，散热效率和长期稳定性问题限制了其发展。未来应研发高性能材料，优化结构，提升在复杂环境下的适用性，助力其在建筑、可穿戴设备等领域的大规模应用。太阳能吸收器借助超材料实现多波段高效吸收，性能优良，但目前存在制备工艺复杂、成本高、环境稳定性研究不足的问题。后续需聚焦降低成本、提升稳定性和优化能量转化，推动其在太阳能发电等领域的产业化发展。

总体而言，热辐射光谱调控技术在能源、国防和热管理等领域极具应用潜力。但当前面临着不少阻碍其广泛应用的因素，需要科研人员多维度深入研究来突破现有瓶颈，助力相关领域技术革新。在材料研究上，科研人员应积极探索新的材料体系，挖掘具有独特光学和热学性能的材料，为调控热辐射光谱提供更多可能性。在结构设计方面，需进一步优化微纳结构，提高对热辐射光谱的调控精度和灵活性，以满足不同场景的需求。制备工艺的改进也十分关键，要研发更高效、低成本且可规模化的制备方法，降低生产成本，提高生产效率。此外，还应着重研究该技术在复杂环境下的性能稳定性，确保其在实际应用中的可靠性，从而推动热辐射光谱调控技术从实验室走向实际应用，带动相关领域的技术进步与产业升级。

参考文献

[1] Li M, Huang X, Wu B, et al. Lithography-free thermal camouflage device with efficient thermal management for ultrahigh-temperature objects. Applied Thermal Engineering, 2025, 269: 126031.

[2] Tan C, Wen Z, Zhang J, et al. Deep-subwavelength multilayered meta-coatings for visible-infrared compatible camouflage. Nanophotonics, 2024, 13: 2391-2400.

[3] Zhang W, Xu G, Zhang J, et al. Infrared spectrally selective low emissivity from Ge/ZnS one-dimensional heterostructure photonic crystal. Optical Materials, 2014, 37: 343-346.

[4] Deng Z, Su Y, Qin W, et al. Nanostructured Ge/ZnS films for multispectral camouflage with low visibility and low thermal emission. ACS Applied Nano Materials, 2022, 5: 5119-5127.

[5] Zhang J, Zhao D, Chen Z, et al. One dimensional photonic crystal based multilayer film with low IR and visible signatures. Optical Materials, 2019, 91: 261-267.

[6] Zhang J, Liu R, Zhao D, et al. Design, fabrication and characterization of a thin infrared-visible bi-stealth film based on one-dimensional photonic crystal. Optical Materials Express, 2019, 9: 195-202.

[7] Peng L, Liu D, Cheng H, et al. A multilayer film based selective thermal emitter for infrared stealth technology. Advanced Optical Materials, 2018, 6: 1801006.

[8] Qin B, Zhu Y, Zhou Y, et al. Whole-infrared-band camouflage with dual-band radiative heat dissipation. Light: Science & Applications, 2023, 12: 246.

[9] Xu C, Qu S, Pang Y, et al. Metamaterial absorber for frequency selective thermal radiation. Infrared Physics & Technology, 2018, 88: 133-138.

[10] Pan M, Huang Y, Li Q, et al. Multi-band middle-infrared-compatible camouflage with thermal management via simple photonic structures. Nano Energy, 2020, 69: 104449.

[11] Kim J, Park C, Hahn J W. Metal-semiconductor-metal metasurface for multiband infrared stealth technology using camouflage color pattern in visible range. Advanced Optical Materials, 2022, 10: 2101930.

[12] Kim T, Bae J, Lee N, et al. Hierarchical metamaterials for multispectral camouflage of infrared and micro-

waves. Advanced Functional Materials, 2019, 29: 1807319.

[13] Lee N, Lim J, Chang I, et al. Flexible assembled metamaterials for infrared and microwave camouflage. Advanced Optical Materials, 2022, 10: 2200448.

[14] Liu X, Wang P, Xiao C, et al. Compatible stealth metasurface for laser and infrared with radiative thermal engineering enabled by machine learning. Advanced Functional Materials, 2023, 33: 2212068.

[15] Zhou D, Zhang J, Tan C, et al. Semimetal-dielectric-metal metasurface for infrared camouflage with high-performance energy dissipation in non-atmospheric transparency window. Nanophotonics, 2025, 14: 1101-1111.

[16] Yin X, Yang R, Tan G, et al. Terrestrial radiative cooling: Using the cold universe as a renewable and sustainable energy source. Science, 2020, 370: 786-791.

[17] Yoo M J, Pyun K R, Jung Y, et al. Switchable radiative cooling and solar heating for sustainable thermal management. Nanophotonics, 2024, 13: 543-561.

[18] Shi S, Lv P, Valenzuela C,et al. Scalable bacterial cellulose-based radiative cooling materials with switchable transparency for thermal management and enhanced solar energy harvesting. Small, 2023, 19: 2301957.

[19] Wang B, Liu L, Wang T, et al. Switchable daytime radiative cooling and nighttime radiative warming by VO_2. Solar Energy Materials and Solar Cells, 2025, 280: 113291.

[20] Rephaeli E, Raman A, Fan S. Ultrabroadband photonic structures to achieve high-performance daytime radiative cooling. Nano Letters, 2013, 13: 1457-1461.

[21] Raman A P, Anoma M A, Zhu L, et al. Passive radiative cooling below ambient air temperature under direct sunlight. Nature, 2014, 515: 540-544.

[22] Hossain M M, Jia B, Gu M. A metamaterial emitter for highly efficient radiative cooling. Advanced Optical Materials, 2015, 3: 1047-1051.

[23] Zou C, Ren G, Hossain M M, et al. Metal-loaded dielectric resonator metasurfaces for radiative cooling. Advanced Optical Materials, 2017, 5: 1700460.

[24] Liu Y, Caratenuto A, Chen F, et al. Controllable-gradient-porous cooling materials driven by multistage solvent displacement method. Chemical Engineering Journal, 2024, 488: 150657.

[25] Wu J, He J, Yin K, et al. Robust hierarchical porous PTFE film fabricated via femtosecond laser for self-cleaning passive cooling. Nano Letters, 2021, 21: 4209-4216.

[26] Meng X, Chen Z, Qian C, et al. Hierarchical superhydrophobic poly(vinylidene fluoride co-hexafluoropropylene) Membrane with a bead (SiO_2 Nanoparticles)-on-string (nanofibers) structure for all-day passive radiative cooling. ACS Applied Materials & Interfaces, 2023, 15: 2256-2266.

[27] Huang G, Yengannagari A R, Matsumori K,et al. Radiative cooling and indoor light management enabled by a transparent and self-cleaning polymer-based metamaterial. Nature Communications, 2024, 15: 3798.

[28] Tang K, Dong K, Li J, et al. Temperature-adaptive radiative coating for all-season household thermal regulation. Science, 2021, 374: 1504-1509.

[29] Liu M, Li X, Li L, et al. Continuous photothermal and radiative cooling energy harvesting by VO_2 smart coatings with switchable broadband infrared emission. ACS Nano, 2023, 17: 9501-9509.

[30] Wang S, Jiang T, Meng Y, et al. Scalable thermochromic smart windows with passive radiative cooling regulation. Science, 2021, 374: 1501-1504.

[31] Zeng S, Pian S, Su M, et al. Hierarchical-morphology metafabric for scalable passive daytime radiative cooling. Science, 2021, 373: 692-696.

[32] Zhu P, Guo L. High performance broadband absorber in the visible band by engineered dispersion and

geometry of a metal-dielectric-metal stack. Applied Physics Letters, 2012, 101: 241116.

[33] Gao H, Peng W, Liang Y, et al. Plasmonic broadband perfect absorber for visible light solar cells application. Plasmonics, 2020, 15: 573-580.

[34] Luo M, Shen S, Zhou L, et al. Broadband, wide-angle, and polarization-independent metamaterial absorber for the visible regime. Optics Express, 2017, 25: 16715.

[35] Berka M, Fellah B, Das S, et al. Nano-resonator based broadband metamaterial absorber with angular stability operating in visible light spectrum for solar energy harvesting applications. Optical Materials, 2024, 149: 115043.

[36] Zheng Y, Wu P, Yang H, et al. High efficiency Titanium oxides and nitrides ultra-broadband solar energy absorber and thermal emitter from 200 nm. to 2600 nm. Optics & Laser Technology, 2022, 150: 108002.

[37] Jiao S, Li Y, Yang H, et al. Numerical study of ultra-broadband wide-angle absorber. Results in Physics, 2021, 24: 104146.

[38] Zhou Z, Chen Y, Tian Y, et al. Ultra-broadband metamaterial perfect solar absorber with polarization-independent and large incident angle-insensitive. Optics & Laser Technology, 2022, 156: 108591.

[39] Sun C, Liu H, Yang B, et al. An ultra-broadband and wide-angle absorber based on a TiN metamaterial for solar harvesting. Physical Chemistry Chemical Physics, 2023, 25: 806-812.

[40] Zhang H, Cao Y, Feng Y, et al. Efficient solar energy absorber based on Titanium nitride metamaterial. Plasmonics, 2023, 18: 2187-2194.

[41] Surve J, Jadeja R, Patel S K, et al. Thermally-stable solar energy absorber structure with machine learning optimization. Applied Thermal Engineering, 2024, 249: 123330.

[42] Liu G, Liu X, Chen J, et al. Near-unity, full-spectrum, nanoscale solar absorbers and near-perfect blackbody emitters. Solar Energy Materials and Solar Cells, 2019, 190: 20-29.

[43] Liu Z, Zhong H, Liu G, et al. Multi-resonant refractory prismoid for full-spectrum solar energy perfect absorbers. Optics Express, 2020, 28: 31763-31774.

[44] Wang L, Chen Y. Full spectrum efficient solar absorption through coupling light to multiple parts of a Ti strip. Results in Physics, 2023, 54: 107081.

[45] Li X, Chen Y, Chen J, et al. Full spectrum ultra-wideband absorber with stacked round hole disks. Optik, 2022, 249: 168297.

[46] Haque M A, Mohsin A S, Bhuian M B H, et al. Analysis of an ultra-broadband TiN-based metasurface absorber for solar thermophotovoltaic cell in the visible to near infrared region. Solar Energy, 2024, 284: 113064.

[47] Almawgani A H, Agravat D, Patel S K, et al. Structural investigation of ultra-Broadband disk-shaped resonator solar absorber structure based on CNT-TiC composites for solar energy harvesting. International Journal of Thermal Sciences, 2023, 192: 108414.

[48] Zheng Y, Yi Z, Liu L, et al. Numerical simulation of efficient solar absorbers and thermal emitters based on multilayer nanodisk arrays. Applied Thermal Engineering, 2023, 230: 120841.

作者简介

吴小虎，山东高等技术研究院研究员，中国青年五四奖章获得者，中国青年科技工作者协会会员，全国“青马工程”首期科技人才专项班学员，山东省优青，山东省泰山学者青年专家，国际传热传质中心科学理事会成员，全球前2%顶尖科学家。2019年博士毕业于北京大学（佐治亚理工学院联合培养）。主要从事辐射换热、太阳能光热利用、微纳光子学等领域的研究，以第一或通讯作者在*Optica*，*Renewable Energy*、*ACS Photonics*、*Nanophotonics*、*Nanoscale*、*Materials Today Physics*、*ACS Applied Materials & Interfaces*等SCI期刊发表论文100余篇。其博士论文被评为北京大学优秀博士论文，并被Springer出版社全英文出版。其非互易研究成果获国际传热传质中心Hartnett-Irvine Award，双曲材料的工作入选美国光学学会2020年度全球30项光学进展“Optics in 2020”。创办“热辐射与微纳光子学”微信公众号，并举办“热辐射研究生学术论坛”，致力于学术分享与传播。

第 7 章

可变形超材料

王惠添　王铖玉　陈　卓　殷　莎

7.1 概述

未来智能飞行器将向跨速域、跨介质、多种应用场景自由切换的需求方向发展，对其外形结构设计提出了严苛的挑战。飞行器的可变形能力可以大幅提高其环境适应性，是该领域未来的重要发展方向。可变形超材料具有独特的多功能特性和不依赖机械机构的可变形能力，展现出了巨大的应用潜力。本章对可变形超材料的发展现状及其在载运工具领域的应用进行了综述，为进一步研究提供参考和指导，有望推动包括先进飞行器在内的载运工具的创新设计。未来载运工具随着技术发展将具备适应更加复杂、多变、极端应用场景的能力，跨速域、跨介质服役能力将给载运工具的外形结构设计带来巨大挑战。以飞机为例，传统固定翼飞机通常只具有适用于特定飞行任务的固定飞行包线，难以适应更宽泛的飞行条件，而具备灵活可变气动外形的可变体飞行器能够根据飞行任务对飞行能力进行调控[1-2]，类似的例子还有跨介质飞行器[3]等。可变形结构（morphing structures）具有灵活调节形状尺寸和性能的能力，可以提高载运工具的多功能性和适应性，是未来载运工具材料及结构发展的重要方向。以往结构的变形功能大多通过机构实现，需要大量的机械零部件，重量大且占据空间。超材料的出现为可变形结构提供了一种从微结构设计角度出发的实现路径[4-6]。

超材料是指一类具有天然介质材料所不具备的超常物理性质的人工复合结构或材料。其一般具有如下特点：

① 由人工设计的单元周期性排列而成；

② 可从母体材料-微观结构-宏观结构三个维度开展设计，能够广泛地调控超材料的宏观

注：本章原载于《中国科学：物理学 力学 天文学》2025 年第 3 期。

力学性能，实现根据应用场景定制性能；

③ 能够呈现力学[7-8]、声学[9-10]、电磁学[11-12]等超常及多功能特性[13-15]。

其中可变形超材料也引起了研究人员的关注，其变形可调控、质量轻、具有智能化潜力，将其用于可变形结构的设计中有望为载运工具带来颠覆性的改变。因此，本章聚焦于实现可变形功能的超材料及超结构，总结了近年来可变形超材料的典型变形机理，概述了目前可变形超材料在载运工具领域的应用及探索案例，并对未来可变形超材料的发展方向提出了展望。

7.2 可变形超材料的变形机理

超材料的变形能力可由不同的力学机理实现，本节主要从结构设计的角度分类总结了如图7-1所示的五类常见的变形机理，并对其典型结构分别展开介绍。

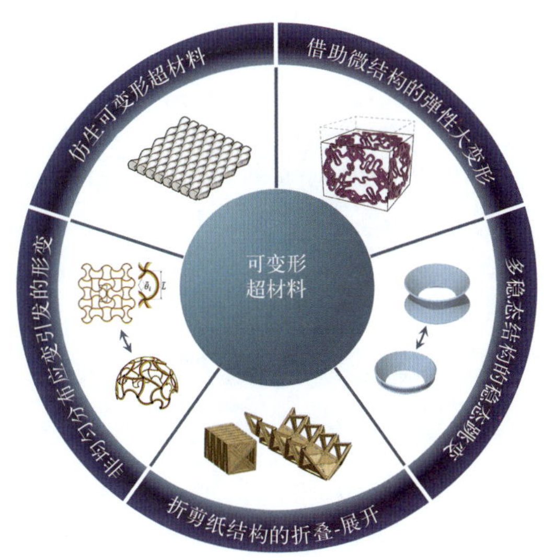

图 7-1 可变形超材料的五类变形机理

7.2.1 借助微结构的弹性大变形

点阵、蜂窝是最典型的多胞力学超材料，具有超高的孔隙率、极致的轻量化效果和高度可设计性。多胞力学超材料内部由杆、梁、板、壳等结构组成，局部母体材料的弹性小变形可以通过胞元微结构的协同作用放大为整体的大变形。借助这种变形机理，通过选择母体材料的刚度和微结构形式，就可以定制和调控多胞力学超材料的变形，同时也可以实现兼顾力学承载能力和变形能力的可变形结构。

Jenett等[16]将由直杆、曲杆组合设计得到的平面单元组装形成立体的点阵结构。通过平面单元的结构设计，点阵结构可达到较大的柔度，在压缩的作用下展现出类似弹簧的大变形和高度可恢复性［图7-2（a）］。Liu等[17]提出了一种新型的曲壁蜂窝结构，通过结构设计可以使得等效弹性模量比原来的母体材料降低几个数量级，能够适用于不同的变形需求［图7-2（b）］。Vos等[18]研究了具有预支曲率的六边形蜂窝在内部受到均布气压时发生的变形行为。通过理论推导和实验，Vos等发现对蜂窝施加气压，蜂窝结构产生了明显的变形，这种变形趋向让每个蜂窝单胞都变形为正六边形，进而能够引起结构的曲率变化。Luo等[19]通过圆形和蜂窝型的组合，设计了一种可变形蜂窝结构，在内部均布压强的作用下，能够产生最大35%的一维变形。

多胞力学超材料还可以通过微结构设计调控材料的等效泊松比。经特殊设计得到的零泊松比超材料，在变形时不会在垂直受力方向产生横向变形，这使得在进行结构设计时无须考虑材料横向变形对周边材料及变形本身的影响[20]。Bubert等[21]设计了一种包含“V”字形杆件的零泊松比蜂窝，在面内压缩实验中，这种零泊松比蜂窝能够从压缩状态（67%原长）弹性地变形至拉伸状态（133%原长），从而实现100%的尺寸变化。通过精准调控结构中的泊松比，结构还可以实现变形的定制。Dikici等[22]提出了一种新的结构设计方法，能够将正、负泊松比的多胞结构混杂设计于一体，所设计得到的多胞管状结构在轴向载荷下会产生不同的横向变形模式［图7-2（c）］。

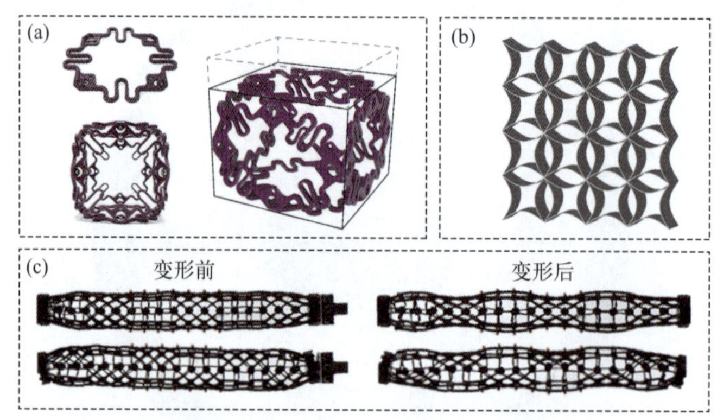

图7-2　可变形组装点阵结构[16]（a）；可变形曲壁蜂窝结构[17]（b）；通过材料泊松比的调控实现定制变形的可变形超材料[22]（c）

7.2.2 多稳态结构的稳态跳变

多稳态结构是指具有多种稳定形变状态的结构。观察这类结构在变形过程中的应变能-应变曲线，可以发现其会在多个位置出现极小值点。在这些极小值点附近处，结构发生低于两侧应变能阈值的变形后会回到极小值的位置处，这些点所代表的状态就是结构的一种稳定状态。当外界向系统提供比阈值能量大的能量时，结构通常会失稳并以“跳变”的方式快速切换到另一个稳态，从而表现出一种迅速响应且较明显的变形。值得注意的是，当多稳态结构因稳态切换而产生变形后，即使撤去输入的激励结构仍能保持在稳态状态，无需持续的能量输入来维持变形。这对需要长期保持在某一变形状态下的结构具有重要的意义。图7-3中展示了四种常见的双稳态结构，包括：倾斜直梁（曲梁）[23]、弯曲预应力壳[24]、吸管状薄壳、半球壳等；并列举了它们各自拥有的两种稳态。

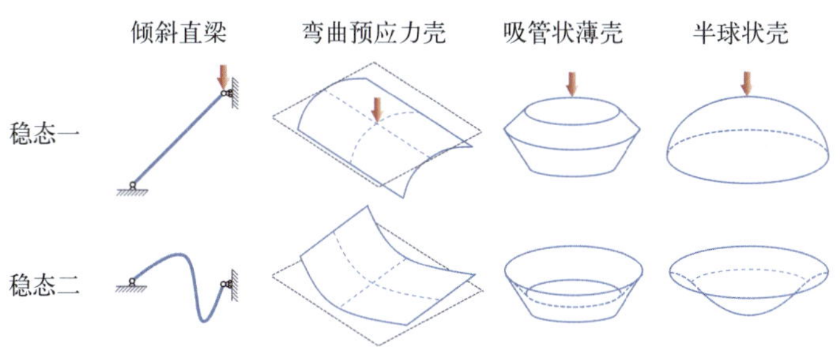

图 7-3　四种常见的双稳态结构

Shan 等[23]利用倾斜直梁结构设计了一种双稳态结构，并结合模拟总结了结构能否具备双稳态与关键几何参数θ（梁的水平倾斜角）及t/L（梁的厚度与长度的比值）之间的关系，对此类双稳态结构的设计提供了重要指导［图7-4（a）］。Chen 等[25]利用两端可产生柔性变形的倾斜直梁设计了一种具有双稳态现象的可变形单元，该单元可沿着单方向拓展从而得到任意长度的多稳态结构，不同的多稳态结构还可以进一步构建出三维空间中更复杂的结构。对这些可变形结构的特殊排布，就能够实现诸如结构折叠展开、曲面高斯曲率定制变化等功能［图7-4（b）］。Haghpanah 等[26]利用两个柔性铰链连接的刚性斜梁构建了一种双稳态三角形单元。通过若干个三角形单元的演化和组合，他们进一步设计了具有多种稳态及多种变形维度的多稳态结构。不同结构的多稳态结构单胞按照不同的排列方式周期性重复，就可以形成可以实现不同变形模式的可变形超材料［图7-4（c）］。以植物根据环境刺激自主改变形态和功能为启发，Jiang 等[27]通过使用能对不同环境刺激做出反应的基于聚二甲基硅氧烷和水凝胶的材料，设计并用三维打印技术制造出了能够进行简单逻辑运算的自致动结构系统，并控制了对多种刺激做出反应的致动时间［图7-4（d）］。

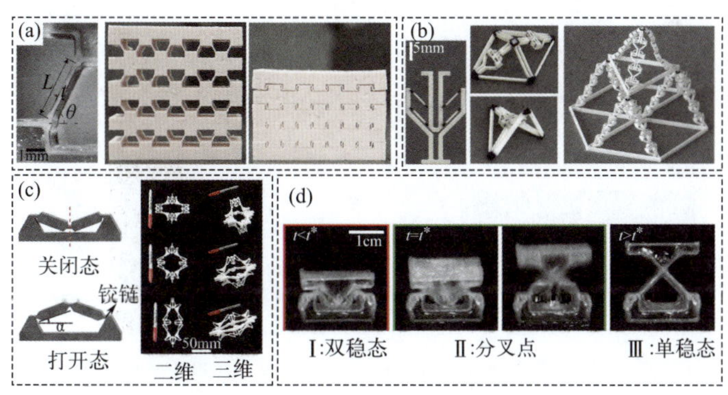

图 7-4　倾斜直梁构成的可变形双稳态结构[23]（a）；两种由倾斜直梁双稳态可变形超材料，通过不同方向的重复阵列构建二维、三维的可变形结构[25-26]（b）、（c）；（d）在环境激励下自主切换稳态的倾斜直梁双稳态结构[27]

Che 等[28]提出了一种由双稳态曲梁构成的多稳态结构。双稳态曲梁的稳态切换载荷能够依据梁的屈曲模态方程计算得到。进而通过采用具有不同稳态切换载荷的双稳态曲梁结构，他们设计了一种可调控变形产生位置及次序的多稳态结构。通过曲梁连接方式的调节，Rafsanjani 等[29]设计了初始稳态为收缩状态的可拉伸多稳态结构［图7-5（a）］。Giri 等[30]将双稳态曲梁设计为圆筒状。实验和模拟证明，此圆筒结构具备双稳态特性，成功地将二维空间下的曲梁双稳态结构扩展至三维空间［图7-5（b）］。Yang等[31]提出另一种基于双稳态曲梁构筑三维双稳态结构的方法。通过多材料3D打印、嵌锁装配的方法，他们制备了一维至三维的多稳态超材料。实验和模拟证明，该多稳态超材料可以经设计而展现出正、零、负泊松比效应；可以展现各向同性或各向异性的加载特性；可以精准控制变形的位置及顺序，具有丰富的可设计性［图7-5（c）］。

Liu等[32]从玩具“啪啪手环”中获得灵感，将弯曲预应力壳体与手性结构相结合，提出了一类能够快速变形并拥有超大变形量的可变形超材料。受益于手性结构的特性，不同的预应力壳体在变形过程中不会相互干扰。从高速摄影机拍下的实验画面中可以看到，所设计的三维结构能够在0.35s内完成35.4倍的变形，在变形幅度与响应速度等方面具有明显优势［图7-5（d）］。他们还利用吸管状薄壳所具有的展开、收缩两种稳态，以及两种稳态之间存在的弯曲过渡态，提出了一种完全由吸管状薄壳结构组成的管状超材料[33]。通过将弯曲过渡态的几何形态等效为三维空间中的一个向量，并由此发展出一套算法，能够让管状结构有目的性地变形成为指定的三维空间曲线。此项算法的提出有助于线性变形结构控制技术的进步［图7-5（e）］。Liu等[34]研究了平面薄板上规律分布的半球薄壳结构的双稳态特性，以及由双稳态的切换带来的整个结构的形变。他们首先推导了半球薄壳结构能否具有双稳态特性与其几何参数之间的关系，之后利用扁球壳方程推导出当结构中的若干个双稳态结构切换稳态后，结构整体会产生的变形，并与实验结果和有限元计算的结果进行了对比验证［图7-5（f）］。

由于大部分多稳态结构的稳态切换过程都发生了结构的弹性失稳，因此通常伴随着结构发生剧烈、非线性的变形。这带来的好处是多种稳态之间的几何形貌会存在巨大的差异，结构的变形幅度较大，但同时也造成了多稳态结构在单一稳态下承载能力不足的缺陷。

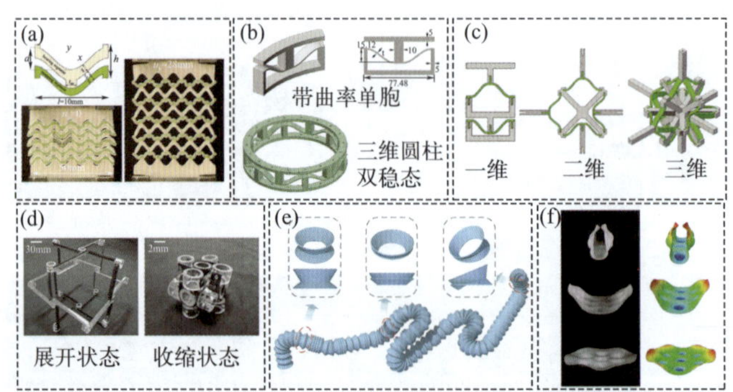

图7-5　双稳态曲梁构成的可拉伸多稳态结构[29]（a）；圆筒状的双稳态曲梁多稳态结构[30]（b）；由双稳态曲梁构成、可组装的三维多稳态结构[31]（c）；受“啪啪手环”启发的预应力壳体可变形结构[32]（d）；吸管状双稳态结构组成的形状可控的管状结构[33]（e）；半球薄壳双稳态结构在稳态切换前后产生的形状变化[34]（f）

7.2.3　/ 折剪纸结构的折叠 - 展开

折剪纸结构可以分成折纸（origami）结构与剪纸（kirigami）结构。折纸结构是依照折纸原理，让平面的“纸片”以“折痕”为铰链相互旋转，并借助独特的折痕排布调控各个纸片间的运动协调关系，从而在三维空间中产生特定变形的一类结构[35]。在剪纸结构中，平面

“纸片”会被裁切成特定的图案，纸片彼此之间以角点或系带相连。当剪纸结构受到面内拉压载荷作用时，各纸片会以这些连接部分作为铰点发生旋转从而产生结构的整体变形[36]。广义的折剪纸结构包括所有利用折纸和剪纸原理设计而成的可变形结构。

折纸结构整个结构纸片之间的运动通常具有相关性。根据一个顶点处连接的折痕数量可以判断出折纸结构在折叠状态下所具有的独立自由度：折痕数量小于等于4时，折纸结构具有单一自由度，典型的代表是Miura折纸结构；折痕数量大于4时，折纸结构具有多自由度，典型的代表是水弹折纸结构（waterbomb origami）[37]。Filipov等[38]将Miura折纸结构相互组合，设计得到一类折纸管状结构。这种结构通过设计保证了折纸单元之间的变形协调，使结构能够顺利展开折叠；同时管状结构提高了结构的抗弯、抗扭刚度，相较于平面折纸结构提高了两个数量级。管状结构还可以进一步形成多层管状结构、立方体结构等，为复杂的折纸结构设计和性能优化提出了指导性建议［图7-6（a）］。Chen等[39]针对具有对称折痕的水弹折纸结构，研究了其在折叠过程中结构的变形运动规律。他们将一个顶点及其周围连接的纸片作为研究单位，用折痕两侧相邻纸片所构成的二面角作为描述折纸结构形态的参数，得到了不同折叠状态下各个二面角之间的关系［图7-6（b）］。

通过将聚酯（PET）剪纸结构与可伸缩变形的弹性体薄膜叠合到一起，Jin等[40]制造了一种可控制变形的充气结构。充气结构在内部气压作用下的膨胀变形会被剪纸结构约束，进而也可以通过改变剪纸结构的关键几何参数来调控。他们利用此种结构制造了花瓶、钩子、南瓜造型的充气结构，展现了此种超材料变形能力的高度可调控性［图7-6（c）］。

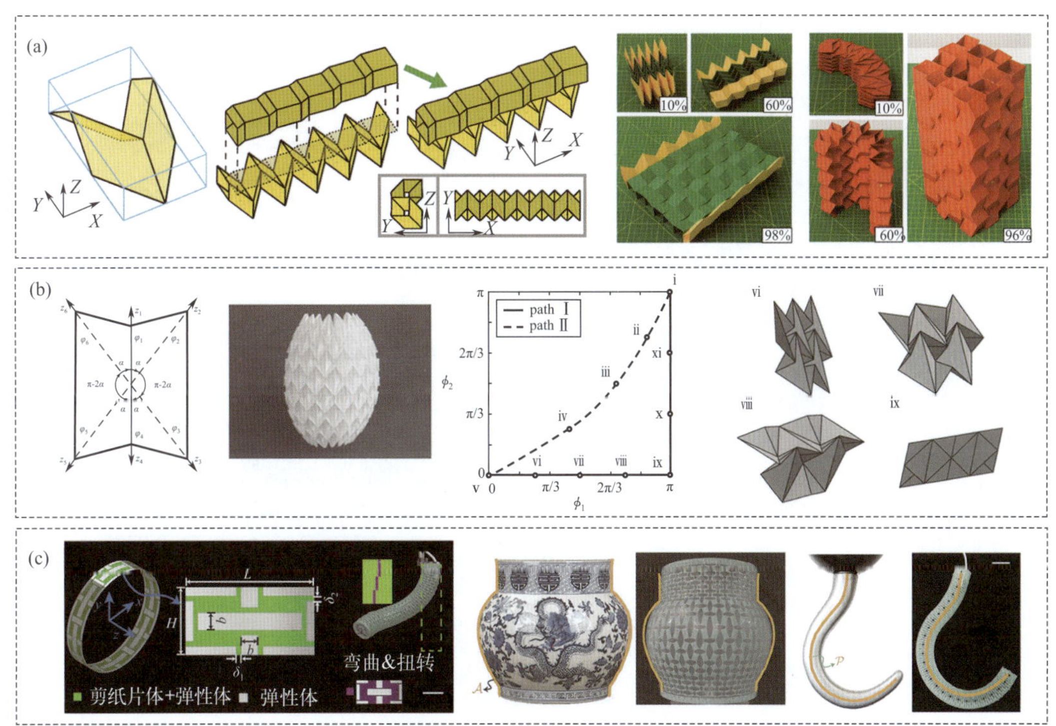

图7-6　由Miura折纸结构发展的管状折纸结构[38]（a）；水弹折纸结构和其变形过程和多种形态[39]（b）；可定制外形的充气剪纸结构[40]（c）

通过结构设计以及对结构的边界施加约束，折剪纸结构也可以具备多稳态特性，这让折剪纸结构拥有了更大的发挥舞台。Kresling折纸是一种具有展开和折叠两种稳态的圆筒状双稳态折纸结构。通过沿圆筒周向的轻微扭转，结构能够实现轴向的伸缩，并以跳变的形式切换两种稳态；反过来说当Kresling折纸结构沿轴向压缩时，其每层也会出现相对扭转，展现出独特的压扭特性[41]。Zhai等[42]研究了Kresling折纸结构能否折叠与其折痕间角度这一几何特征之间的关系，发现只有当折痕间角度$\alpha+\beta<90^\circ$时（α、β代表三角形折痕的角度），Kresling结构才能够折叠［图7-7（a）］。Wu等[43]将多个Kresling结构单元轴向连接组成了一条柔性机械手臂，在每一个Kresling单元上嵌入磁性装置来通过磁场控制结构的形态。每个Kresling单元具有折叠、拉伸和弯曲过渡态三种状态，并且在过渡态下结构在空间中能以类似球铰链的方式运动。仿照着软体生物触手的动作，他们为此种柔性手臂设计了伸长、缩短、多姿态的卷曲等动作，并通过实验证实了其可行性［图7-7（b）］。Rafsanjani等[44]提出了一系列同时具有双稳态效应和负泊松比效应的剪纸结构，并研究总结了剪纸结构能够具有双稳态效应的几何设计条件［图7-7（c）］。Zhang等[45]基于折剪纸设计了一种具有3种稳定状态的可变形结构，能够在长方体、平台、折叠之前以跳变的形式切换。通过理论推导结构的变形能量，计算得到了结构切换稳态所需载荷与结构几何参数之间的关系。将这种三稳态结构按特定的方式排列，还能够构建出可定制压缩性能的可编程超材料［图7-7（d）］。

折剪纸结构能够实现非常大的变形幅度，在完全折叠的情况下所占的体积很小，这对于需要考虑空间占用的使用场景下的结构设计具有非凡的意义。但是如上所述，折纸结构对于结构的基材有着较苛刻的要求，限制了结构的设计同时也限制了折纸结构能够应用的场景。

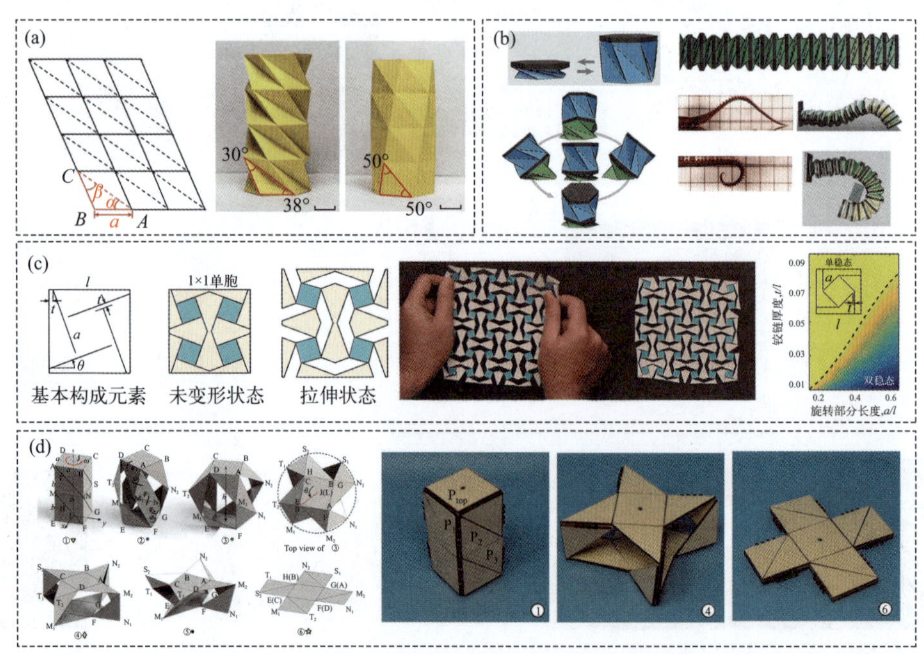

图7-7　Kresling折纸结构，可以展现出双稳态特性[42]（a）；Kresling折纸结构具有可调控的变形能力[43]（b）；负泊松比双稳态剪纸结构[44]（c）；由折纸构成的可变形结构[45]（d）

7.2.4 非均匀分布应变引发的形变

通过外界激励让结构中产生按照特定方式分布的应变场，也能够实现结构的变形调控。例如，让梁结构的下半部分产生明显大于上半部分的正应变，那么这个梁就会产生向上的弯曲变形。为了实现对应变的精准调控，此类结构通常会使用能够在外界刺激下产生特定响应的多功能材料——智能材料。研究人员已经提出了诸多具有可变形能力的智能材料，常见的包括：形状记忆聚合物（SMP）[46-47]、形状记忆合金（SMA）[48-49]、液晶弹性体（LCE）[50-53]、水凝胶[54]、介电弹性体[55-59]等。将智能材料与超材料结构设计有机结合，是设计此类变形超材料的关键。

将两种性能不同的材料层合是构建非均匀分布应变最常见的方法。Boley等[60]通过3D打印制造了交联密度可控的弹性体材料，能精确地调控其不同位置处的弹性模量和热膨胀系数。他们打印了叠合在一起的双层弹性体条带，并组成曲壁蜂窝结构。在均匀热场的作用下，两层材料会分别产生不同的线性热变形，从而使曲壁蜂窝结构产生弯曲变形。他们提出了一套针对此结构的设计方法，能实现定制化的曲面变形［图7-8（a)］。Ni等[61]将聚酰亚胺（PI）和聚甲基丙烯酸甲酯（PMMA）两种材料相互层合形成双层材料。基于此种微米尺度的双层材料，Ni等制备了双材料手性平面点阵结构。该结构能通过结构设计实现各向异性热膨胀系数、负膨胀系数等非常规性能，也能够实现热场下平面向曲面的变形［图7-8（b)］。Han等[62]提出了一种双材料拓扑优化技术，能够同时优化设计结构的热膨胀系数和泊松比。基于此拓扑优化技术，他们进一步提出了一种双功能超材料的数值设计方法，所设计得到的超材料能够定制力学加载及热膨胀下的变形［图7-8（c)］。

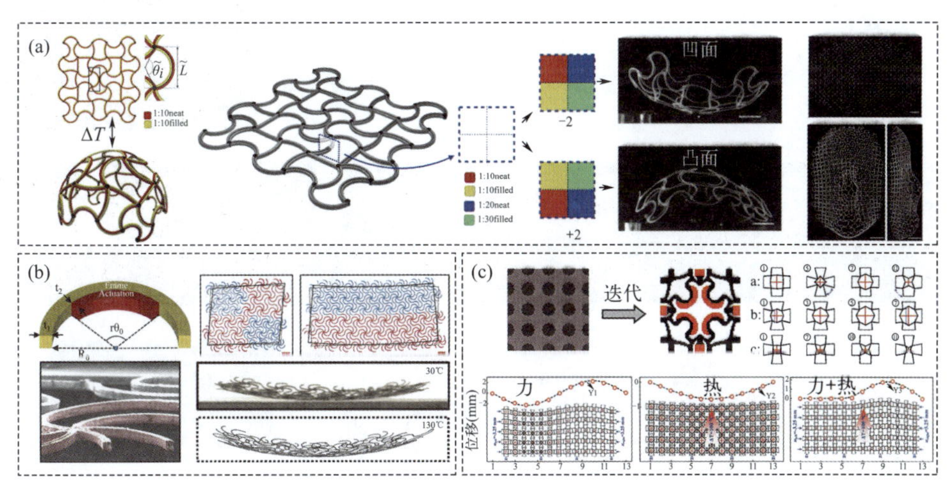

图7-8　两种由热膨胀系数不同的材料组成的曲壁蜂窝结构，能够在热场下产生可定制的变形[60-61]（a)、(b)；双材料、双目标拓扑优化得到的可定制力热变形的超材料[62]（c）

在结构中局部使用智能材料，或者对智能材料的局部区域施加激励，也能够令结构产生非均匀分布应变。Meng等[63]将剪纸结构与热驱动材料层合，构成一种由热驱动的多稳态结构。结构置于热场中后，热驱动材料会伸长从而将剪纸结构拉伸展开；之后当热场撤去后，热驱动材料会缩短以恢复它原来的长度，此时处于展开稳态的剪纸结构会更容易产生面外的弯曲，因此结构并不会变回原状，而是弯曲变形为另一个稳态。基于此原理，Meng等制备了多步骤变形的多稳态结构。通过实验，他们研究了温度感应材料的结构尺寸对驱动力的影响，并制作了一种在感知到临界速度时可以自主展开的机器人［图7-9（a）］。Van Manen等[64]通过3D打印SMP研制了一种热场驱动的自折叠技术。通过调整打印参数，材料将具有所需的明显各向异性。利用这个特点，在结构铰链处调整材料性能，使得结构在热场作用下能够沿着铰链折叠。他们利用这项技术展示了由平面结构变形为立方体、Miura折纸结构等空间结构的多种设计［图7-9（b）］。Wang等[52]通过连续碳纤维复合材料（CFRP）3D打印工艺制备了SMP复合材料折纸结构。由于使用了复合材料，折纸结构具有更优的力学性能。该结构通过可控的输入电流，实现了不同形态的变形［图7-9（c）］。

除了最常用的热刺激外，还有光、化学、磁等多种触发方式。Chen等[65]通过控制晶体取向，制备了一种能够在光刺激下发生弯曲的LCE材料。利用这种材料所制造而成的剪纸结构，能够按照设计发生相应的弯曲、扭转等变形，从而使得剪纸结构展现出预期的变形形状［图7-9（d）］。Li等[66]使用液晶聚合物（LCP）制备了三角形蜂窝结构，LCP点阵浸泡入丙酮中，当丙酮蒸发时，所产生的毛细力会迫使点阵的壁面变形并挤压到一起，由此实现了三角形蜂窝结构向六边形蜂窝的转变。他们还展示了诸如圆形蜂窝向方形蜂窝转变、菱形蜂窝向六边形蜂窝转变等例子，证明该方法能够广泛地运用在蜂窝结构的定制胞元调控中［图7-9（e）］。由磁力驱动的力学超材料的单胞部分具有专门设计的磁化方向。当受到外部磁场（通常由永磁体或电磁线圈产生）的影响时这类结构的磁化部分会受到磁扭矩的影响，从而导致

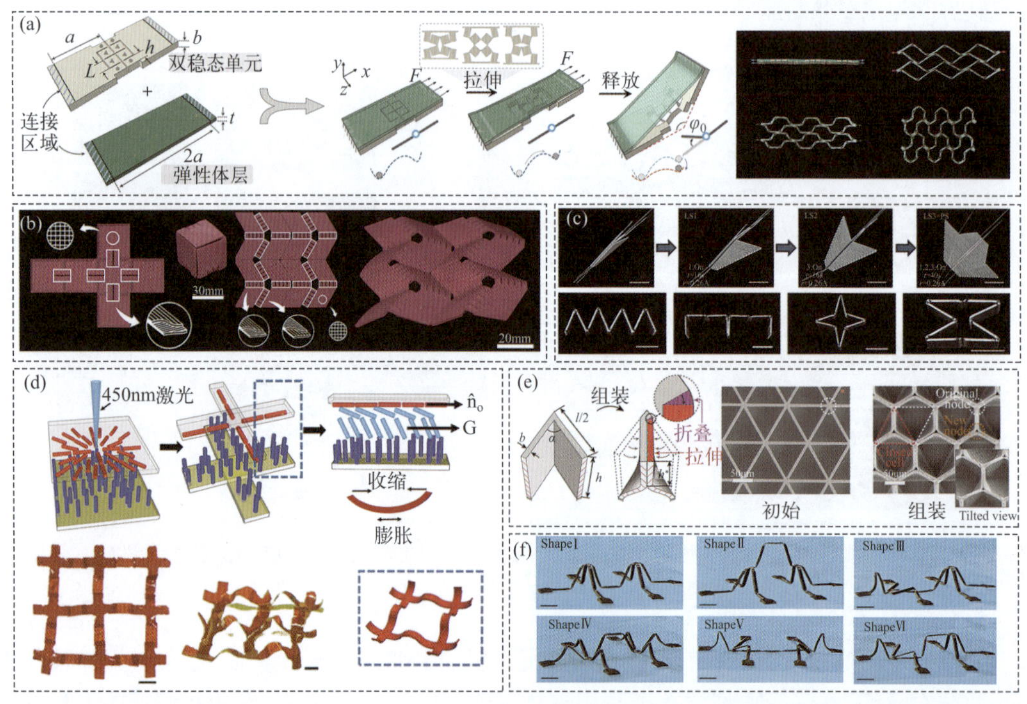

图7-9　热驱动的多稳态可变形结构[63]（a）；热驱动的可折叠结构[64]（b）；能够通过电热效应产生折叠变形的碳纤维复合材料折纸结构[52]（c）；能通过光触发的变形结构[65]（d）；能够在丙酮蒸发造成的毛细力下改变单胞构型的液晶聚合物蜂窝结构[66]（e）；磁力驱动的可变形结构，可通过特定分布的折痕调控变形[68]（f）

形状转变为驱动模式。这个过程是可逆的，在去除磁场之后，或者在某些情况下，应用反向磁场后，磁机械超材料会恢复到其初始模式[67]。Li等[68]将磁性聚二甲基硅氧烷（PDMS）与硅胶层合，并在结构中留出折痕区域，从而构成了一种磁场驱动的多稳态折纸结构。该结构根据折痕的分布与磁场的施加位置，能够变形并保持多种姿态［图7-9（f）］。

7.2.5 仿生可变形超材料

自然界中的生物经过亿万年的进化，其身体组织中蕴含了或许比上述变形机理更加精妙的微结构，其变形能力可激发设计者更丰富的灵感，为可变形超材料的多尺度设计提供借鉴[69-73]。

蠼螋，一种革翅目昆虫，它的翅膀具有一套精细的折叠系统，其折叠和展开状态的尺寸之比能达到惊人的1:18。区别于传统的折纸理论，蠼螋翅膀的折痕之间并不满足平面展开所要求的协调条件，也因此在完全展开的状态下，翅膀会呈现一种双稳态状态，这有助于其在飞行过程中轻松地保持翅膀的展开；同时通过双稳态的跳变机制，蠼螋翅膀能够实现无需肌肉驱动的快速折叠。Faber等[74]研究发现，蠼螋翅膀的折痕处存在许多富含节肢弹性蛋白的关节，这些关节起到了类似弹簧的作用，从而实现了这种用传统的折纸理论无法复现的折叠机制。Faber等以此为灵感提出了一个折纸-弹簧模型，并利用刚性的丙烯腈-丁二烯-苯乙烯（ABS）和柔性的热塑性聚氨酯弹性体（TPU）通过3D打印制备了这种可变形结构。他们发现通过调控结构的几何参数和材料属性，结构能够具备不同的稳态能量屏障，从而定制结构稳态状态。据此，他们设计出了展开后结构自锁、能够快速折叠的可变形超材料［图7-10（a）］。

鸟类的羽毛是一种极其轻巧的生物材料。从对羽毛的微观观察中可以发现，用于飞行的羽毛其羽片包含羽小枝和羽小钩，两者相互钩在一起以使得羽片形成一张类似膜的结构。两者之间还能产生相对滑动，从而改变羽片对空气的透过性，使得羽毛能够展现出向下挥动时不透风、向上挥动时却透风的独特性质[75]［图7-10（b）］。Sullivan等[75]受到这种结构的启发，提出了一种基于滑槽的可变形超材料曲面，其中每个单胞伸出的管可以在另一个胞元的滑槽内滑动。当单胞彼此之间滑动至相互远离时，超材料处于打开状态，相较于关闭状态具有更高的孔隙率，并且发生面外弯曲变形时能达到的曲率是原来的两倍。基于相同的设计策略，他们还提出了三维可变形超材料块体，也具有较明显的变形能力［图7-10（c）］。

很多生物的外表会具有一层防御外部攻击的“铠甲”，其在具有高度的柔顺性的同时还具有一定的抗冲击性能。Connors等[76]使用电子计算机断层扫描（CT）、扫描电子显微镜等观测手段测绘了石鳖的几丁质甲壳中的鳞片，并通过3D打印制造了仿石鳖甲壳鳞片。接着他们将这些鳞片以相同的姿态排布固定在柔性基底上，并确保彼此之间保留一定的间隙，从而制备了一种仿生可变形超材料。通过探究这种可变形超材料沿不同方向的柔性，发现影响其柔性的主要因素是鳞片之间的相互接触。通过改变鳞片的大小、排布的间隔，可以实现可变形超材料保护能力和柔顺性的定制［图7-10（d）］。类似地，其他研究者们还研究了仿犰狳盔甲[77]、仿鱼鳞[78]的可变形超材料，为设计柔性防护材料提供了新的思路。

然而，自然界中生物所蕴含的可变形机理比已经揭示出来的要复杂得多，还有诸多未知的因素可以产生协同的可变形能力，如何对其进行精细化仿生，仍然需要大量的探索。

第7章

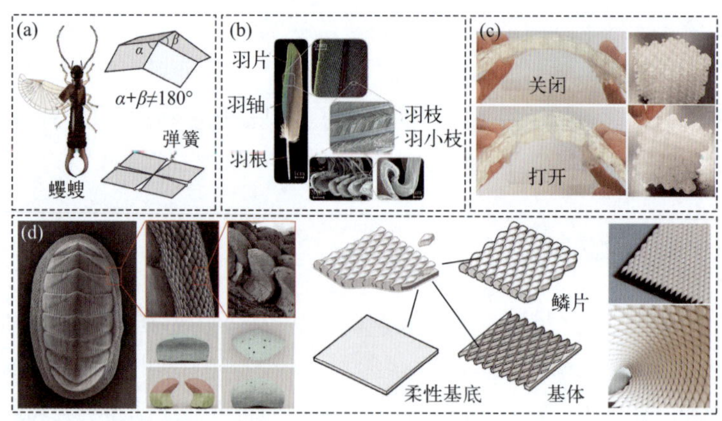

图 7-10 仿蠼螋翅膀的折纸 - 弹簧结构[74]（a）；飞行鸟类羽毛的微观结构[75]（b）；仿鸟类羽毛的柔性变形结构[75]（c）；仿石鳖甲壳鳞片的柔性“盔甲”材料[76]（d）

7.3 可变形超材料及结构技术的典型应用

7.3.1 可变体飞行器结构应用

可变体飞行器是能根据飞行环境和飞行任务需求改变自身外形的智能飞行器[79]。当前的可变体技术主要基于机械机构，通过机翼的变展长[80]、变弯度[81-82]、变翼面外倾角[83]等形式实现，可靠性及稳定性强，但存在重量大、易磨损、较难实现复杂变形等不足[84]。可变形超材料的出现，为下一代智能可变体飞行器的发展创造了更多的可能性[85]。

在可变形超材料的辅助下，飞行器的机翼可以实现角度的改变。Jenett等[86]用批量化可组装的构件组装制造了包含Kelvin点阵和八面体点阵的机翼骨架。其变形机理为通过点阵结构放大机翼结构弹性变形，借助于点阵结构的高度可设计性，机翼内部不同位置处的力学性能可以根据需要来调控。经过设计，点阵机翼能够展现出与橡胶等弹性体相当的柔度。他们制造出了具有上述机翼骨架的无人机，骨架内安装电机驱动机翼产生 ±10° 的扭转。该无人机的风洞试验表明，当翼尖扭转角为4° 时，无人机具有最大的升阻比；通过机翼的扭转变形，无人机还拥有了缓解失速的能力。基于同样的变形机理，美国国家航空航天局（NASA）[87]采用离散点阵组装的策略设计制造了一款超轻可变形无人机。无人机主体由若干个结构相同的八面体点阵单胞组装而成，内部通过电机对机翼施加扭矩以改变机翼的攻角。由此得到的无人机不仅具有超轻的质量，与传统均质材料制造的机翼相比还能提供更大的升阻比、更大的攻角可变范围。

借助变形能力，机翼在恒定翼长下可以实现翼型的改变[88]。Wang等[89]设计了一种能够离散组装的双稳态超材料结构，该结构具有零泊松比特性，在厚度方向的变形不会影响相邻区域。他们因此将机翼的中部离散为互相独立的若干列，在每列中通过彼此串联组装的双稳态超材料实现定制的变形，并在整个机翼上离散逼近想要实现的翼型［图7-11（a）］。Cheng等[90]开发了一款可变后缘的机翼，该机翼以三维多胞结构作为内部的可变形骨架，二维多胞结构作为机翼的可变形蒙皮。实验表明，该机翼能够无缝且光滑地变形，可产生最大上下15°的后缘偏转［图7-11（b）］。美国国防高级研究计划局（DARPA）、美国空军研究实验室（AFRL）、NASA[91]联合研发了一款变后缘机翼结构，机翼后缘采用压力自适应蜂窝作为内部支撑结构。经设计的蜂窝结构具有较低的面内刚度以实现变形，同时具有足够的面外刚度来承担气动载荷。经测试，所组成的机翼后缘能够实现15°均一变形、扭转变形和10°中部凹陷等变形模式。

可变形超材料还可以用于可变翼长的机翼。Zhao等[92]提出将具有零泊松比的内凹形蜂窝作为机翼的蒙皮，通过结构的弹性变形实现机翼弦向的伸长缩短［图7-11（c）］。Barbarino等[93]以带"V"字杆的蜂窝作为机翼内部的骨架，以硅胶作为柔性蒙皮，设计并制造了可变弦长的直升飞机旋翼。实验表明该机翼能够在弦向产生30%的变形。Boston[94]针对NACA0012翼型，使用三种多稳态蜂窝结构设计了可变形机翼。所设计的机翼在展向具有较大的变形能力，同时蜂窝结构也保证了机翼能够承受一定程度的弯曲载荷。通过机翼展向的伸长，机翼提供的升力增加了21%［图7-11（d）］。

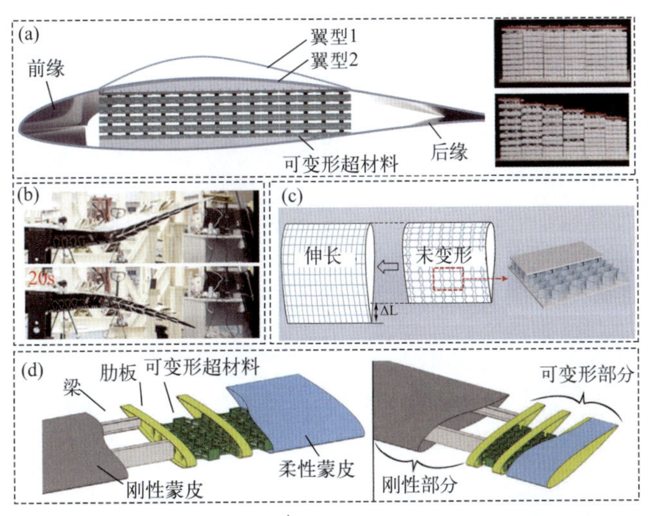

图7-11　离散组装双稳态可变厚度机翼[89]（a）；可变后缘机翼[90]（b）；零泊松比蜂窝用于可变弦长机翼蒙皮[92]（c）；由多稳态蜂窝构成的可变展长机翼[94]（d）

通过微结构的变形实现机翼的改变在实验室已经取得了良好的效果，但是要推广到工程应用还需要更多的测试和可靠性评估，需要考虑使用的材料，以及制造工艺和结构的改进。同时，可以把拓扑优化的方法引入可变形机翼的设计，进一步扩展可变体飞行器的设计方法，提高其性能并减轻质量[95]。此外，驱动微结构的变形需要引入额外的驱动器，会带来额外的重量增加、体积占用和能量消耗[89]，值得深入研究高效且能集成到可变形机翼微单元中的驱动器。

7.3.2　可变径车轮结构应用

陆面载具的行进装置很大程度上决定了载具的服役环境。可变形车轮能够根据外结构的环境改变外形，能够大幅提高陆面载具在不同环境下的通过能力。发展可变形车轮，对于野外探测器、地外星球表面探测器的研发具有重大意义。除了依靠传统的机械结构实现车轮的变形外，目前不少研究者已经将可变形微结构用到了车轮的设计中。

米其林公司为NASA的ATHLETE月球探测器开发了一款非充气柔性车轮[96]。该车轮的主材料是一种可耐低温的柔性聚合物，同时借助于胎体部分所包含的类蜂窝微结构设计放大变形能力，该轮胎能够提供在月球表面的低重力环境下正常行驶所需的刚度，同时在面对崎岖不平的路面时，也能够被动产生较大的变形来提供良好的缓冲效果，有效提高了月球探测器的通过性。此外，国内外也有研究尝试把蜂窝、负泊松比蜂窝、点阵结构等微结构运用在非充气车轮的设计中，除了更好的变形能力之外，此种车轮还具有更好的安全性、抗损伤性等优势[97-98]［图7-12（a）]。

折纸结构也被广泛运用在可变径车轮的设计中[99-100]。Rhoads等[101]利用“平行圆柱”折纸结构设计了一种可变径车轮，并给出了该车轮的直径可变比与几何参数之间的关系。随后他们制造了一款具有4个可变径车轮的小车模型，通过控制车轮直径即可实现转弯，而无须设置其他的转向系统［图7-12（b）]。Lee等[102]基于水弹折纸结构，利用柔性材料设计了一款可变形车轮，该车轮可以通过控制车轮的轴向长度来调节车轮的直径［图7-12（c）]。Banerjee等[103]基于类似雨伞的折纸结构设计了一款可变径车轮。当折纸结构完全收拢时，车轮直径最小，而当完全打开时，车轮直径最大，变径比可达2以上。搭载此变径车轮的小车在通过性能上优于固定直径车轮的版本：当车轮直径较大时，车辆能够通过更崎岖不平的路面；而当车轮直径较小时，车辆则能够通过更低矮的空间，同时具有更灵敏的加减速响应。

图7-12 非充气车轮[97-98]（a)；“平行圆柱”折纸可变径车轮[101]（b)；水弹折纸变形车轮[102]（c)

为了推广类蜂窝微结构非充气可变形轮胎的工程应用，研究者们考虑和研究了其气动特性和静动态特性[104-105]。但是现在的非充气轮胎设计没有考虑到载运工具的行驶速度，以及不同行驶工况下的性能，值得更进一步研究。由于材料限制，折纸可变径车轮的承载能力较为有限，研究者们为提高车轮的承载能力做出了尝试。Lee等[106]在水弹折纸变径车轮的基础上做出了一定的结构调整，用更厚、刚度更高的金属板制造了此种结构的车轮。在此基础上，他们加入了缓冲外胎、内部锁定等结构，开发出了一款可实车装载的可变径车轮。该车轮拥有米级的大尺寸，可在0.46～0.8m范围内变径，并且拥有更大的承载能力，可在承载乘客和底盘系统的情况下实现变径功能。

7.3.3 可展开结构应用

由于载运工具的载运空间有限，可展开结构的应用能够大幅节省空间，类似的情境包括：卫星太阳能电池板、需随行携带的应急救援物品、需大量运输的建筑构件等。折剪纸超材料具有可折叠、展开为平面的特性，在可展开结构的设计中具有重要的意义[107]。

Melancon等[108]发现，当折纸结构的图案在展平和折叠两种状态下满足一定几何关系时，折纸结构可具备双稳态特性。基于这一发现，他们设计了一系列具有双稳态的封闭多面体折纸结构，能够实现从完全平面状态到立体几何形态的转换，并可以通过对称、阵列等方法向更大尺度扩展。他们展示了利用这套方法设计制造的可充气应急拱桥和可充气应急避难屋，这些物品在完全折叠状态下都只占用很小的物理空间［图7-13（a）］。Chen等[109]将太阳能电池板设计成为折纸结构，并与用SMP驱动的支架安装在一起，开发出一套可折叠展开的太阳能电池板系统。该系统从折叠到展开状态能够实现约10倍的面积变化［图7-13（b）］。传统折纸艺术都是用很薄的纸来进行折叠，大部分折纸结构的研究延续了这一特点，结构的厚度比较小甚至可以忽略不计。当结构拥有较大的厚度时，结构沿折痕的旋转、结构的折叠和展开都会受到影响，这一定程度上限制了折纸结构在更多领域的应用。为解决这一问题，研究者们目前提出了如图7-13（c）所示的铰链移位、体积裁切、面板平移、折痕平移等方式，让使用较厚的刚性平板组成折纸结构成为可能[110-111]。Zhu等[111]运用铰链移位法的设计思路，使用厚木板制造了一种可模块化组装的折纸结构。该结构可以完全折叠为彼此紧密排布的若干木板，也可以按需求展开为板状、筒状、C字状等不同的折叠状态。此外，通过简单的铰链连接，该结构还可以沿着一个方向不断延长。Zhu等利用此折纸结构搭建了临时木桥、车站、木塔等建筑结构，充分展示了其应急避难、快速搭建上的优势。力学实验表明，通过此模块搭建的小型木桥能够承受250kg左右的重量，而木塔结构能够承受约2.1t的压力，具有优异的承载能力［图7-13（d）］。

由于折剪纸结构的设计需要严格满足一系列几何关系，这使得折纸结构在实际工程中的设计难度较大。几乎只有拥有丰富经验和高超技艺的折纸艺术家，才能依靠人力设计折纸的平面折痕，从而实现复杂几何外形的构筑。针对折纸结构难以设计的问题，许多学者针对折纸结构的逆向设计和定制提出了系统性的解决方案与实现工具。Zhao等[112]提出了一种从目标曲面逆向设计水弹折纸结构及其展开平面和折痕的数值算法。他们将水弹结构的一个单元用其外包络矩形框替代，在确定了目标设计曲面后，首先用这些矩形框近似地填充入这个曲面，再基于所得框的分布方式生成最终的水弹折纸结构。Dudte等[113]基于Miura形折纸单元提出了一种数值算法，该算法可以依据空间中具有特定高斯曲率的曲面，逆向设计出具有Miura单元的折纸结构，并能够在真实世界依据其折痕折叠形成。利用此数值设计工具，Dudte等设计并制作出了具有零、正、负高斯曲率的折纸结构实物［图7-13（e）]。他们同样提出了剪纸结构的逆向设计方法，任意一个目标曲率和形状的曲面都可以基于数值优化的方法，逆向设计出原始纸张的形状及裁剪方式[114-115]［图7-13（f）]。这些逆向设计工具对于工程中设计可展开结构具有重要的指导意义。

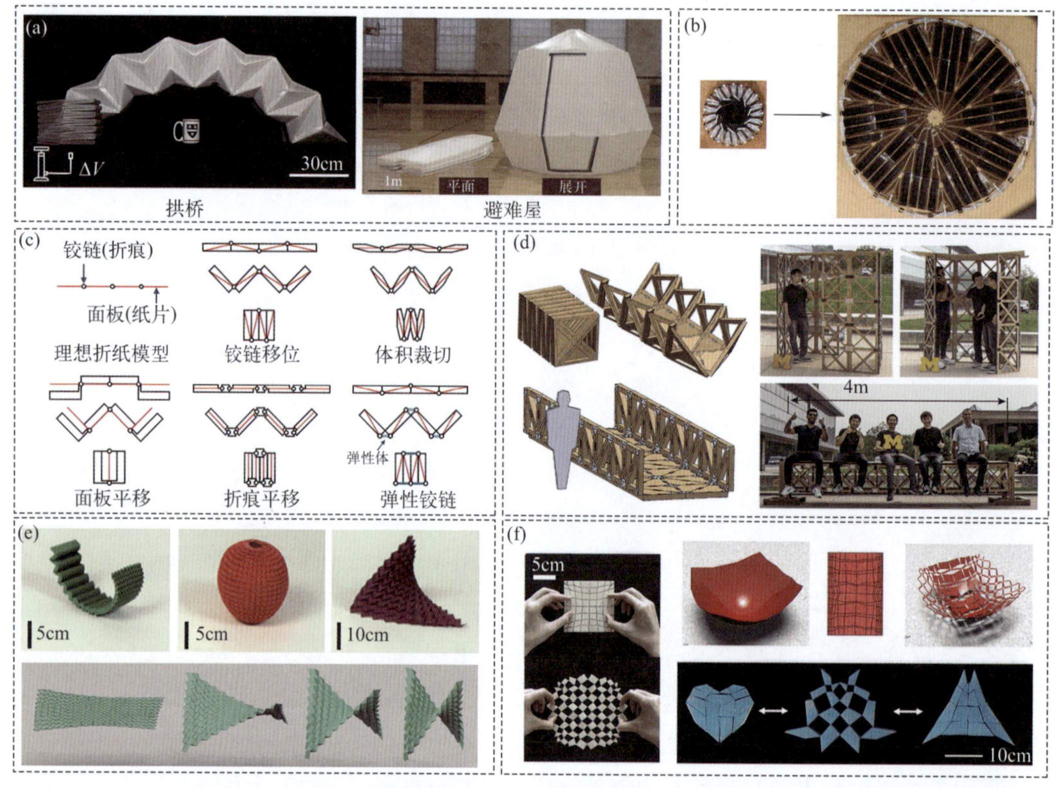

图7-13　利用双稳态折纸结构制造的平面展开结构（a）；可折叠太阳能电池板[108]（b）；厚面板折纸结构的设计策略[110-111]（c）；厚木板制造的模块化组装折纸结构[111]（d）；Miura折纸结构的逆向设计[113]（e）；剪纸结构的逆向设计[114-115]（f）

7.3.4　性能可在线调控结构应用

一般来讲，针对某种确定微观结构的材料，其性能是固定的。利用可变形超材料的变形特性，在完成超材料制备之后，仍可以通过部分超材料单胞的变形再次实现其性能的调控。利用这种策略，超材料的性能从“可编程”进一步发展至“可在线调控”及“可重构”，赋予了超材料更广阔的可能性[116]。以汽车防撞梁为例，当发生不严重的碰撞时，其需要足够刚硬来避免结构变形，以减少维修费用；而在严重的碰撞事故发生时，防撞梁又需要具有足够大的变形能力来吸收碰撞能量，以减少对乘客及行人的伤害，传统的材料很难同时兼顾到两者，需要能对结构性能进行调控来适应两种不同场景。还有车轮的软硬在行驶中的通过性和速度的矛盾关系等，因此结构性能的在线调控在载运工具中具有广阔的应用前景。

可变形超材料在不同的形状下具有不同的力学响应，因此研究者们想到可以利用这一特性来实现超材料力学性能的在线调控。Chen 等[117]设计了一种电磁驱动的双稳态超材料。此种超材料的单胞中包括一个覆斗状双稳态薄壳，其上连接了一块磁性材料，其在磁场的作用下会对双稳态薄壳施加压力或拉力，从而控制双稳态薄壳的稳态切换。在两种稳态下，单胞在压缩载荷下会展现出差一个数量级的压缩刚度。双稳态切换的过程中，薄壳产生的均为弹性变形，因此单胞的稳态切换是可逆的、可重复触发的。基于以上特性，通过对单胞阵列所形成的超材料的每个单胞进行独立电磁控制，该电磁超材料能够展现出如计算机硬盘一样可“写入”、可“读取”、可“反复擦写”的力学性能调控特性［图 7-14（a）］。Lin 等[118]将双稳

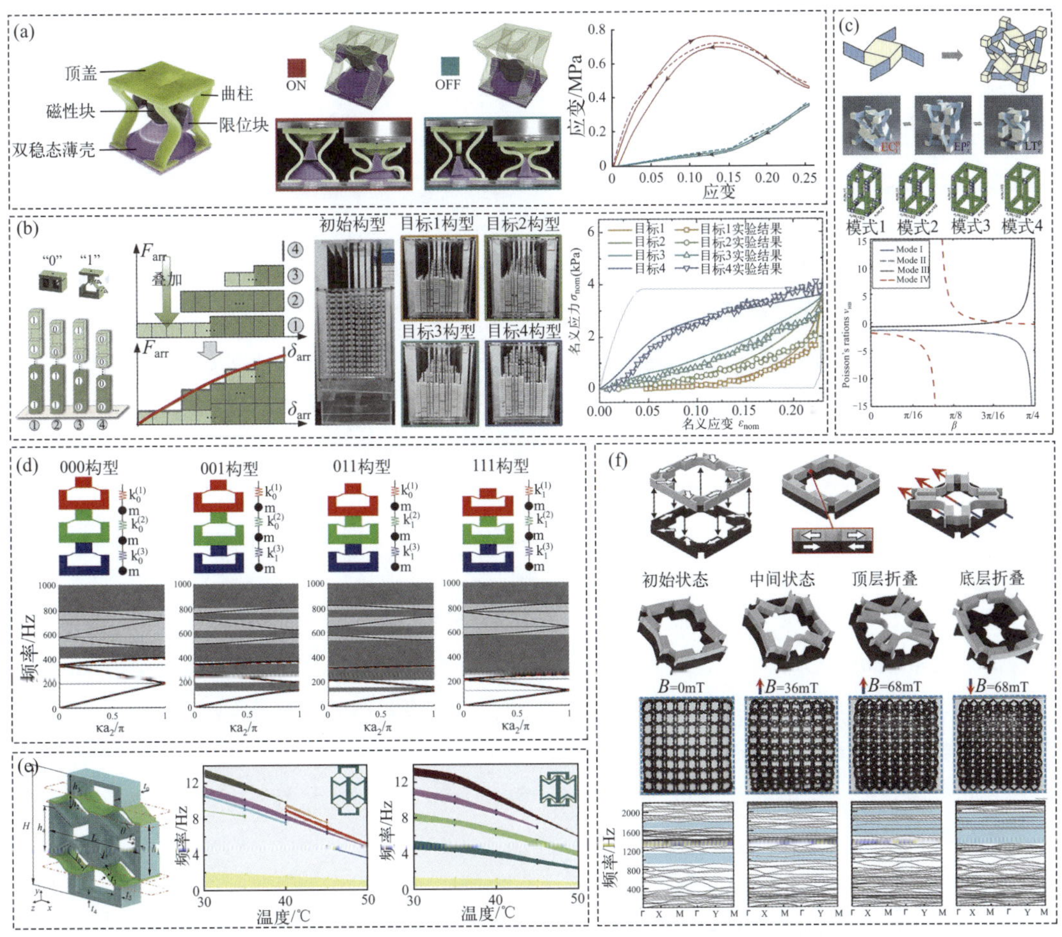

图 7-14　借助双稳态构造的磁驱可擦写调控结构[117]（a）；利用双稳态结构实现目标压缩性能的定制和重构[118]（b）；折纸结构组成的可重构结构[119]（c）；利用双稳态结构实现弹性波带隙的在线调控[122]（d）；SMP 双稳态结构能够根据温度的改变调控弹性波带隙[123]（e）；具有可变面密度的超材料，可通过磁场调控结构的弹性波带隙[124]（f）

第 7 章

态结构在两种稳态下分别视为“0”和“1”状态，它们具有不同的压缩力学响应。将双稳态单胞按照设计好的“0”“1”序列串联在一起，即可定制一列结构的力学响应；多个不同的序列再彼此并联，即可像搭积木一样将结构整体的力学响应构建出来。通过切换各个单胞的稳态，结构还可以实现力学性能的大范围重构。他们用曲梁双稳态结构作为单胞制造了这种超材料，之后选取了可重构范围内的4种目标响应，压缩试验结果表明该超材料能够精确地实现4种目标响应的定制［图7-14（b）］。Liu等[119]用折纸方法构造了具有Wohlhart运动分叉现象的超材料单胞，在不同的运动路径下，单胞能够展现出正、负、零泊松比效应。由这种单胞构成的超材料，在单胞不同的运动路径的组合之下，能够展现出不同的泊松比、手性和刚度，以此来实现材料的可重构调控［图7-14（c）］。

超材料具有禁止声波/弹性波传播的频率带隙，即它们在传播过程中会迅速衰减，类似于光学中的光子带隙[120-121]。借助自身的变形能力，超材料能够调控内部弹性波的传播能力。Meaud等[122]将曲梁双稳态结构视作一个一维的弹簧质量系统。多个双稳态单胞串联在一起能够组成具有高设计自由度的弹性波调控超材料。对于单胞主要通过结构的几何参数、材料的改变来调控等效性能；而整个超材料又可以通过不同单胞的稳态切换及其组合来在线调控材料的弹性波带隙［图7-14（d）］。Wang等[123]使用SMP材料打印了曲梁双稳态材料，能够通过温度来改变材料的形态。他们通过实验证明，该结构在不同的温度下，由于变形的不同，能够展现出截然不同的弹性波带隙［图7-14（e）］。Sim等[124]将具有不同磁响应的磁性材料块体用柔性材料连接在一起作为单胞，当施加均匀磁场时，磁性单胞会向内偏转产生变形。他们进而将单胞扩展到二维超材料，并将两层磁响应不同的二维超材料叠合在一起，设计出了一种双层超材料。通过两层结构不同程度的变形，该材料能够在几乎不改变等效面积的情况下显著调节其等效面密度，从而进一步影响材料对声波的滤过性。实验结果表明，仅简单地调节施加在结构上的磁场强度和方向，就可以使固定排列的超材料展现出4种不同的弹性波带隙，实现材料的在线减震性能调控［图7-14（f）］。

总结

可变形超材料具有高度的可设计性和性能可定制性，具有巨大的应用潜力和广阔的应用空间。通过各色的设计策略和力学原理，研究人员们构建出不同类型的可变形超材料并开展了研究。本章概述了当前可变形超材料的发展现状，总结归纳了几种典型的可变形超材料及其设计策略，并着重介绍了目前可变形超材料在载运工具领域的一些应用尝试。针对目前的研究现状，并结合空天载运工具的应用特点，我们认为可变形超材料还有以下的关键问题值得关注和研究：

① 承载/变形一体化：现有的可变形超材料的研究大多更关注结构的变形能力，对其承载性能往往关注不多。但在实际工程中，关键的受载部件的可变形能力更具价值。因此，如何设计兼具优异承载能力和变形能力的超材料，考虑实际服役载荷环境对其强度与结构完整性的影响，对于可变形超材料在实际工程中的运用至关重要。

② 结构/驱动一体化：虽然目前可变形超材料的驱动包括机械、热、磁、电等多样化的

驱动方式，但当我们仔细审视时，会发现这些驱动都或多或少存在局限性：机械驱动实现简单，但是往往需要占用更多的额外空间，并带来附加重量；形状记忆金属、形状记忆合金通常只能实现单向的形状改变；热膨胀、磁效应等多物理场驱动方式能实现结构的自驱动，但是通常需要持续施加物理场，对于需要长期变形的场景，其能耗不容小视。因此，结合材料科学、力学等领域，设计出可控、自驱、多路径、节能的可变形超材料是未来发展的重要方向。此外，考虑与机构驱动的可变形结构融合设计，对于可变体飞行器是更具应用前景的路径。

③ 极端环境耐受性：空天领域存在如高低温循环剧变、天体碎片冲击、超高速飞行时气动热等极端环境，对于材料的性能有着更严苛的要求。目前可变形超材料的研究基本是在常规环境中开展，在极端环境下的研究较少。研究可变形超材料在极端环境下的表现，得到具有良好耐受性的可变形超材料，对于其在空天领域的实际运用不可或缺。

④ 可制造性：由于可变形超材料一般具有复杂的微结构，目前其制造高度依赖于3D打印工艺。虽然3D打印技术近年来也在不断发展进步，但总体来说耗时较长、成本较高，打印结构的性能可靠性也与材料体系紧密相关。因此，针对工程结构应用，兼顾考虑制造工艺的设计，对可变形超材料的推广应用极其重要。

参考文献

[1] 白鹏，陈钱，徐国武，等．智能可变形飞行器关键技术发展现状及展望．空气动力学学报，2019,37:426-443.

[2] 胡睿，孟军辉，马诺，等．跨域翼身融合变体飞行器结构 / 机构一体化设计．无人系统技术，2024,7:51-64.

[3] Siddall R, Ancel A O, Kovac M. Wind and water tunnel testing of a morphing aquatic micro air vehicle. Interface Focus, 2017,7:15.

[4] Yang X, Zhou Y, Zhao H, et al. Morphing matter: From mechanical principles to robotic applications. Soft Sci, 2023,3:38.

[5] 陈焱．基于机构运动的大变形超材料．机械工程学报，2020,56:2-13.

[6] 基于超材料的自适应变体结构技术研究进展．航空科学技术，2024,35:45-59.

[7] Jiao P, Mueller J, Raney J R, et al. Mechanical metamaterials and beyond. Nat Commun, 2023,14:6004.

[8] Lee D, Chen W, Wang L, et al. Data-driven design for metamaterials and multiscale systems: A review. Adv Mater, 2023, 36:e2305254.

[9] Li J, Wang W, Xie Y, et al. A sound absorbing metasurface with coupled resonators. Appl Phys Lett, 2016,109:091908.

[10] 韦叶金，赵宏刚，王洋，等．静水压下水声吸声材料研究进展．科学通报，2024,69:2368-2379.

[11] Watts C M, Liu X, Padilla W J. Metamaterial electromagnetic wave absorbers. Adv Mater, 2012,24:OP98-OP120.

[12] 陈易诚，涂建勇，李鑫，等．雷达 / 红外兼容隐身材料设计原理及研究进展．材料导报，2025, 39: 23120256.

[13] 陈康康，董兴建，彭志科，等．拓扑超材料中弹性波模式分离及能量聚集．力学学报，2024,56:2669-2680.

[14] 王江涛，陈帅，沈承，等．吸波材料/结构及吸波-承载功能一体化结构研究进展．复合材料学报，2024,41:3866-3882.

[15] 周济，于相龙．2023 年超材料热点回眸．科技导报，2024,42:63-71.

[16] Jenett B, Cameron C, Tourlomousis F, et al. Discretely assembled mechanical metamaterials. Sci Adv, 2020,6: eabc9943.

[17] Liu W, Li H, Zhang J, et al. In-plane mechanics of a novel cellular structure for multiple morphing applications. Compos Struct, 2019,207:598-611.

[18] Vos R, Barrett R. Mechanics of pressure-adaptive honeycomb and its application to wing morphing. Smart Mater Struct, 2011,20:094010.

[19] Luo Q, Tong L. Adaptive pressure-controlled cellular structures for shape morphing i: Design and analysis. Smart Mater Struct, 2013,22:055014.

[20] 陈以金．变体飞行器柔性蒙皮及支撑结构性能研究．哈尔滨：哈尔滨工业大学，2015.

[21] Bubert E A, Woods B K S, Lee K, et al. Design and fabrication of a passive 1D morphing aircraft skin. J Intell Mater Syst Struct, 2010,21:1699-1717.

[22] Dikici Y, Jiang H, Li B, et al. Piece-by-piece shape-morphing: Engineering compatible auxetic and non-auxetic lattices to improve soft robot performance in confined spaces. Adv Eng Mater, 2022,24: 2101620.

[23] Shan S, Kang S, Raney J R, et al. Multistable architected materials for trapping elastic strain energy. Adv Mater, 2015,27:4296-4301.

[24] 吴耀鹏．双稳态薄壳结构的边界效应研究．工程力学，2013,30:266-271.

[25] Chen T, Mueller J, Shea K. Integrated design and simulation of tunable, multi-state structures fabricated monolithically with multi-material 3D printing. Sci Rep, 2017,7:45671.

[26] Haghpanah B, Salari-Sharif L, Pourrajab P, et al. Multistable shape-reconfigurable architected materials. Adv Mater, 2016,28:7915-7920.

[27] Jiang Y, Korpas L M, Raney J R. Bifurcation-based embodied logic and autonomous actuation. Nat Commun, 2019,10:128.

[28] Che K, Yuan C, Wu J, et al. Three-dimensional-printed multistable mechanical metamaterials with a deterministic deformation sequence. J Appl Mech, 2017,84:011004.

[29] Rafsanjani A, Akbarzadeh A, Pasini D. Snapping mechanical metamaterials under tension. Adv Mater, 2015,27:5931-5935.

[30] Giri T R, Mailen R. Controlled snapping sequence and energy absorption in multistable mechanical metamaterial cylinders. Int J Mech Sci, 2021,204:106541.

[31] Yang H, Ma L. 1D to 3D multi-stable architected materials with zero poisson’s ratio and controllable thermal expansion. Mater Design, 2020,188:108430.

[32] Liu Y Z, Pan F, Xiong F, et al. Ultrafast shape-reconfigurable chiral mechanical metamaterial based on prestressed bistable shells. Adv Funct Mater, 2023,33:2300433.

[33] Liu Y, Pan F, Ding B, et al. Multistable shape-reconfigurable metawire in 3D space. Extreme Mech Lett, 2022,50:101535.

[34] Liu M, Domino L, Dupont De Dinechin I, et al. Snap-induced morphing: From a single bistable shell to the origin of shape bifurcation in interacting shells. J Mech Phys Solids, 2023,170:105116.

[35] Turner N, Goodwine B, Sen M. A review of origami applications in mechanical engineering. Proc Inst Mech Eng Pt C-J Mech Eng Sci, 2015,230:2345-2362.

[36] Ning X, Wang X, Zhang Y, et al. Assembly of advanced materials into 3D functional structures by methods

inspired by origami and kirigami: A review. Adv Mater Interfaces, 2018,5:1800284.

[37] Zhai Z, Wu L, Jiang H. Mechanical metamaterials based on origami and kirigami. Appl Phys Rev, 2021,8:041319.

[38] Filipov E T, Tachi T, Paulino G H. Origami tubes assembled into stiff, yet reconfigurable structures and metamaterials. Proc Natl Acad Sci USA, 2015,112:12321-12326.

[39] Chen Y, Feng H, Ma J, et al. Symmetric waterbomb origami. Proc R Soc A-Math Phys Eng Sci, 2016,472:20150846.

[40] Jin L, Forte A E, Deng B, et al. Kirigami-inspired inflatables with programmable shapes. Adv Mater, 2020,32:e2001863.

[41] 朱一然，张海鹏，翟思琦，等．仿生蜻蜓脉膜折纸结构的压缩性能研究．中国科学：技术科学，2024,54:678-689.

[42] Zhai Z, Wang Y, Jiang H. Origami-inspired, on-demand deployable and collapsible mechanical metamaterials with tunable stiffness. Proc Natl Acad Sci USA, 2018,115:2032-2037.

[43] Wu S, Ze Q, Dai J, et al. Stretchable origami robotic arm with omnidirectional bending and twisting. Proc Natl Acad Sci USA, 2021,118:e2110023118.

[44] Rafsanjani A, Pasini D. Bistable auxetic mechanical metamaterials inspired by ancient geometric motifs. Extreme Mech Lett, 2016,9:291-296.

[45] Zhang X, Ma J, Li M, et al. Kirigami-based metastructures with programmable multistability. Proc Natl Acad Sci USA, 2022,119:e2117649119.

[46] Felton S M, Becker K P, Aukes D M, et al. Self-folding with shape memory composites at the millimeter scale. J Micromech Microeng, 2015,25:085004.

[47] 刘志鹏，韩宾，李芸瑜，等．3D 打印形状记忆智能剪纸结构．精密成形工程，2023,15:39-45.

[48] 刘艳芬，李爽，郎子锐，等．Fe 对 Ni-Mn-Ga 合金微丝形状记忆效应的影响．材料工程，2024,52:182-191.

[49] 党明珠，向泓澔，蔡超，等．4D 打印形状记忆合金研究进展与展望．航空科学技术，2022,33:94-108.

[50] Wang Y, Dang A, Zhang Z, et al. Repeatable and reprogrammable shape morphing from photoresponsive gold nanorod/liquid crystal elastomers. Adv Mater, 2020,32:e2004270.

[51] Cosma M P, Brighenti R. Controlled morphing of architected liquid crystal elastomer elements: Modeling and simulations. Mech Res Commun, 2022,121:103858.

[52] Wang Y, Ye H, He J, et al. Electrothermally controlled origami fabricated by 4D printing of continuous fiber-reinforced composites. Nat Commun, 2024,15:2322.

[53] Li Y, Teixeira Y, Parlato G, et al. Three-dimensional thermochromic liquid crystal elastomer structures with reversible shape-morphing and color-changing capabilities for soft robotics. Soft Matter, 2022,18:6857-6867.

[54] Arslan H, Nojoomi A, Jeon J, et al. 3D printing of anisotropic hydrogels with bioinspired motion. Adv Sci, 2019,6:1800703.

[55] Chen Y, Wu B, Destrade M, et al. Voltage-controlled topological interface states for bending waves in soft dielectric phononic crystal plates. Int J Solids Struct, 2022,259:112013.

[56] Anderson I A, Gisby T A, Mckay T G, et al. Multi-functional dielectric elastomer artificial muscles for soft and smart machines. J Appl Phys, 2012,112:041101.

[57] Zhao Z, Chen Y, Hu X, et al. Vibrations and waves in soft dielectric elastomer structures, Int J Mech Sci, 2023,239:107885.

[58] Su Y, Shen X, Zhao Z, et al. Electromechanical deformations and bifurcations in soft dielectrics: A review.

Mater, 2024, 17:1499.

[59] Jandron M, Henann D L. A numerical simulation capability for electroelastic wave propagation in dielectric elastomer composites: Application to tunable soft phononic crystals. Int J Solids Struct. 2018,150:1-21.

[60] Boley J W, Van Rees W M, Lissandrello C, et al. Shape-shifting structured lattices via multimaterial 4D printing. Proc Natl Acad Sci USA, 2019,116:20856-20862.

[61] Ni X, Guo X, Li J, et al. 2D mechanical metamaterials with widely tunable unusual modes of thermal expansion. Adv Mater, 2019,31:e1905405.

[62] Han Z, Wang Z, Wei K. Shape morphing structures inspired by multi-material topology optimized bi-functional metamaterials. Compos Struct, 2022,300:116135.

[63] Meng Z, Liu M, Yan H, et al. Deployable mechanical metamaterials with multistep programmable transformation. Sci Adv, 2022,8:eabn5460.

[64] Van Manen T, Janbaz S, Zadpoor A A. Programming 2D/3D shape-shifting with hobbyist 3D printers. Mater Horizons, 2017,4:1064-1069.

[65] Chen J, Jiang J, Weber J, et al. Shape morphing by topological patterns and profiles in laser-cut liquid crystal elastomer kirigami. ACS Appl Mater Interfaces, 2023,15:4538-4548.

[66] Li S, Deng B, Grinthal A, et al. Liquid-induced topological transformations of cellular microstructures. Nature, 2021,592:386-391.

[67] Sim J, Zhao R. Magneto-mechanical metamaterials: A perspective. J Appl Mech, 2024,91:031004.

[68] Li Y, Avis S J, Zhang T, et al. Tailoring the multistability of origami-inspired, buckled magnetic structures via compression and creasing. Mater Horizons, 2021,8:3324-3333.

[69] Burgert I, Fratzl P. Actuation systems in plants as prototypes for bioinspired devices. Philos Trans R Soc A-Math Phys Eng Sci, 2009,367:1541-1557.

[70] Harrington M J, Razghandi K, Ditsch F, et al. Origami-like unfolding of hydro-actuated ice plant seed capsules. Nat Commun, 2011,2:337.

[71] Braam J. In touch: Plant responses to mechanical stimuli. New Phytol, 2005,165:373-389.

[72] Vincent O, Weisskopf C, Poppinga S, et al. Ultra-fast underwater suction traps. Proc R Soc B-Biol Sci, 2011,278:2909-2914.

[73] Poppinga S, Hartmeyer S R, Seidel R, et al. Catapulting tentacles in a sticky carnivorous plant. PLoS One, 2012,7:e45735.

[74] Faber J A, Arrieta A F, Studart A R. Bioinspired spring origami. Science, 2018,359:1386-1391.

[75] Sullivan T N, Wang B, Espinosa H D, et al. Extreme lightweight structures: Avian feathers and bones. Mater Today, 2017,20:377-391.

[76] Connors M, Yang T, Hosny A, et al. Bioinspired design of flexible armor based on chiton scales. Nat Commun, 2019,10:5413.

[77] Martini R, Balit Y, Barthelat F. A comparative study of bio-inspired protective scales using 3D printing and mechanical testing. Acta Biomater, 2017,55:360-372.

[78] Sherman V R, Quan H, Yang W, et al. A comparative study of piscine defense: The scales of arapaima gigas, latimeria chalumnae and atractosteus spatula. J Mech Behav Biomed Mater, 2017,73:1-16.

[79] 冉茂鹏，王成才，刘华华，等．变体飞行器控制技术发展现状与展望．航空学报，2022, 43: 432-449.

[80] Ajaj R M, Friswell M I, Bourchak M, et al. Span morphing using the gnatspar wing. Aerosp Sci Technol, 2016,53:38-46.

[81] Woods B K S, Friswell M I. Preliminary investigation of a fishbone active camber concept//Proceedings

of the ASME 2012 Conference on Smart Materials, Adaptive Structures and Intelligent Systems. Atlanta: ASME, 2012. 555-563.

[82] 李扬，陈小雨，张凯航，等．考虑几何非线性的变弯度机翼鱼骨结构分析研究．现代机械，2021,4:7-13.

[83] Tian Y, Wang T, Liu P, et al. Aerodynamic/mechanism optimization of a variable camber fowler flap for general aviation aircraft. Sci China Technol Sc, 2016,60:1144-1159.

[84] 吴斌，杜旭朕，汪嘉兴．变体飞机智能结构技术进展．航空科学技术，2022,33:13-30.

[85] 张征，吴和龙，吴化平，等．双稳态结构驱动的可变形机翼模型研究．轻工机械，2012,30:39-42+47.

[86] Jenett B, Calisch S, Cellucci D, et al. Digital morphing wing: Active wing shaping concept using composite lattice-based cellular structures. Soft Robot, 2017,4:33-48.

[87] Cramer N B, Cellucci D W, Formoso O B, et al. Elastic shape morphing of ultralight structures by programmable assembly. Smart Mater Struct, 2019,28:055006.

[88] 熊继源，戴宁，叶世伟，等．力学超材料柔性后缘设计技术．航空科学技术，2022,33:81-87.

[89] Wang C, Wang Z, Wang H, et al. Customized deformation behavior of morphing wing through reversibly assembled multi-stable metamaterials. Smart Mater Struct, 2024,33:045015.

[90] Cheng G, Ma T, Yang J, et al. Design and experiment of a seamless morphing trailing edge. Aerospace, 2023,10:282.

[91] Bartley-Cho J D, Wang D, Martin C A, et al. Development of high-rate, adaptive trailing edge control surface for the smart wing phase 2 wind tunnel model. J Intell Mater Syst Struct, 2016,15:279-291.

[92] Zhao W, Lin S, Wang S, et al. Flexible composite structure with customizable in-plane poisson's ratio under large deformation. Compos Struct, 2024,339: 118127.

[93] Barbarino S, Gandhi F, Webster S D. Design of extendable chord sections for morphing helicopter rotor blades. J Intell Mater Syst Struct, 2011,22:891-905.

[94] Boston D M, Phillips F R, Henry T C, et al. Spanwise wing morphing using multistable cellular metastructures. Extreme Mech Lett, 2022,53:101706.

[95] Aage N, Andreassen E, Lazarov B S, et al. Giga-voxel computational morphogenesis for structural design. Nature, 2017,550:84-86.

[96] Kotowick K, Barmore D, Geiger L, et al. Conceptual designs for volatile mining operations in lunar cold trap environments//Proceedings of the 44th International Conference on Environmental Systems. Tuscon: ICES, 2014.

[97] 张甲瑞，苏洪明，谭千雄，等．基于三维点阵材料的免充气轮胎设计．汽车实用技术，2019, 18: 54-56.

[98] Ju J, Kim D M, Kim K. Flexible cellular solid spokes of a non-pneumatic tire. Compos Struct, 2012,94:2285-2295.

[99] Lee D Y, Jung G P, Sin M K, et al. Deformable wheel robot based on origami structure//Proceedings of 2013 IEEE International Conference on Robotics and Automation. New York: IEEE, 2013: 5612-5617.

[100] Lee D Y, Kim S R, Kim J S, et al. Origami wheel transformer: A variable-diameter wheel drive robot using an origami structure. Soft Robot, 2017,4:163-180.

[101] Rhoads B P, Su H J. The design and fabrication of a deformable origami wheel//Proceedings of the ASME 2016 International Design Engineering Technical Conferences and Computers and Information in Engineering Conference, Vol 5B. New York: ASME, 2016: 21-24.

[102] Lee J Y, Kang B, Lee D Y, et al. Development of a multi-functional soft robot (SNUMAX) and performance in robosoft grand challenge. Front Robot AI, 2016,3:63.

[103] Banerjee H, Kakde S, Ren H, et al. Orumbot: Origami-based deformable robot inspired by an umbrella structure//Proceedings of 2018 IEEE International Conference on Robotics and Biomimetics. New York: IEEE, 2018: 910-915.

[104] Yang J, Zhou H, Zhou H, et al. Comparative study of static and dynamic characteristics of non-pneumatic tires with gradient honeycomb structure. J Braz Soc Mech Sci Eng, 2024,46:366.

[105] Zhou X, Liu X, Xu T, et al. Numerical investigation and comparison of the aerodynamic characteristics of non-pneumatic tire and pneumatic tire. J Wind Eng Ind Aerod, 2024,250:105766.

[106] Lee D Y, Kim J K, Sohn C Y, et al. High-load capacity origami transformable wheel. Science Robotics, 2021,6:eabe0201.

[107] 冯慧娟，杨名远，姚国强，等．折纸机器人．中国科学：技术科学，2018,48:1259-1274.

[108] Melancon D, Gorissen B, Garcia-Mora C J, et al. Multistable inflatable origami structures at the metre scale. Nature, 2021,592:545-550.

[109] Chen T, Bilal O R, Lang R, et al. Autonomous deployment of a solar panel using elastic origami and distributed shape-memory-polymer actuators. Phys Rev Appl, 2019,11:064069.

[110] Ku J, Demaine E D. Folding flat crease patterns with thick materials. J Mech Robot, 2016,8:031003.

[111] Zhu Y, Filipov E T. Large-scale modular and uniformly thick origami-inspired adaptable and load-carrying structures. Nat Commun, 2024,15:2353.

[112] Zhao Y, Endo Y, Kanamori Y, et al. Approximating 3D surfaces using generalized waterbomb tessellations. J Comput Des Eng, 2018,5:442-448.

[113] Dudte L H, Vouga E, Tachi T, et al. Programming curvature using origami tessellations. Nat Mater, 2016,15:583-588.

[114] Choi G P T, Dudte L H, Mahadevan L. Programming shape using kirigami tessellations. Nat Mater, 2019,18:999-1004.

[115] Dudte L H, Choi G P T, Becker K P, et al. An additive framework for kirigami design. Nat Comput Sci, 2023,3:443-454.

[116] Sinha P, Mukhopadhyay T. Programmable multi-physical mechanics of mechanical metamaterials. Mat Sci Eng R, 2023, 155: 100745.

[117] Chen T, Pauly M, Reis P M. A reprogrammable mechanical metamaterial with stable memory. Nature, 2021,589:386-390.

[118] Lin X, Pan F, Yang K, et al. A stair-building strategy for tailoring mechanical behavior of re-customizable metamaterials. Adv Funct Mater, 2021,31:2101808.

[119] Liu W, Jiang H, Chen Y. 3D programmable metamaterials based on reconfigurable mechanism modules. Adv Funct Mater, 2021,32:2109865.

[120] Wu B, Jiang W, Jiang J, et al. Wave manipulation in intelligent metamaterials: Recent progress and prospects. Adv Funct Mater, 2024,34, 2316745.

[121] Pishvar M, Harne R L. Foundations for soft, smart matter by active mechanical metamaterials. Adv Sci, 2020,7:2001384.

[122] Meaud J, Che K. Tuning elastic wave propagation in multistable architected materials. Int J Solids Struct, 2017,122:69-80.

[123] Wang J, Liu X, Yang Q, et al. A novel programmable composite metamaterial with tunable poisson's ratio and bandgap based on multi-stable switching. Compos Sci Technol, 2022,219:109245.

[124] Sim J, Wu S, Dai J, et al. Magneto-mechanical bilayer metamaterial with global area-preserving density tunability for acoustic wave regulation. Adv Mater, 2023,35:e2303541.

作者简介

殷莎，北京航空航天大学航空学院教授、博士生导师，国家级青年人才，主要从事轻质多功能复合材料的设计与智造、低空新能源飞行器结构动力一体化安全设计。目前在空天结构及复合材料相关领域发表SCI论文60余篇（H-index为30）；主持科技部重点研发计划子课题2项、国家自然科学基金3项，与上市公司建立轻量化技术联合实验室，开展产学研合作研究并取得了良好的社会经济效益。

第 8 章

可穿戴光学汗液传感器

陈艳霞　陶秦爽　秦　雷　张学记

8.1 概述

随着人们生活水平日益提高与人口老龄化加剧，公众的健康意识显著提升。传统的健康监测方法往往依赖于大型医疗机构的设备和专业人员，而可穿戴传感器通过微型化、实时化设计打破了这种局限性，在健康监测领域发挥着重要作用。近些年来，许多非侵入式可穿戴体液监测系统快速崛起[1-2]，为人体健康监测开辟了新途径。

相较于其他体液（如泪液、唾液等）[1]，汗液不仅具有非侵入性采集优势，且含有丰富的生物标志物（如盐离子、乳酸、葡萄糖以及皮质醇等）[3-5]，其动态变化可实时反映人体生理状况[6-10]。汗液的无创性与生物标志物多样性，推动了可穿戴汗液传感器的发展。可穿戴汗液传感器能与人体皮肤紧密贴合，兼具灵活性、舒适性与便携性优势，为健康监测、疾病诊断与医疗护理等领域赋予了无限的可能性[11]。

近年来，汗液电化学传感器取得了一定的进展[12-13]，但其电信号抗干扰能力仍有提升空间。而光学传感不需要像电化学传感那样复杂的连接线结构及电子元件，其作为一种快速、简便的检测技术[14]，在可穿戴汗液传感领域中也发挥着至关重要的作用。因此，本章综述了近几年来国内外可穿戴光学汗液传感领域的研究，重点探讨了可穿戴光学汗液传感器的柔性界面材料、汗液采集方式和光学检测方法的研究现状。其中，柔性界面材料包括纸基、聚合物［如聚二甲基硅氧烷（polydimethylsiloxane，PDMS）、水凝胶］、织物、柔性微纳米材料等。汗液采集方式包括储存容器提取法、吸湿材料收集法、微流控装置收集法以及差异浸润性界面收集法。光学检测方法包括比色法、荧光法、表面增强拉曼散射［surface enhancement of Raman scattering，SERS］和其他光学检测方法（图8-1）。最后，我们还对未来新型可穿戴光学汗液传感器的发展及应用前景进行了展望。希望通过本综述引起研究者对可穿戴光学汗液传感器的关注，促进其在健康监测领域的发展，并为新型可穿戴光学汗液传感器的研究提供思路。

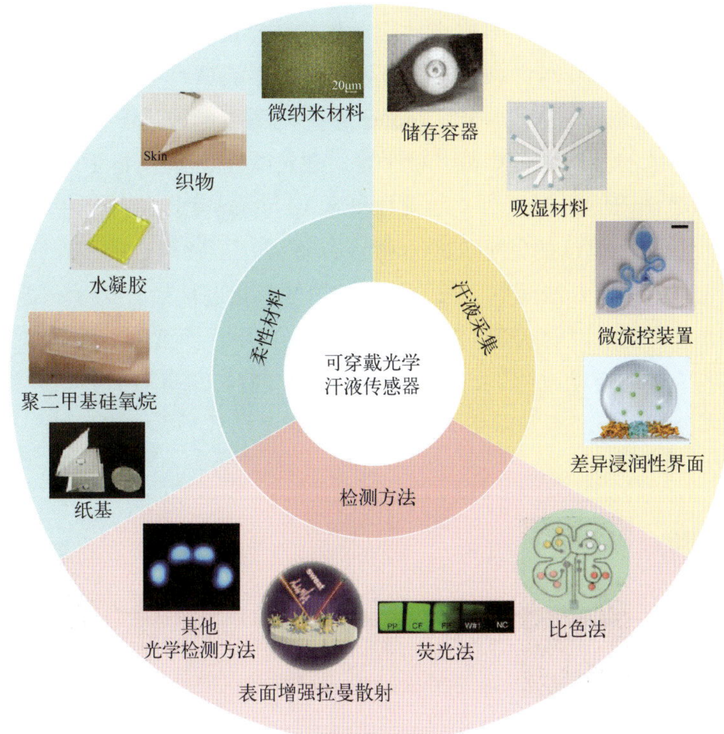

图 8-1　可穿戴光学汗液传感器（柔性界面材料、汗液采集方式以及汗液的光学检测方法）

8.2 柔性界面材料

在可穿戴光学汗液传感领域中，界面材料的选取是设计、构建光学汗液传感器以及提高其检测性能的关键。这些材料通常需要具备与特定光学检测技术相匹配的物理化学特性（如光学透明度、化学稳定性、机械柔韧性等)，以确保信号的准确转换和增强。例如，比色检测中选用的界面材料应减少对待测物质颜色变化的影响；荧光检测中选用的界面材料应具有较低的固有荧光背景。近年来，制备可穿戴光学汗液传感器常用的材料主要有纸基[15]、聚合物[16]、织物[17]以及柔性微纳米材料[18]等。

8.2.1 纸基

在可穿戴光学汗液传感器中，纸基是一种取材方便、成本低廉且具有良好便携性的柔性界面材料。Xiao 等[19]将氧等离子体处理后的棉线用于汗液的输送，将功能化滤纸作为汗液传感元件，制备出一种用于人体汗液中葡萄糖比色检测的分析装置。此外，由于纸基材料本身的特性，它可以被折叠和裁切成各种形状和结构以满足不同传感器的不同功能需求，这也为传感器的设计提供更大的灵活性。Weng等[20]采用丝网印刷和折叠技术设计出一种便携式三维微流控折纸光学传感器［图8-2（a）］。该传感器的吸汗层、输送层和覆盖层均由滤纸制成，反应层由硝酸纤维素膜构成。通过简单的折叠就能有效避免光学与化学污染，有利于人体汗液中皮质醇的荧光检测。Jain等[21]设计出一种用于实时监测排汗量的纸基放射状贴片，不同长度通道的终端均沉积有水性染料。排汗过程中通道被填充至饱和状态时，终端就会变色，进而能够可视化监测人体脱水水平。Vaquer等[22]制备出一种基于滤纸的集汗液体积传感器和乳酸传感器为一体的一次性可穿戴分析平台。通过微调该分析平台的形状等参数，还可将其用于汗液中葡萄糖浓度的测定[23]，检测限低至10^{-2} mmol/L，可用于检测低血糖。此外，该团队还设计出一种基于滤纸的能够实现汗液成分持续、精确测定的多路传感装置［图8-2（b）］[24]。该传感装置的制作方法简单，按照设定的规格形状进行裁剪即可，支持个性化定制。Gao等[25]制备的具有高拉伸性的纸基鱼形可穿戴传感器可用于汗液中乳酸、尿素的荧光传感，同时还可用于监测人体的运动过程。该装置中的可伸缩鳞状纸基网络是可调的，不同的裁切方式可以得到不同拉伸长度的纸基网络。

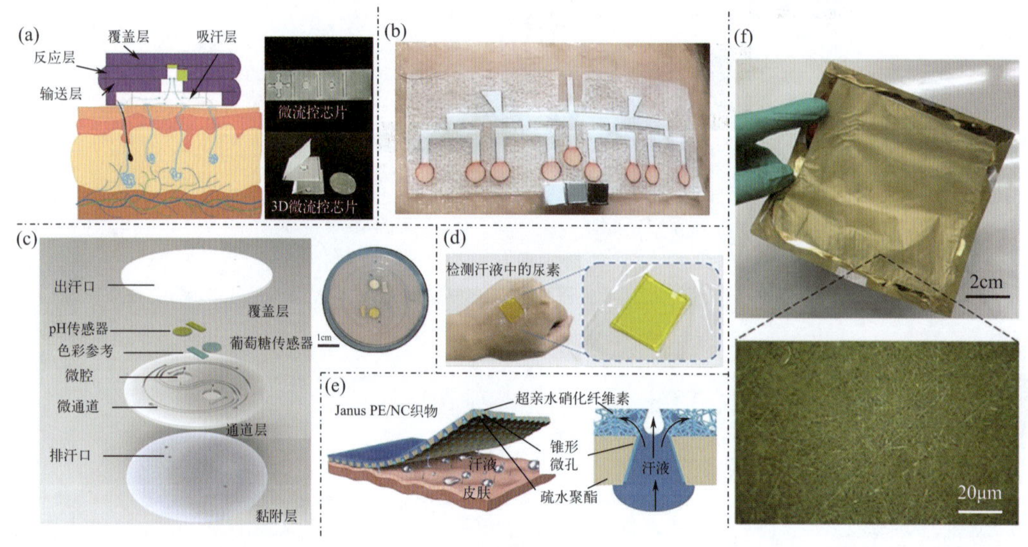

图8-2　柔性界面材料

（a）便携式三维微流控折纸光学传感器[20]；（b）基于滤纸的多路传感装置[24]；（c）基于PDMS的可穿戴微流控芯片[28]；（d）用于检测汗液中尿素的聚丙烯酰胺水凝胶贴片[35]；（e）仿生Janus织物[41]；（f）基于柔性金纳米网的可穿戴式传感器[42]

8.2.2 聚合物

相较于纸基的易变形、易破损性质，聚合物更加结实牢固，并且通过改变聚合物的化学结构可以增强其生物相容性、柔韧性等[26]。用于构建可穿戴光学汗液传感器的聚合物主要有PDMS、水凝胶等。

（1）PDMS

PDMS本身无毒、柔韧性好且具有良好的光学透明性和力学性能，通常可利用模塑法、软光刻技术等进行微流控装置的加工与制造[27-31]。Liu等[28]构建的可穿戴微流控芯片的通道层与封装层均由PDMS制成［图8-2（c）］，具有良好的生物相容性与灵活性。

然而，PDMS在性能上还存在一定的缺陷，如外表疏水、自身黏附性不强等，通常需要进一步改性处理后才能更好地应用。利用等离子体处理和化学修饰法对微流控装置的PDMS通道层进行亲水处理后，微通道在负毛细管压力的作用下可以很容易地将汗液快速吸入通道以完成后续检测[31]。等离子体处理操作简单，可以使PDMS表面亲水化。为了得到更持久的亲水效果，可在等离子体处理后利用化学修饰法在其表面引入亲水基团，以进一步提高其亲水性[31]。另外，为了提高PDMS的皮肤黏附性，Yuan等[32]通过在PDMS中添加聚乙氧基乙烯亚胺（polyethylenimine ethoxylated，PEIE）进行改性，制成黏性、柔性及可伸缩性更强的集收集、输送和储存汗液为一体的可穿戴微流控装置。该装置可以完美地贴合皮肤，提高汗液的收集效率。

（2）水凝胶

水凝胶自身具有良好的吸湿性以及生物相容性等特性，通过对水凝胶进行功能化修饰可以用于特异性识别。Siripongpreda等[33]将pH指示剂和葡萄糖酶等生物分子添加到制备的羧甲基纤维素/细菌纤维素水凝胶中制备出可用于汗液pH和葡萄糖检测的比色传感器。用该水凝胶传感器进行检测时，所需样品量少且响应速度快。其中，pH比色传感器的线性检测范围为pH4.0～9.0，葡萄糖比色传感器的线性检测范围为0～0.5mmol/L，检测限低至2.5×10^{-2} mmol/L。该水凝胶传感平台的提出为可穿戴传感器的设计开辟了新途径。Wang等[34]通过简单的溶剂置换法把比色试剂引入合成的聚乙烯醇/蔗糖水凝胶中，然后利用水凝胶的自愈合特性，将含有比色试剂的水凝胶组装在水凝胶基底上形成可穿戴汗液分析贴片，可用于汗液中生物标志物的原位比色检测。Hu等[35]通过将上转换荧光探针嵌入到多孔聚丙烯酰胺水凝胶中制成水凝胶贴片，其可利用内部滤光效应避免自然光、背景荧光等因素的干扰以提高检测灵敏度。将该贴片与便携式传感平台相结合，可用于人体汗液尿素水平的可视化检测［图8-2（d）］。Li等[36]通过在水凝胶中掺入比色试剂，开发出能够用于汗液中氯离子与葡萄糖检测的水凝胶贴片，制备简单、成本低廉。Qin等[37]利用分子印迹聚合物技术和抗原-抗体结合技术开发出两种可用于汗液皮质醇无创检测的光子水凝胶传感器，通过分析光子水凝胶的结构颜色变化来检测物质浓度。

8.2.3 织物

PDMS和水凝胶在长期使用中表面易磨损，且透气性较差。相比较而言，织物透气性与佩戴舒适度良好。因此，织物也是构建可穿戴光学汗液传感器的优选材料之一。Zhao等[38]制备出一种基于棉线/织物的微流控分析装置，结合比色法与SERS技术其不仅可以对汗液中的乳酸和葡萄糖进行光学检测，还可对局部汗液流失进行监测和评估。该织物较为便携且可以手动调节大小，适用于日常运动穿着或作为不同身体部位的运动配件。Promphet等[39]通过物理沉积法在织物上沉积三层不同材料（壳聚糖、羧甲基纤维素钠以及指示染料或乳酸测定剂）进行功能化处理，制成可用于同时检测汗液中pH（1～14）和乳酸（0～25mmol/L）的无创比色传感器。另外，通过设计具有浸润性差异[40]、结构差异的仿生Janus织物［图8-2(e)］[41]，可提高汗液的收集和输送效率。

8.2.4 柔性微纳米材料

随着微纳米技术的迅速发展，柔性微纳米材料在生物传感领域中的研究应用越来越多。柔性微纳米材料由于其自身独特的物理和化学性质，为可穿戴光学汗液传感器的研发带来了更多可能性。Liu等[42]制备出一种基于柔性金纳米网的具有较强拉伸性能的可穿戴式传感器［图8-2（f）］，其制备简单、成本低廉，具有良好的实用价值，通过利用SERS技术可对人体汗液进行检测。另外，利用静电纺丝技术可以简单高效地制备出高分子纳米纤维。Chung等[43]通过将静电纺丝制得的热塑性聚氨酯（thermoplastic polyurethanes，TPU）纳米纤维和金溅射涂层相结合形成具有良好机械柔性的SERS活性基底，然后对其进行功能化，制备出一种可穿戴式pH传感器。Mei等[44]将不同的比色试剂加入聚环氧乙烷（polyethylene oxide，PEO）溶液，并利用所得的混合溶液进行静电纺丝得到功能化的纳米纤维薄膜，制备出可用于检测汗液中生物标志物的比色传感区域。

8.3 汗液采集

人体汗液光学检测的首要环节就是样本采集。我们将汗液采集方式分为：①储存容器提取法；②吸湿材料收集法；③微流控装置收集法；④差异浸润性界面收集法。简便、可控、稳定的汗液采集方式将提高后续可穿戴光学汗液传感器的检测效率和准确性。

（1）储存容器提取法

最原始的汗液收集是通过干燥洁净的玻璃小瓶盛接前额皮肤汗液[45]。Sens等[45]进一步将毛细管固定在圆形基座上制成手表样式的集汗装置［图8-3（a）］，基座底部有小孔与毛细管相连，汗液可由此通道进入毛细管从而被收集。集汗完成后，可将含有汗液样品的毛细管取下密封并运输到实验室进行检测。Brisson等[46]通过使用柔软、具有黏性的固定膜将收集胶囊粘贴在皮肤上，并在膜和胶囊贴合部位的上方设置开口，开发出一种一次性集汗装置。该装置可以减少外部因素对汗液样本的影响，提高汗液检测的准确性。

（2）吸湿材料收集法

早期的汗液储存装置大多便携性不高，而利用吸湿材料（如纸、织物等）与皮肤贴合进行汗液收集更为直接、方便。Hooton等[47]利用Tegaderm薄膜和双层Whatman滤纸制成非封闭性的简易贴片，可用于在规定时间内收集人体汗液。集汗后取下滤纸与水溶液混合并离心可提取汗液成分，然后利用差分化学同位素标记法可进行汗液代谢组学分析。通过对吸汗材料的表面进行进一步功能化处理或特殊结构设计，能够实现汗液的快速收集与检测。Jain等[21]设计的纸基汗液收集贴片模拟了人类手指形状［图8-3（b）］，可以通过一系列计算公式来设定贴片的各项参数，如通过控制单个通道的厚度、长度和宽度来控制不同体积排汗量的量化。与纸基相比，织物具有更好的吸湿能力。Chen等[48]提出一种基于棉织物的集汗装置，该装置模拟了植物的根系结构，这种特殊的几何结构能够实现汗液的快速吸收。该研究也为汗液收集装置的设计提供了新思路。然而，吸湿材料具有一定的吸湿容量，因此其在长时间、连续性汗液监测的应用上仍面临着挑战。

(3) 微流控装置收集法

微流控装置可被设计成各种特殊形状用于汗液收集[49-50]。Wu等[51]利用3D打印技术制备出一种具有毛细管破裂阀的新型微流控汗液收集装置［图8-3（c）］，通过改变毛细管破裂阀的几何形状，调整阀门爆破压力，可以实现汗液流动的精确控制。并且，该装置允许在单个采集期间获得多个独立的汗液样本。Koh等[27]设计出一种具有蛇形通道的微流控装置，该装置的黏合层上有微小的开口，汗液可以通过这些开口进入微通道和储存区域。Kim等[29]制备出一种具有超吸水性聚合物阀门的表皮柔性微流控装置，该装置的微流控通道层采用双层几何结构，有利于控制汗液流动以实现腔室的顺序填充，并能够防止汗液溢出［图8-3（d）］。Zhang等[30]设计出一种具有蛇形微通道和圆形微储层的柔性微流控装置，其可用于汗液生物标志物、排汗量以及排汗速率的检测。另外，Shi等[52]在汗液收集装置的设计中引入具有特殊回路结构的特斯拉阀防止汗液回流，其在一定程度上改善了该装置的汗液收集能力，但微流控装置的制造成本较高，且其微通道容易被颗粒物、杂质等堵塞，从而影响汗液的流动。

(4) 差异浸润性界面收集法

随着科技的迅速发展，差异浸润性界面的构筑与应用成为当今的研究热点。基于浸润性差异的界面能将液滴稳定吸取并固定在特定区域［图8-3（e）］[53]，其可用于生物流体分子的浓缩富集与原位检测[54-56]。Zhang等[57]将超亲水性纳米织物与超疏水性衬底组装成一种可拉伸的传感贴片，汗液能够有效地锚定在超亲水传感区域内，可避免检测过程中潜在的交叉污染。

流体的稳定输运有利于汗液的高效采集。受仙人掌棘结构的启发，Chen等[58]基于纳米材料构建出一种具有楔形通道的超浸润芯片，由该楔形通道的几何不对称性产生的拉普拉斯压力差会使得液体自发地沿着通道的窄端向宽端定向输送［图8-3（f）］。具有特殊结构的差异浸润性界面的开发为流体输运提供了新思路，同时也为汗液的定向运输与收集提供了新策略。Son等[59]采用喷涂法与表面改性的方式在柔性基板上设计出具有楔形通道的浸润性集汗贴片，有利于汗液的有效收集。

(a)

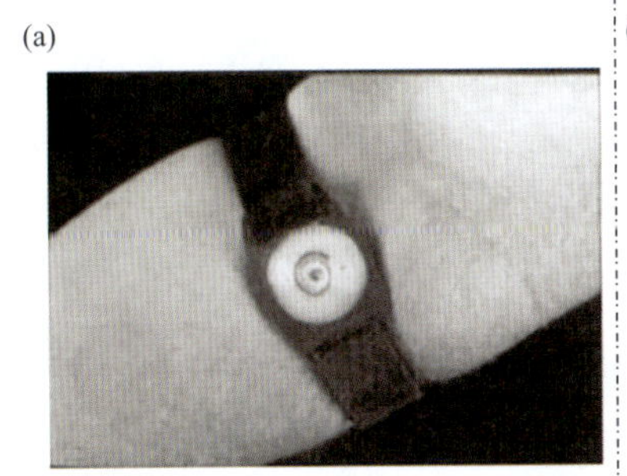

(b)

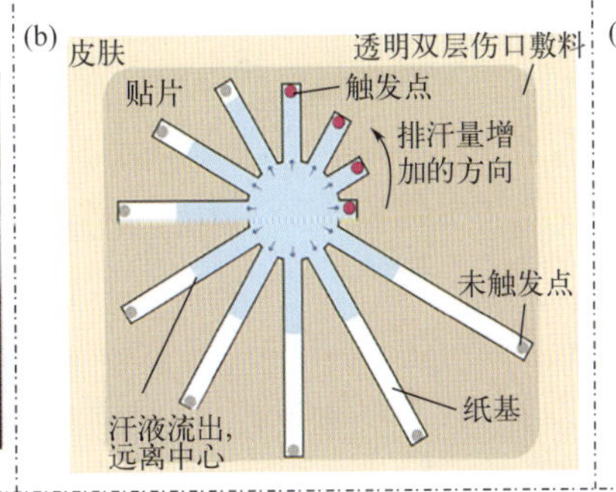

(c)

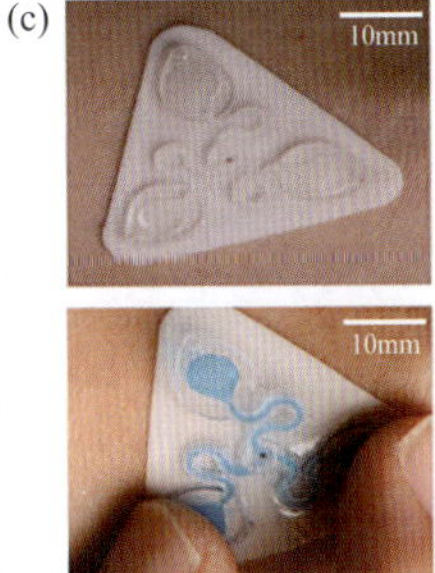

图8-3

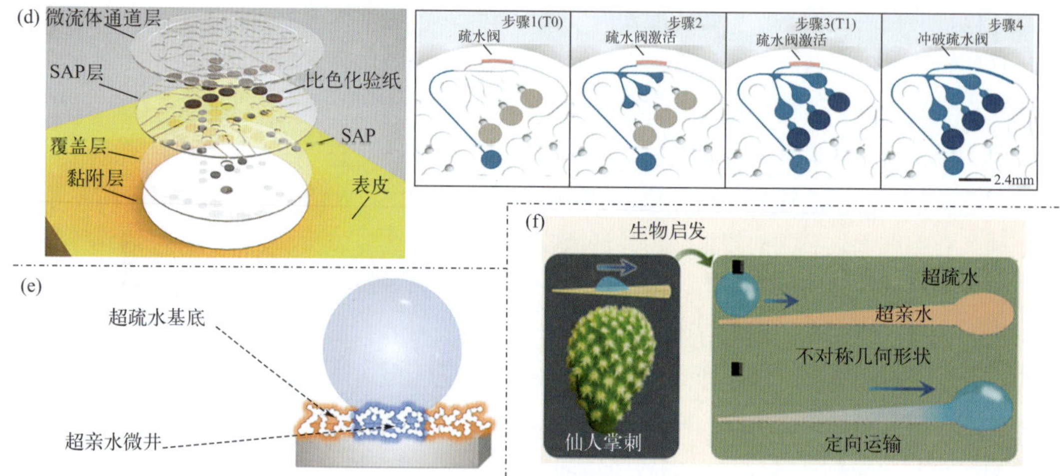

图 8-3　汗液采集方式

（a）手表样式的集汗装置[45]；（b）吸湿材料（纸基）制备的汗液收集贴片[21]；（c）具有毛细管破裂阀的微流控汗液收集装置[51]；（d）表皮柔性微流控装置及其腔室顺序填充示意图[29]；（e）基于浸润性差异的界面锚定液滴示意图[53]；（f）具有楔形通道的超浸润芯片[58]

8.4 光学汗液检测方法

光学检测技术在汗液传感领域的应用尤为重要，其通常是利用光的吸收、反射、散射等光学性质来测定生物样本中特定物质的含量。我们重点讨论可穿戴光学汗液传感器常用的光学检测方法，其中包括比色法、荧光法、SERS等。

8.4.1 比色法

比色法是一种直观、便捷的光学汗液检测方法[60-62]，多用于定性或半定量检测。通过汗液中的生物标志物（如pH、葡萄糖、乳酸、氯离子等）与其相应的显色剂或酶试剂发生显色反应得到颜色信息，然后将所得结果与标准曲线进行比较，从而可以确定待测物浓度。

Kim等[63]提出的柔性微流控界面无需复杂的电子设备，就可对汗液中的营养物（如维生素C、钙、锌和铁）进行比色分析［图8-4（a）］。Choi等[64]制备的微流控汗液分析装置可利用建模、仿真、模拟和计算得到装置几何形状的最佳设计参数。当汗液进入该装置时，固定在微通道入口处的氯胺酸银会与汗液反应产生颜色变化，进而可对汗液中的氯离子进行比色分析。Yue等[65]设计的可穿戴比色汗液传感器有4个检测区域［图8-4（b）］，通过利用智能手机在自然光下拍摄检测区域的图像，并将其上的颜色信息转换为对应的RGB值，可以量化汗液中葡萄糖、乳酸、尿素及pH的浓度。Ray等[66]提出一种可以对氯化物进行比色检测的柔性汗液贴片，用于人体囊性纤维化的诊断和管理。该汗液贴片可以牢固黏附在皮肤上，不会出现汗液渗漏现象，能够有效收集汗液。Cheng等[67]也设计出一种具有比色和电化学双模式的纸基可穿戴传感器，可同时检测汗液中的多种成分。该传感器的比色传感部分是用特定的酶试剂或显色试剂修饰制成的，能够实现对汗液中葡萄糖、乳酸、尿酸、Mg^{2+}以及pH值的特异性识别。

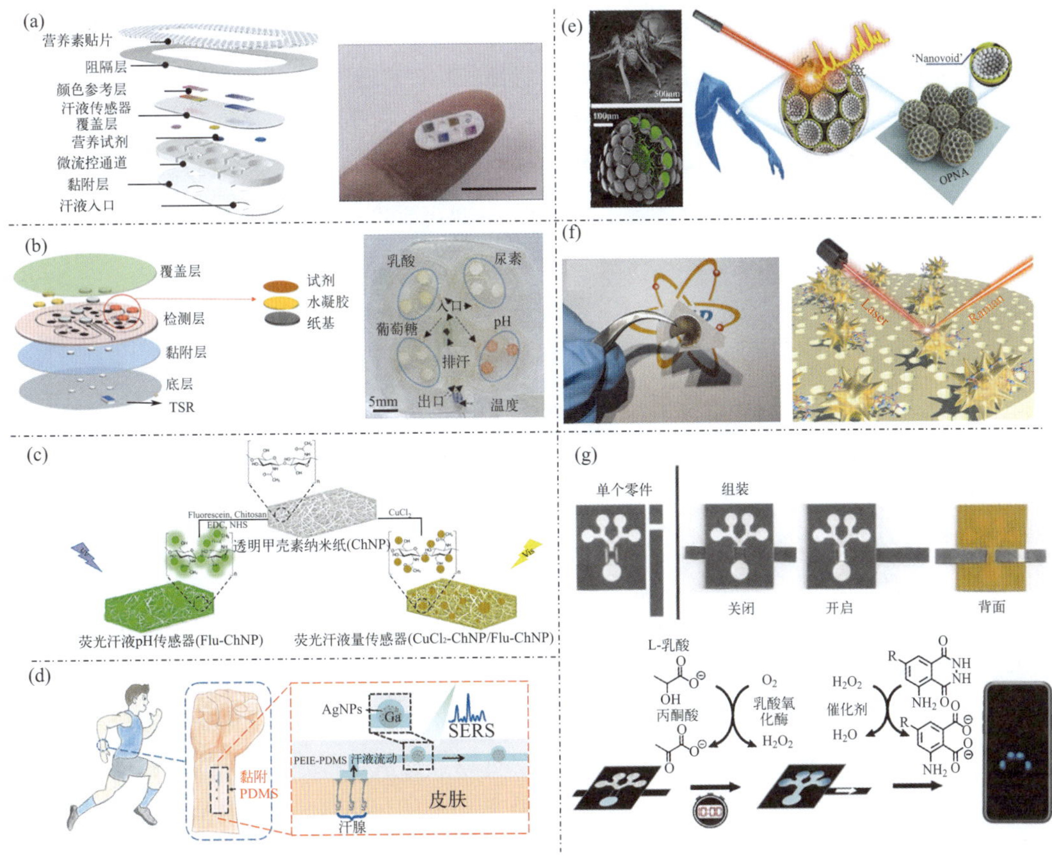

图 8-4　汗液光学检测方法

(a) 用于汗液中营养物比色分析的柔性微流控界面[63]；(b) 用于汗液中葡萄糖、乳酸、尿素及 pH 比色检测的可穿戴汗液传感器[65]；(c) 用于汗液 pH 及汗液量荧光检测的智能可穿戴光学传感平台[72]；(d) 集汗液收集、输送、储存和葡萄糖 SERS 检测为一体的微流控贴片[32]；(e) 用于汗液中多巴胺检测的可穿戴 SERS 传感器[75]；(f) 具有纳米多孔结构的 SERS 衬底[78]；(g) 通用微流控纸基分析装置（μPAD）及化学发光法检测 L- 乳酸的示意图[83]

8.4.2 荧光法

荧光法是一种高灵敏度的汗液检测方法[20,25]，它利用某些物质被紫外光照射后，激发电子到达激发态，然后电子返回基态时释放荧光的性质进行待测物的检测。但其对于某些无法产生荧光的物质并不适用，因此应用范围会受到一定的限制。

Wu 等[68]从叶片中提取足量的新鲜叶绿素a滴在天然棉纤维吸收层上制成Cu^{2+}荧光检测层，然后与PDMS衬底黏附构建出可用于人体汗液中Cu^{2+}检测的新型柔性薄膜传感器。该装置的传感范围为$10^{-7}\sim10^{-1}$mmol/L，具有较短的反应时间（约200s）和极高的检测灵敏度。Xu 等[69]利用超声波加载的方式，将两种镧系金属有机框架材料（DUT-101和Ag^{+}/Eu^{3+}@UiO-67）组装到棉片上制成可用于汗液中氯离子无创检测的新型可穿戴荧光传感器。该传感器的荧光响应能够在短时间内（35s）展现出较高的灵敏度，检测限为0.1mmol/L。Sekine等[70]将设计的微流控装置与手机成像模块相结合实现对汗液中氯离子、钠离子和锌离子的原位荧光分析。Tao等[71]制备出具有高透明度、pH响应性、机械柔韧性和荧光性能的碳量子点@聚乙烯醇复合膜，其可对运动过程中人体汗液pH值进行实时荧光监测。该薄膜的开发为高稳定性的强荧光材料的制备开辟了新途径。Sharifi等[72]提出一种可对汗液pH及汗液量进行荧光监测的智能可穿戴光学传感平台［图8-4（c）］。其中，pH传感器是通过将荧光素固定在纳米甲壳素衬底中制成的（Flu-ChNP）；汗液量传感器是一个两层系统，底层同样为Flu-ChNP层，而顶层是通过将氯化铜嵌入纳米甲壳素衬底中制成的（$CuCl_2$-ChNP）。

8.4.3 ∕ SERS

SERS作为光学检测的关键手段，具有巨大的潜在应用前景[73]。SERS的核心是表面等离子体共振效应，即当金属纳米材料（如金、银等）与光相互作用时会产生表面等离子体共振效应，可以极大地增强拉曼信号以进行微量待测物的高灵敏检测。然而，高质量SERS检测所用的贵金属纳米材料往往会提高光学检测的成本。

纳米银自身较小的粒子间隙使其具有较强的SERS增强因子，可被用于修饰SERS衬底。Yuan等[32]制备出一种集汗液收集、输送、储存和检测为一体的微流控贴片［图8-4（d）］，通过在液态金属镓上合成银纳米颗粒得到可在碱性溶液中去除的等离子体热点，有利于微流控装置的重复利用。当汗液流经微通道中的SERS热点时，可以通过检测对应的拉曼信号强度来获取汗液中葡萄糖的浓度信息。Wang等[74]将有序的银纳米立方体超晶格形成的等离子体薄膜制成可穿戴汗液分析装置的SERS传感元件。Zhu等[75]受生物的复眼结构的启发开发出一种具有全向性和宽带增强效果的可用于汗液中多巴胺检测的可穿戴SERS传感器［图8-4（e）］，通过在传感器的表面和结构中嵌入银纳米颗粒以产生局部表面等离子体共振效应，从而增强拉曼信号。

随着时间的推移，银容易被氧化，SERS检测性能会逐渐降低[76]。所以，具有良好稳定性的纳米金也被用于修饰SERS衬底[77]。Gui等[78]通过在径迹蚀刻膜上原位合成金纳米星制成具有纳米多孔结构的SERS衬底［图8-4（f）］，其能够黏附在身体的不同部位对汗液进行有效富集与灵敏检测，具有良好的力学性能、化学稳定性以及拉曼信号再现性。

为了得到可调控性更好、增强因子更高且使用寿命更长的SERS衬底，Ma等[79]提出基于丝素纤维的具有Au/Ag纳米枝晶状结构的SERS柔性基底，并将其用于人体汗液中乳酸的超灵敏检测，检测限低至10^{-6} mmol/L。Das等[80]制备出一种可用于检测汗液代谢物（如乳酸、尿素等）的具有Ag/Au双金属倒置纳米角锥的新型柔性SERS传感器，增强因子为3.88×10^{6}。

8.4.4 ∕ 其他光学汗液检测方法

除了常用的比色法、荧光法和SERS技术之外，还有一些其他的光学检测方法也被用于汗液检测。化学发光法检测速度快、灵敏度高且线性检测范围广，通常是利用化学反应释放的能量激发分子到激发态，然后通过分子从激发态返回基态时产生发光现象，从而来检测待测物。该方法在可穿戴传感及微量汗液分析领域也展现出良好的应用潜力。Roda等[81]采用3D打印技术制备出一种基于智能手机的化学发光生物传感器，可用于无创监测汗液中的乳酸水平，检测限为0.1mmol/L。Gao等[82]提出一种具有双重催化活性的新型纳米芯片，其不仅可以氧化葡萄糖生成过氧化氢，还可以使过氧化氢介导的鲁米诺化学发光，从而实现对汗液中葡萄糖的灵敏检测，检测限为10^{-4}mmol/L。Rink等[83]开发出一种可用于汗液中L-乳酸化学发光法检测的通用微流控纸基分析装置（μPAD）。该装置中沉积的乳酸氧化酶会将L-乳酸氧化为丙酮酸，并产生过氧化氢。然后，过氧化氢会与基底中的发光探针反应并出现发光现象[图8-4（g）]。

此外，早期科研人员还使用自制的光学传感系统对人体汗液pH进行检测。Caldara等[84]设计出一种用于监测汗液pH的小型化光学传感系统，其中包括高亮度的白色LED灯、RGB光电二极管、控制驱动器以及数据读取电路。通过测定RGB光电二极管输出的频率信号即可获得织物样品对应的颜色信息以进一步估计汗液pH值。Morris等[85]开发出一种基于纺织物的可穿戴pH光学传感系统。利用纺织物收集汗液并将其运输到pH传感区域产生颜色变化，然后通过光学传感系统测量颜色变化可以得到对应的pH值。另外，Wang等[86]通过在商用血氧传感器表面的PDMS层上覆盖pH敏感的有机改性硅酸盐膜，制备出能够同时监测心率、脉搏血氧饱和度以及汗液pH值的可拉伸光学传感贴片，实时测量所得的数据可以通过蓝牙传输到智能手机上。

总结

本章介绍了近年来国内外可穿戴光学汗液传感领域的研究现状，总结了可穿戴光学汗液传感器的柔性界面材料、汗液采集方式和光学检测原理及方法。表8-1也展示了近年来文献中常见的光学汗液检测方法及其对应的柔性界面材料与汗液采集方式。这些可穿戴光学汗液传感器具有较强的灵活性，能够对汗液进行无创、快速、准确的检测，在健康监护与精准医疗等领域都具有重要意义。

表8-1 近年来文献中常见的光学汗液检测方法及其对应的柔性界面材料与汗液采集方式

光学汗液检测方法	柔性界面材料	汗液采集方式	文献
比色法	纸基	吸湿材料	[22-24]
		浸润性界面	[67]
	聚合物（PDMS）	微流控装置	[27-31,66]
	聚合物（水凝胶）	吸湿材料	[34-36]
	织物	吸湿材料	[39]
	柔性微纳米材料	吸湿材料	[44]
		浸润性界面	[57]
荧光测定法	纸基	浸润性界面	[20]
	聚合物（PDMS）	微流控装置	[70]
	织物	吸湿材料	[69]
	柔性微纳米材料	吸湿材料	[72]

续表

光学汗液检测方法	柔性界面材料	汗液采集方式	文献
SERS	聚合物（PDMS）	微流控装置	[32]
	织物	吸湿材料	[38]
	柔性微纳米材料	吸湿材料	[43]
化学发光法	纸基	浸润性界面	[83]
光学传感系统	织物	吸湿材料	[84-85]

然而，可穿戴光学汗液传感器要实现长时间、智能化、高精度、多场景等多功能检测，仍然面临着挑战：

① 对于柔性界面材料，其在耐久性、稳定性和光敏性方面仍有提升空间。可借助表面工程技术和仿生纳米技术优化界面结构，研制更多与特定光学检测方法相匹配、能够精准调控光学特性的新材料。

② 汗液采集方式的便携化、微量化及自动化可进一步完善。可通过集成微型光学芯片、优化表界面性质或引入微流控技术促进汗液采集的多样化与智能化。

③ 光学汗液检测的稳定性和灵敏度较易受外部光源以及复杂背景的干扰，可探索与其他传感技术的融合机制，利用光补偿算法技术以降低环境因素的影响，有望构建出更为精准、可靠的智能光学监测系统。

④ 目前可穿戴光学汗液传感器的研究多处于实验室阶段，尚未大规模投入生产。利用物联网、云计算等技术将提高可穿戴光学汗液传感器的实用性。

我们相信，随着生物传感技术的持续创新，以及新材料、新方法的不断涌现，可穿戴光学汗液传感技术将展现出巨大的应用潜力，可穿戴光学汗液传感器将为用户提供个性化健康信息，有望为人类健康事业的进步做出重要贡献。

参考文献

[1] Sun M, Pei X, Xin T, et al. A flexible microfluidic chip-based universal fully integrated nanoelectronic system with point-of-care raw sweat, tears, or saliva glucose monitoring for potential noninvasive glucose management. Anal Chem, 2022, 94: 1890-1900.

[2] Moreddu R, Wolffsohn J S, Vigolo D, et al. Laser-inscribed contact lens sensors for the detection of analytes in the tear fluid. Sens Actuat B-Chem, 2020, 317: 128183.

[3] Biagi S, Ghimenti S, Onor M, et al. Simultaneous determination of lactate and pyruvate in human sweat using reversed-phase high-performance liquid chromatography: A noninvasive approach. Biomed Chromatogr, 2012, 26: 1408-1415.

[4] Lee H, Choi T K, Lee Y B, et al. A graphene-based electrochemical device with thermoresponsive microneedles for diabetes monitoring and therapy. Nat Nanotech, 2016, 11: 566-572.

[5] Russell E, Koren G, Rieder M, et al. The detection of cortisol in human sweat: Implications for measurement of cortisol in hair. Ther Drug Monitoring, 2014, 36: 30-34.

[6] Jadoon S, Karim S, Akram M R, et al. Recent developments in sweat analysis and its applications. Int J

Anal Chem, 2015, 2015: 1-7.

[7] Karpova E V, Shcherbacheva E V, Galushin A A, et al. Noninvasive diabetes monitoring through continuous analysis of sweat using flow-through glucose biosensor. Anal Chem, 2019, 91: 3778-3783.

[8] Choi J, Ghaffari R, Baker L B, et al. Skin-interfaced systems for sweat collection and analytics. Sci Adv, 2018, 4: eaar3921.

[9] Choi D H, Gonzales M, Kitchen G B, et al. A capacitive sweat rate sensor for continuous and real-time monitoring of sweat loss, ACS Sens, 2020, 5: 3821-3826.

[10] Mena-Bravo A, Luque de Castro M D. Sweat: A sample with limited present applications and promising future in metabolomics. J Pharm BioMed Anal, 2014, 90: 139-147.

[11] Zhou J, Men D, Zhang X. Progress in wearable sweat sensors and their applications. Chin J Anal Chem, 2022, 50: 87-96.

[12] Gao W, Emaminejad S, Nyein H Y Y, et al. Fully integrated wearable sensor arrays for multiplexed in situ perspiration analysis. Nature, 2016, 529: 509-514.

[13] Xu C, Song Y, Sempionatto J R, et al. A physicochemical-sensing electronic skin for stress response monitoring. Nat Electron, 2024, 7: 168-179.

[14] Damborský P, Švitel J, Katrlík J. Optical biosensors. Essays Biochem, 2016, 60: 91-100.

[15] Wang H, Xu K, Xu H, et al. A one-dollar, disposable, paper-based microfluidic chip for real-time monitoring of sweat rate. Micromachines, 2022, 13: 414.

[16] Harito C, Utari L, Putra B R, et al. Review—the development of wearable polymer-based sensors: Perspectives. J Electrochem Soc, 2020, 167: 037566.

[17] Zhang S, Tan R, Xu X, et al. Fibers/textiles-based flexible sweat sensors: A review, ACS Mater Lett, 2023, 5: 1420-1440.

[18] Wang Z, Hao Z, Wang X, et al. A flexible and regenerative aptameric graphene-nafion biosensor for cytokine storm biomarker monitoring in undiluted biofluids toward wearable applications. Adv Funct Mater, 2021, 31: 2005958.

[19] Xiao G, He J, Chen X, et al. A wearable, cotton thread/paper-based microfluidic device coupled with smartphone for sweat glucose sensing. Cellulose, 2019, 26: 4553-4562.

[20] Weng X, Fu Z, Zhang C, et al. A portable 3D microfluidic origami biosensor for cortisol detection in human sweat. Anal Chem, 2022, 94: 3526-3534.

[21] Jain V, Ochoa M, Jiang H, et al. A mass-customizable dermal patch with discrete colorimetric indicators for personalized sweat rate quantification. Microsyst Nanoeng, 2019, 5: 29.

[22] Vaquer A, Barón E, de la Rica R. Wearable analytical platform with enzyme-modulated dynamic range for the simultaneous colorimetric detection of sweat volume and sweat biomarkers. ACS Sens, 2021, 6: 130-136.

[23] Vaquer A, Barón E, de la Rica R. Detection of low glucose levels in sweat with colorimetric wearable biosensors. Analyst, 2021, 146: 3273-3279.

[24] Vaquer A, Barón E, de la Rica R. Dissolvable polymer valves for sweat chrono-sampling in wearable paper based analytical devices. ACS Sens, 2022, 7: 488-494.

[25] Gao B, Elbaz A, He Z, et al. Bioinspired kirigami fish-based highly stretched wearable biosensor for human biochemical-physiological hybrid monitoring. Adv Mater Technol, 2018, 3: 1700308.

[26] Alberti G, Zanoni C, Losi V, et al. Current trends in polymer based sensors. Chemosensors, 2021, 9: 108.

[27] Koh A, Kang D, Xue Y, et al. A soft, wearable microfluidic device for the capture, storage, and colorimetric sensing of sweat. Sci Transl Med, 2016, 8: 366ra165.

[28] Liu D, Liu Z, Feng S, et al. Wearable microfluidic sweat chip for detection of sweat glucose and pH in long-distance running exercise. Biosensors, 2023, 13: 157.

[29] Kim S B, Zhang Y, Won S M, et al. Super-absorbent polymer valves and colorimetric chemistries for time-sequenced discrete sampling and chloride analysis of sweat via skin-mounted soft microfluidics. Small, 2018, 14: 1703334.

[30] Zhang Y, Guo H, Kim S B, et al. Passive sweat collection and colorimetric analysis of biomarkers relevant to kidney disorders using a soft microfluidic system. Lab Chip, 2019, 19: 1545-1555.

[31] Zhang Y, Chen Y, Huang J, et al. Skin-interfaced microfluidic devices with oneopening chambers and hydrophobic valves for sweat collection and analysis. Lab Chip, 2020, 20: 2635-2645.

[32] Yuan Q, Fang H, Wu X, et al. Self-adhesive, biocompatible, wearable microfluidics with erasable liquid metal plasmonic hotspots for glucose detection in sweat. ACS Appl Mater Interfaces, 2023, acsami.3c11746.

[33] Siripongpreda T, Somchob B, Rodthongkum N, et al. Bacterial cellulose-based re-swellable hydrogel: Facile preparation and its potential application as colorimetric sensor of sweat pH and glucose. Carbohydrate Polyms, 2021, 256: 117506.

[34] Wang L, Xu T, He X, et al. Flexible, self-healable, adhesive and wearable hydrogel patch for colorimetric sweat detection. J Mater Chem C, 2021, 9: 14938-14945.

[35] Hu B, Kang X, Xu S, et al. Multiplex chroma response wearable hydrogel patch: visual monitoring of urea in body fluids for health prognosis. Anal Chem, 2023, 95: 3587-3595.

[36] Li T, Chen X, Fu Y, et al. Colorimetric sweat analysis using wearable hydrogel patch sensors for detection of chloride and glucose. Anal Methods, 2023, 15: 5855-5866.

[37] Qin J, Wang W, Cao L. Photonic hydrogel sensing system for wearable and noninvasive cortisol monitoring. ACS Appl Polym Mater, 2023, 5: 7079-7089.

[38] Zhao Z, Li Q, Dong Y, et al. Core-shell structured gold nanorods on thread-embroidered fabric-based microfluidic device for Ex Situ detection of glucose and lactate in sweat. Sens Actuat B-Chem, 2022, 353: 131154.

[39] Promphet N, Rattanawaleedirojn P, Siralertmukul K, et al. Non-invasive textile based colorimetric sensor for the simultaneous detection of sweat pH and lactate. Talanta, 2019, 192: 424-430.

[40] Wang L, Lu J, Li Q, et al. A core-sheath sensing yarn-based electrochemical fabric system for powerful sweat capture and stable sensing. Adv Funct Mater, 2022, 32: 2200922.

[41] Dai B, Li K, Shi L, et al. Bioinspired janus textile with conical micropores for human body moisture and thermal management. Adv Mater, 2019, 31: 1904113.

[42] Liu L, Martinez Pancorbo P, et al. Highly Scalable, Wearable surface-enhanced raman spectroscopy. Adv Opt Mater, 2022, 10: 2200054.

[43] Chung M, Skinner W H, Robert C, et al. Fabrication of a wearable flexible sweat pH sensor based on SERS-active Au/TPU electrospun nanofibers. ACS Appl Mater Interfaces, 2021, 13: 51504-51518.

[44] Mei X, Yang J, Liu J, et al. Wearable, nanofiber-based microfluidic systems with integrated electrochemical and colorimetric sensing arrays for multiplex sweat analysis. Chem Eng J, 2023, 454: 140248.

[45] Sens D A, Simmons M A, Spicer S S. The Analysis of Human Sweat Proteins by Isoelectric Focusing. I. Sweat collection utilizing the macroduct system demonstrates the presence of previously unrecognized sex-related proteins. Pediatr Res, 1985, 19: 873-878.

[46] Brisson G R, Boisvert P, Péronnet F, et al. A simple and disposable sweat collector. Eur J Appl Physiol, 1991, 63: 269-272.

[47] Hooton K, Li L. Nonocclusive sweat collection combined with chemical isotope labeling LC-MS for human sweat metabolomics and mapping the sweat metabolomes at different skin locations. Anal Chem, 2017, 89: 7847-7851.

[48] Chen Y, Shan S, Liao Y, et al. Bio-inspired fractal textile device for rapid sweat collection and monitoring. Lab Chip, 2021, 21: 2524-2533.

[49] Bandodkar A J, Gutruf P, Choi J, et al. Battery-free, skin-interfaced microfluidic/electronic systems for simultaneous electrochemical, colorimetric, and volumetric analysis of sweat. Sci Adv, 2019, 5: eaav3294.

[50] Bariya M, Davis N, Gillan L, et al. Resettable microfluidics for broad-range and prolonged sweat rate sensing. ACS Sens, 2022, 7: 1156-1164.

[51] Wu C, Ma H, Baessler P, et al. Skin-interfaced microfluidic systems with spatially engineered 3D fluidics for sweat capture and analysis. Sci Adv, 2023, 9: eadg4272.

[52] Shi H, Cao Y, Zeng Y, et al. Wearable tesla valve-based sweat collection device for sweat colorimetric analysis. Talanta, 2022, 240: 123208.

[53] Chen Y, Xu L, Meng J, et al. Superwettable microchips with improved spot homogeneity toward sensitive biosensing. Biosens Bioelectron, 2018, 102: 418-424.

[54] Xu L, Chen Y, Yang G, et al. Ultratrace DNA detection based on the condensing enrichment effect of superwettable microchips. Adv Mater, 2015, 27: 6878-6884.

[55] Chen Y, Min X, Zhang X, et al. AIE-based superwettable microchips for evaporation and aggregation induced fluorescence enhancement biosensing. Biosens Bioelectron, 2018, 111: 124-130.

[56] He X, Xu T, Gu Z, et al. Flexible and superwettable bands as a platform toward sweat sampling and sensing. Anal Chem, 2019, 91: 4296-4300.

[57] Zhang K, Zhang J, Wang F, et al. Stretchable and superwettable colorimetric sensing patch for epidermal collection and analysis of sweat. ACS Sens, 2021, 6: 2261-2269.

[58] Chen Y, Li K, Zhang S, et al. Bioinspired superwettable microspine chips with directional droplet transportation for biosensing. ACS Nano, 2020, 14: 4654-4661.

[59] Son J, Bae G Y, Lee S, et al. Cactus-spine-inspired sweat-collecting patch for fast and continuous monitoring of sweat. Adv Mater, 2021, 33: 2102740.

[60] Tu E, Pearlmutter P, Tiangco M, et al. Comparison of colorimetric analyses to determine Cortisol in human sweat. ACS omega, 2020, 5: 8211-8218.

[61] Demuru S. A wearable autonomous colorimetric sweat induction system for sweat analysis//2021 43rd annual international conference of the IEEE engineering in Medicine & Biology Society (EMBC). Mexico: IEEE, 2021: 6763-6766.

[62] Xiao G, He J, Qiao Y, et al. Facile and low-cost fabrication of a thread/paper-based wearable system for simultaneous detection of lactate and pH in human sweat. Adv Fiber Mater, 2020, 2: 265-278.

[63] Kim J, Wu Y, Luan H, et al. A skin-interfaced, miniaturized microfluidic analysis and delivery system for colorimetric measurements of nutrients in sweat and supply of vitamins through the skin. Adv Sci, 2022, 9: 2103331.

[64] Choi J, Chen S, Deng Y, et al. Skin-Interfaced microfluidic systems that combine hard and soft materials for demanding applications in sweat capture and analysis. Adv Healthcare Mater, 2021, 10: 2000722.

[65] Yue X, Xu F, Zhang L, et al. Simple, skin-attachable, and multifunctional colorimetric sweat sensor. ACS Sens, 2022, 7: 2198-2208.

[66] Ray T R, Ivanovic M, Curtis P M, et al. Soft, skin-interfaced sweat stickers for cystic fibrosis diagnosis and management. Sci Transl Med, 2021, 13: eabd8109.

[67] Cheng Y, Feng S, Ning Q, et al. Dual-signal readout paper-based wearable biosensor with a 3D origami structure for multiplexed analyte detection in sweat. Microsyst Nanoeng, 2023, 9: 36.

[68] Wu M, Hu H, Siao C, et al. All organic label-like copper (Ⅱ) ions fluorescent film sensors with high sensitivity and stretchability. ACS Sens, 2018, 3: 99-105.

[69] Xu X, Yan B. A fluorescent wearable platform for sweat Cl^- analysis and logic smart-device fabrication based on color adjustable lanthanide MOFs. J Mater Chem C, 2018, 6: 1863-1869.

[70] Sekine Y, Kim S B, Zhang Y, et al. A fluorometric skin-interfaced microfluidic device and smartphone imaging module for in situ quantitative analysis of sweat chemistry. Lab Chip, 2018, 18: 2178-2186.

[71] Tao X, Liao M, Wu F, et al. Designing of biomass-derived carbon quantum dots@polyvinyl alcohol film with excellent fluorescent performance and pH-responsiveness for intelligent detection. Chem Eng J, 2022, 443: 136442.

[72] Sharifi A R, Ardalan S, Tabatabaee R S, et al. Smart wearable nanopaper patch for continuous multiplexed optical monitoring of sweat parameters. Anal Chem, 2023, 95: 16098-16106.

[73] Kim H S, Kim H J, Lee J, et al. Hand-held raman spectrometer-based dual detection of creatinine and cortisol in human sweat using silver nanoflakes. Anal Chem, 2021, 93: 14996-15004.

[74] Wang Y, Zhao C, Wang J, et al. Wearable plasmonic-metasurface sensor for noninvasive and universal molecular fingerprint detection on biointerfaces. Sci Adv, 2021, 7: eabe4553.

[75] Zhu K, Yang K, Zhang Y, et al. Wearable SERS sensor based on omnidirectional plasmonic nanovoids array with ultra-high sensitivity and stability. Small, 2022, 18: 2201508.

[76] Suzuki S, Yoshimura M. Chemical stability of graphene coated silver substrates for surface-enhanced raman scattering. Sci Rep, 2017, 7: 14851.

[77] Mogera U, Guo H, Namkoong M, et al. Wearable plasmonic paper-based microfluidics for continuous sweat analysis. Sci Adv, 2022, 8: eabn1736.

[78] Gui X, Xie J, Wang W, et al. Wearable and flexible nanoporous surface-enhanced raman scattering substrates for sweat enrichment and analysis. ACS Appl Nano Mater, 2023, 6: 11049-11060.

[79] Ma H, Tian Y, Jiao A, et al. Silk fibroin-decorated with tunable Au/Ag nanodendrites: A plastic near-infrared SERS substrate with periodic microstructures for ultra-sensitive monitoring of lactic acid in human sweat. Vibal Spectr, 2022, 118: 103330.

[80] Das A, Pant U, Cao C, et al. Wearable surface-enhanced Raman spectroscopy sensor using inverted bimetallic nanopyramids for biosensing and sweat monitoring. ACS Appl Opt Mater, 2023, 1: 1938-1951.

[81] Roda A, Guardigli M, Calabria D, et al. 3D-printed device for smartphone-based chemiluminescence biosensor for lactate in oral fluid and sweat. Analyst, 2014, 139: 6494-6501.

[82] Gao Y, Huang Y, Chen J, et al. A novel luminescent "nanochip" as a tandem catalytic system for chemiluminescent detection of sweat glucose. Anal Chem, 2021, 93: 10593-10600.

[83] Rink S, Duerkop A, Baeumner A J. Enhanced chemiluminescence of a superior luminol derivative provides sensitive smartphone-based point-of-care testing with enzymatic μPAD. Anal Sens, 2023, 3: e202200111.

[84] Caldara M, Colleoni C, Guido E, et al. Optical monitoring of sweat pH by a textile fabric wearable sensor based on covalently bonded litmus-3-glycidoxypropyltrimethoxysilane coating. Sens Actuat B-Chem, 2016, 222: 213-220.

[85] Morris D, Coyle S, Wu Y, et al. Bio-sensing textile based patch with integrated optical detection system for sweat monitoring. Sens Actuat B-Chem, 2009, 139: 231-236.

[86] Wang G, Zhang S, Dong S, et al. Stretchable optical sensing patch system integrated heart rate, pulse oxygen Saturation, and sweat pH detection. IEEE Trans Biomed Eng, 2018, 66: 1000-1005.

作者简介

陈艳霞，北京信息科技大学副研究员、硕士生导师。毕业于北京科技大学，获理学博士学位。先后在中国科学院化学研究所、中国科学院理化技术研究所从事科研课题研究工作。在*Advanced Materials*、*ACS Nano*等期刊发表多篇SCI论文，授权多项发明专利。获国家级、北京市自然科学基金资助。主要从事仿生界面材料制备、微液滴/流体传感检测、可穿戴生物传感器、柔性敏感材料及微系统研究。

第9章

第四代同步辐射光源的光束线站和应用

孙 喆 李 明

随着第四代同步辐射光源的兴起，得益于X射线亮度和相干性的大幅度提升，同步辐射实验技术在谱学、散射和成像等方面取得了显著进步。这些技术能够探测复杂非均匀体系和动态变化过程中的物质结构、成分、化学价态、电子态和磁性等关键信息，在基础科学领域和应用基础研究中发挥关键作用。本章旨在介绍第四代同步辐射光源的线站技术优势，并结合具体例子探讨其在若干物理研究中的应用，同时也讨论了当前存在的工程技术挑战。希望通过本章内容，读者能够了解第四代同步辐射光源的光束线站的特点和应用潜力，以促进其在各个科研领域的推广。

9.1 第四代同步辐射光源概述

9.1.1 同步辐射与四代光源

同步辐射是一种由接近光速运动的带电粒子在弯曲的轨道上运动时产生的电磁辐射现象[1-3]。在同步辐射光源装置中，电子通过加速器加速产生了高能量的电子束并在磁场中偏转，由于相对论效应，这些电子会发射出从红外线到X射线的各种波长的光子。类似于阳光照射到物体之后，很多光子携带着物体的颜色、大小和形状等信息进入我们的眼睛一样，在同步辐射光源中，人们利用各种探测器代替了眼睛，使用波长覆盖从原子水平到生物细胞尺度的大范围的同步辐射光子，研究各种环境中的物质。这为物理、化学、材料科学、

注：本章选自《物理》2024年第2期。

计量学、地球科学、环境科学、生命科学等各个领域的前沿研究突破和关键技术的实现提供了有力支持。

同步辐射实验技术在众多学科领域中的应用和支撑作用的显著提升，得益于同步辐射光源的不断升级。同步辐射光源历经了四代的发展。第一代寄生在高能物理研究的加速器上，性能和时间受到极大限制，发射度比较大（约1000 nm • rad量级），亮度较低，但仍显示了强大的研究支撑能力。第二代是专门设计用于同步辐射应用的光源，发射度显著降低（40 ～ 150 nm • rad），亮度明显提高，形成了大型综合性的多学科研究平台。第三代是采用大量插入件实现低发射度的专用光源，将发射度进一步降低至10 nm • rad以下，光源的亮度相比第二代提高3个数量级，形成了国家级甚至世界级的综合性研究中心。而当前正在全球范围内建设或升级的第四代光源采用多弯铁消色散结构，将发射度进一步降低至光的衍射极限——“辐射波长/4π”，其亮度比第三代光源高出2 ～ 3个数量级。第四代除了具备更加优异的亮度外，具有相干性的光子比例也显著提升，为基于同步辐射光源的科学研究带来了新的机遇[4-6]。

同步辐射的亮度决定了探测微观物质结构的时空分辨的极限，第一、二代同步辐射光源亮度最高在10^{16} phs • $s^{-1}mm^{-2}$ • mr^{-2}/1‰ B.W.水平，第三代同步辐射光源达到10^{19} ～ 10^{20} phs • s^{-1} • mm^{-2} • mr^{-2}/1‰ B.W.，而第四代同步辐射光源亮度可达10^{22} phs • s^{-1} • mm^{-2}/mr^{-2} /1‰ B.W.以上。亮度的提高能够实现物质结构更高分辨的实时探测。

9.1.2 同步辐射实验技术

为了感知物质世界的能量、动量、位置和时间等基本的物理参数，同步辐射实验技术不断发展，可以分为三大类，谱学、散射和成像[7-8]。以太阳光作为光源，以我们的眼睛作为探测器的情况下，可以将成像技术类比为我们能够观察到周围物体的大小和形状，而谱学技术对应于我们眼睛看到的不同颜色，也就是具有不同能量/波长的光子。在日常生活中，我们经常遇到的散射现象是丁达尔效应：在雨后云层较多的时候，太阳的光线穿过大气中的雾气或灰尘，我们在远处可以看到一条条光线被散射的区域。然而，同步辐射实验技术能够大大拓展我们对物质世界的感知能力。

在同步辐射装置上，谱学技术通过测量样品的同步辐射光吸收、荧光、光电子发射等特性，从而研究物质的元素组成、化学价态和电子态等特征[9]。在X射线波段，不同的原子在特定波长（称为吸收边）处会强烈吸收X射线，这些波长是特定原子种类的关键特征。在红外波长范围内，可以激发凝聚态物质或生物样品的特征振动模式，从而揭示分子结构。真空紫外光和X射线能够激发材料表面的光电子，通过测量光电子的能量和动量分布，可以揭示材料的化学成分和电子结构特征（图9-1）。

散射技术通常用于研究样品的结构和动力学[10-12]。当X射线通过样品时，它们会被样品内部的原子散射，并最终被探测器接收。通过分析这些散射X射线形成的图样，人们可以推断出样品的原子结构。另外，散射还能够提供关于低有序环境中大分子组装（如聚合物和胶体）的结构和动力学的重要信息。结合被测物质导致的入射与散射的光子能量的变化，散射

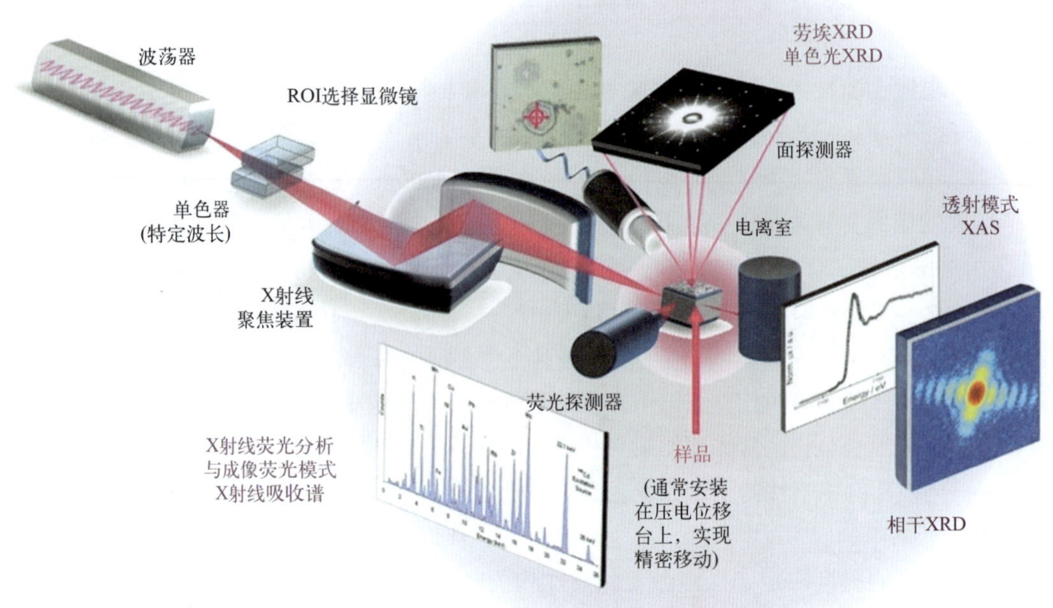

图 9-1 同步辐射光束线和实验技术示意图[8]

技术还能够探测声子和自旋激发等特征。

成像技术与医学的X射线诊断类似，利用探测器记录X射线穿过样品后的强度分布，生成具有高空间分辨率的二维和三维图像，可以提供关于材料形貌和内部结构等信息[13-14]。基于同步辐射的成像技术已经完全超越了早期单一的结构成像应用，它还能够提供关于样品的化学成分、价态分布以及动态行为等信息[15-16]。

9.2 第四代光源的线站特色与优势

第四代同步辐射光源亮度的提升意味着能够将光斑聚焦到微米甚至亚微米的范围，而不会损失信号强度。这意味着谱学技术可以普遍获得高空间分辨率，实现“显微”与“谱学”的结合测量，从而可以呈现微米和亚微米尺度上的结构、成分、化学价态、电子态和磁性信息。这对于理解能源、化学、地质、环境、量子材料和材料加工研究中涉及的非均匀体系带来了极大的便利[17]。同时，相干性的显著提高将推动相干X射线衍射技术和成像技术的广泛应用，实现几纳米级的空间分辨率，大幅提升形貌、电子态和磁性的表征能力。此外，相干性的提高也为探索新的时间和空间相关性提供了基础，将增强X射线衍射技术对快速动态过程的探测能力，实现几十纳秒级的时间分辨率。这些能力的提升将使得更多需要原位和工况条件的实验得以顺利实施，提供实时且精准地描绘物质变化过程的能力。第四代光源的亮度和相干性优势将推动现代物质科学研究向着“海量、复杂的非晶态和非均匀体系在非平衡态或真实反应条件下的动态变化过程”迈进。这些发展将为前沿科学研究和新一代技术研发提供强有力的工具，助力应对能源、环境、通信、先进制造等多个领域的挑战。第四代光源的优势也为先进的光束线和实验线站建设带来了诸多挑战。例如，传输高亮度和高相干性光束将需要开发和安装尖端的光学元件；谱学实验技术的高空间分辨率需要实验站具有更精确、更稳定的样品定位系统，并具备高通量数据采集与处理能力；而工况条件下研究非均匀体系的动态过程将需要更多样的样品操作环境。

9.2.1 光束线技术

同步辐射光源本质上是一种大型的光学仪器，聚焦、单色、偏振和诊断等光学技术极为关键。当前X射线光学技术已成为光源应用性能的主要瓶颈，尤其对于第四代光源，X射线光学技术更是落后于加速器技术而成为决定光源性能的关键因素。

在第四代光源中，通过精巧的磁铁阵列排布，可利用同步辐射阻尼效应使储存环中的电子束团的横向相空间体积缩减到X射线的衍射极限水平，再通过优化Beta函数匹配发光相空间获得高横向相干、高亮度的同步辐射光。然而，光的调制过程不再有阻尼，在不损失光通量的前提下，即使理想的光学元件也只能保持光束的相空间体积，维持其相干性和亮度。因此，第四代光源的光束线设计理念已经从光学设计变革为系统性的技术边界的探索、整合和优化。

衍射极限光源的波前涨落比波长还要小一个数量级，对于硬X射线可达10pm的水平。光学调控元件引入的波前畸变和不稳定性，应远小于这个值才能保持光束的亮度和品质，这对光学技术提出了极为严峻的挑战。例如，同步辐射反射镜一般为几百毫米长，波前精度要求镜面高度误差小于1nm，斜率误差小于20nrad。这对光学加工的精度和光学检测的准确度都提出了极高的要求，需要达到原子层水平。

没有稳定性就没有精度。同步辐射光学元件需要在复杂甚至极端的多物理场工况下工作。例如，光学元件往往要承受毫米直径的光束中包含的几百上千瓦的功率，在几十米的光束线长度范围内还要面临微振动和环境温度的影响，与此同时，同步辐射的实验方法也常常要求光学元件在实验过程中进行动态调节或扫描。因此，光学调控技术需要满足极为苛刻的要求。

为了应对这些挑战，X射线光学技术得到了大力的发展。当前，在光学加工和光学检测领域，曲面镜检测的系统误差和曲面镜加工的全频段超光滑修形是艰巨的挑战，世界各个同步辐射实验室都在积极解决这些问题。目前最尖端的拼接干涉检测技术和弹性加工技术，已经实现了约0.1nm面形精度的曲面聚焦镜加工和检测。采用柔性机械化学抛光方式加工的平面单色晶体的衍射波前也达到了10pm水平。此外，衍射极限要求的光栅、多层膜、折射透镜等的加工难度都极具挑战。

控制光学元件热变形也是一项挑战。采用液氮冷却技术可以将热变形控制在可接受的水平，但解决液氮冷却引起的振动问题又是另一项挑战。对于掠入射的大尺寸光学元件，液氮冷却还可能会引起光学元件的碳沉积，进而影响其光学性能。因此，对于大尺寸光学元件，可以采用水冷方式控制热变形，水流引起的振动问题可采用液态铟镓合金来隔绝。其中，对于分布较均匀的热载，可以采用水冷Smart-cut结构来抵抗热弯曲；对于分布不均匀但静态的热负载，则可根据热载分布设计相应的非均匀水冷结构控制热变形；而对于分布不均匀且动态变化的热负载，控制热变形仍是一项高难度的挑战：在镜子内部通水的冷却方式可以大幅降低热变形，但制造这种镜子的技术又限制了表面面形精度。目前，结合动态分布式加热的冷却方案可能是一种较好的解决方案。此外，波前的静态或动态补偿技术，在第四代光源中越来越受到重视，这些技术可以矫正由于光学元件加工、热变形或力学变形导致的波前畸变。主动变形镜的研究越来越多，其长期稳定性控制以及结合波前检测的快速自适应光学仍是需要解决的关键技术。

为了提高光学元件面形和姿态的稳定性，一方面需要提高环境的稳定性，另一方面也需要对光学元件进行热结构设计和高刚性设计。第四代光源亮度大幅提高，很多同步辐射实验需要光学元件的快速动态扫描。例如，快速吸收谱学需要单色器能够进行快速能量扫描，纳米探针扫描成像往往也需要光学聚焦元件进行横向快速扫描。在这些动态扫描过程中，稳定性控制变得尤为困难。近年来，基于高速电磁反馈的机电一体化技术取得了较好的动态稳定效果，获得了同步辐射领域的广泛关注。

9.2.2 实验技术及应用

9.2.2.1 谱学

在第三代同步辐射光源中，利用镜子、波带片和多层劳厄透镜等光学元件可以将光束聚焦至10nm的光斑，然而只有少量的X射线通量被利用。第四代光源拥有尺寸更小、发射度更低的光源点，这有利于使光束线更高效地利用X射线通量进行聚焦，因此可以在样品上获得比现有亮度高两到三个数量级的聚焦光斑。对于谱学技术来说，其空间分辨率取决于样品上的光斑大小。与第三代光源相比，在第四代光源上，需要充分利用X射线光通量的谱学技术可以将样品处的光斑从数十微米缩小至几微米。对于已经在第三代光源得到应用的具有纳米级光斑的谱学技术来说，单位面积内的光通量也将得到数倍提升。因此，光电子能谱、X射线吸收谱、X射线发射谱、共振非弹性X射线散射等诸多类型的谱学技术，在空间分辨率和数据采集效率等方面都有显著提升。这有利于在原位与工况条件下获得高品质的信号，并能进一步拓展相关实验技术的研究领域。

我们以角分辨光电子能谱（Angle-Resolved Photoemission Spectroscopy，ARPES）为例介绍第四代光源上谱学线站的性能提升。ARPES技术在量子材料的表征方面发挥着至关重要的作用[18]，通过测量能带，即电子态的能量与动量色散关系，揭示了量子材料的电、光、磁和热等方面的性质的根源。然而，第三代光源上，空间分辨率的不足限制了这一技术的广泛应用。在量子材料中，大量原子和电子的集体行为受到它们之间复杂和动态的多体相互作用的支配，导致了特定空间尺度和时间尺度上的电子态、磁性、微结构等呈现不均匀性。为了测量电子态的自旋自由度信息，空间分辨率需要小于具有自旋极化一致性的磁单畴的尺寸，才能更进一步理解电子的行为。精确测量不同区域的能谱可以揭示微观区域的不均匀性与宏观物理性质的关联。当光斑较大时，采样区域包括了多个组分，难以呈现局部的单一电子态特征。

在第三代光源上，利用菲涅耳波带片对极紫外同步辐射光进行聚焦可以获得120nm的光斑[19]，实现高空间分辨率的nano-ARPES实验技术。空间分辨率的提高对于理解原型器件的操作和量子材料的物性调控具有重要意义。图9-2是一个简单的示例。当在双层石墨烯上施加电压让电流通过时，不同位置的电子能带在能量方向上有明显差异，这对应于不同电势下的电子系统[20]。根据每一点上能带的相对能量差异，可以确定电流通过时石墨烯样品上不同位置的电势。这项研究表明，在原位操控材料的电子特性时，nano-ARPES为精准的高空间分辨率电子结构测量提供了必要的支持。利用场效应管构型的电荷掺杂、机械应力驱动电子结构的改变等原位的量子材料调控技术，nano-ARPES可以促进对一些基本问题的理解，如量子多体相互作用、多个物相的竞争与共存、各种量子态的集体激发性质等。

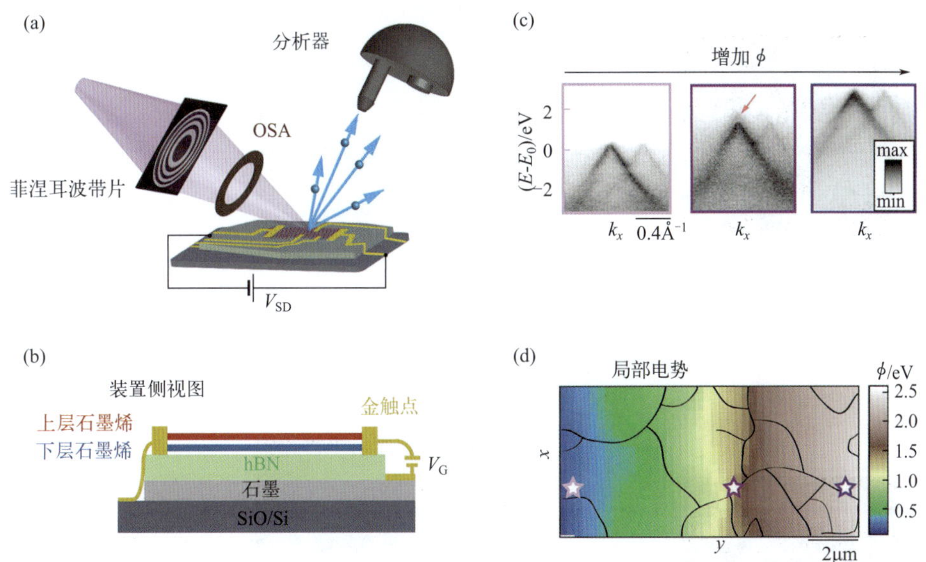

图9-2　利用nano-ARPES测量双层石墨烯异质结器件的示意图，光子经过菲涅耳波带片被聚焦到样品上，然后从样品上出射的光电子被探测器收集（a）；双层石墨烯异质结构集成在器件架构中的侧视示意图（b）；当电流通过时，不同位置的能带测量结果（c）；通过能带测量结果所确定的样品上不同位置的电势（d）[20]

第四代光源的高亮度和相干性将极大地提升空间分辨率和单位面积上的信号产额。举例来说，正在建设中的合肥先进光源的极紫外波段经过波带片聚焦之后，nano-ARPES实验样品上的光子数是当前第三代光源上的同类型实验站的7倍，这将大幅度提高数据的信噪比和实验效率。许多在第三代光源广泛应用的谱学实验技术也可以应用于第四代光源的线站，利用高亮度的聚焦X射线以及高空间分辨率的优势进行成分、价态、磁性和电子态的表征。结合二维逐点扫描的数据采集方式，为谱学测量增加了空间的维度，实现了“谱学”+“显微”的功能。第四代光源能够在前所未有的细节水平上探索小样品区域，在研究非均质体系和器件等方面具有显著优势，从而可以揭示多个量子自由度在微观尺度上的相互作用机制。

9.2.2.2　散射

在散射实验中，X射线的相干性差异会导致探测信号显著不同。图9-3展示了一束具有空间相干度ξ的X射线照射在一个无序排列的纳米球体系上所产生的散射信号。当该无序体系被非相干X射线照射时，其空间相干长度较小，散射产生的二维图案和一维散射信号的强度包含了少量与纳米球平均大小和形状相关的特征峰。而当X射线具有良好的相干性，其空间相干长度较大时，二维散射图案会出现许多斑点。这些斑点被称为散斑，是由于无序排列纳米球散射的光的波前之间的相互干涉所形成的，而这些斑点也对应于一维散射谱中的细小尖峰。因此，散斑图案既包含了与非相干X射线相同的形态信息，即物体的大小和形状，同时也编码了纳米球在空间中的相对位置。因此，利用散斑可以确定无序体系中的结构特征[21]。

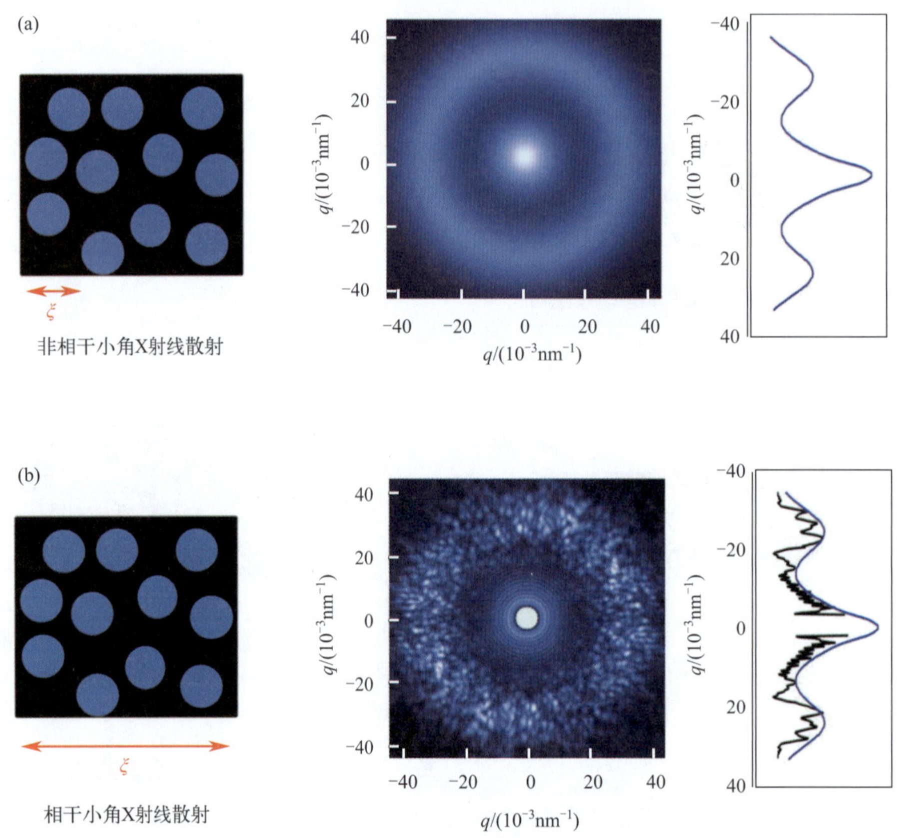

图 9-3　小角散射（Small Angle X-ray Scattering,SAXS）实验条件下，非相干 X 射线照射下无序纳米球体系的二维和一维散射图案（a）以及相干 X 射线照射下产生的二维和一维散射图案（b）[8]

在第三代光源上，由于X射线的相干性较低，散斑图案会被抑制，而散射信号形成的强度变化呈现平滑的弥散分布。然而，利用第四代光源所提供的具有空间相干性的X射线，散斑图案将得到保留，其强度分布可以反映样品的精确结构[22]。如果样品不是静态的，而是存在动态变化，那么散射图案也将发生相应的演化。基于相干X射线散射的X射线光子相关光谱学（X-ray Photon Correlation Spectroscopy，XPCS）可以利用归一化强度相关函数来分析一系列散斑图案随时间或外部变量（如磁场、电场或温度）的变化，从而提供有关样品微观动态行为的信息[23]。由于相干衍射所产生的对比度可以来自化学、磁性和结构的特征，因此XPCS能够揭示多种复杂现象的时间依赖性，包括复杂自组装、畴壁运动，以及磁性与电子态的涨落等[24-27]。图9-4展示利用XPCS技术在Cr中探测电荷/自旋密度波的量子涨落。散斑图案与磁畴构型密切相关，随着时间流逝，散斑的关联性逐渐衰减，这意味着磁畴构型发生了变化。在较低温度下可以看到，散斑关联性的时间依赖性不再随温度的变化而变化，这说明高温时磁畴壁的运动受到热效应的影响，而在较低温度下量子涨落的作用更显著。

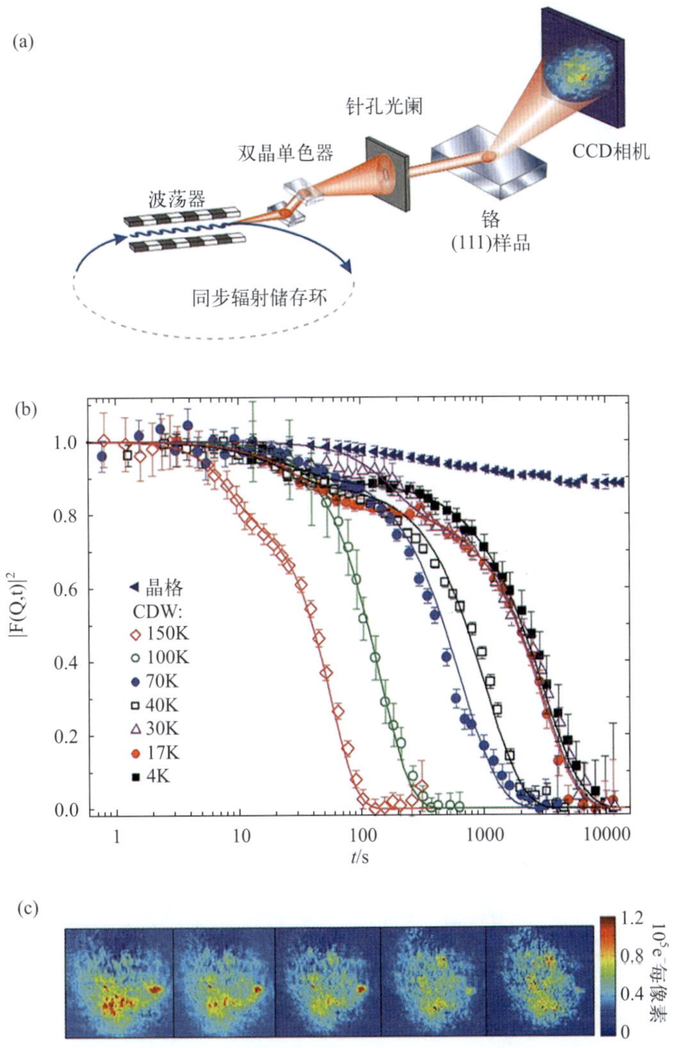

图9-4 在同步辐射装置上进行散斑实验的布局示意图（a）；散斑的强度相关性随温度和时间的变化（b）；在T=17K时一系列散斑图案（c），采集数据的时间间隔约为1000s[23]

相干X射线散射技术用于研究动力学现象时与泵浦-探测技术有所不同。在泵浦-探测技术中，被研究的物理过程会有选择性地受到外部的重复激励，而XPCS探测结果则展示了在没有外部激励的情况下物质体系的变化[28]。在实际应用中，XPCS测量的时间分辨率与相干X射线通量的平方成正比，而相干通量又与光源亮度的平方成正比。随着衍射极限储存环光源的升级，相干X射线通量可以提高近三个数量级，从而XPCS的时间分辨率可以提高五到六个数量级，从理论上讲，可以达到纳秒级分辨率。

9.2.2.3 成像

近年来，在同步辐射装置上，X射线成像技术的空间分辨率得到了显著提高。硬X射线波段的成像已经实现了优于30nm的三维空间分辨率，而软X射线波段的成像空间分辨率达到10nm的水平。利用同步辐射能量连续可调的优势，X射线成像技术能够与谱学研究手段相结合。当X射线能量连续改变时，样品中不同化学成分会产生对应的不同信号。因此，一系列在不同X射线能量下采集的成像数据相当于一系列具有纳米级空间分辨率的X射线吸收谱。多方面的光源优势和技术进步促使成像技术进一步发展，使其能够获取三维结构、化学成分与价态、动态过程等信息，从而拓展了X射线成像技术的应用范围。

X射线成像可分为三种类型：扫描显微镜、全场显微镜和相干衍射成像，如图9-5所示。在第三代光源上，成像技术以全场成像和扫描成像为主。前者类似于透镜放大的方式，利用X射线光学元件放大样品的结构，并在探测器上成像。这种方法最主要的光学元件是波带片，波带片的最外环宽度决定了这种放大成像方法的空间分辨率。扫描成像是利用聚焦元件将X射线聚焦成小的焦斑，然后通过逐点扫描方式获得样品的二维信息，其空间分辨率极限对应于聚焦光斑的尺寸。

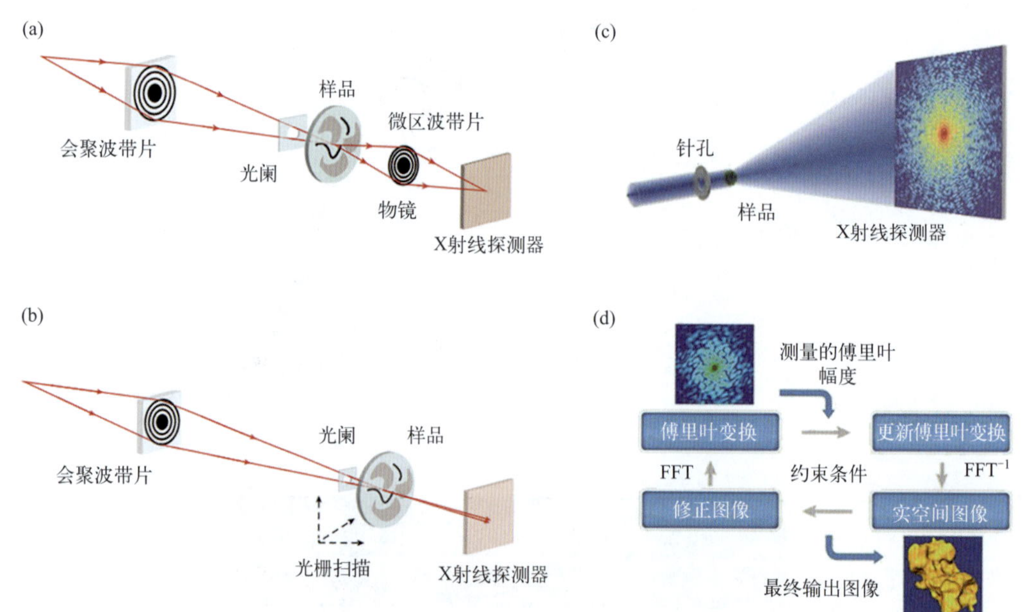

图9-5 全场透射X射线显微镜示意图（a）；扫描透射X射线显微镜示意图（b）；相干衍射成像示意图（c）；相位恢复算法在实空间和倒空间之间进行迭代（d）[14,30]

在第四代光源上，显著提升的光源相干性非常有利于促进相干衍射成像技术的发展[29-31]。相干衍射成像技术与前面提到的两种成像类型不同，并不直接形成图像，而是利用相干光照射样品，通过探测器收集样品的远场散射信号。X射线和样品相互作用产生的衍射信号携带着与样品的电子密度与晶格结构相关的信息。虽然探测器只能记录衍射强度而丢失相位信息，当入射X射线具有足够的空间相干性，可以利用衍射信号进行相位恢复。借助于空间相干性优良且准直性好的第四代同步辐射光源，根据散射信号与样品的傅里叶变换具有对应关系，结合相位恢复迭代算法和求解逆问题，相干衍射成像技术可重建样品内部的电子密度与结构信息[32]。该类成像技术的图像分辨率不依赖于聚焦光束的大小，从而克服了X射线光学元件对分辨率的限制，实际的分辨率最终由相干X射线通量、波长和样品稳定性决定。相干衍射成像技术可以获得有关成分、化学价态、磁性和晶格应变等信息，在表面与界面、无序材料以及异质材料等复杂系统中具有重要应用价值[33-34]。

由于与现有的扫描透射X射线显微镜的配置非常类似，Ptychography是相干衍射成像的多个技术方案中比较易于实施的一种。如图9-6（a）所示，通过在样品上扫描聚焦光束并收集一系列相干衍射图案，逐点扫描时存在重叠区域，这种过采样带来的额外冗余非常有利于图像重建[35]。在图9-6（a）的示例中，利用与Gd元素的M5吸收边匹配的光子能量，可以从衍射图案中重建出Gd/Fe多层薄膜中的磁畴结构。与现有的扫描透射X射线显微成像技术相比，Ptychography具有更高的空间分辨率。Ptychography可以生成二维图像，在二维过采样

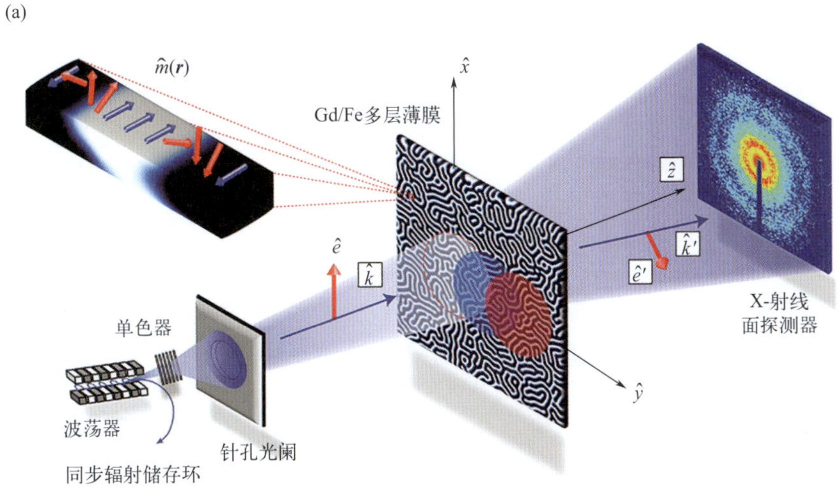

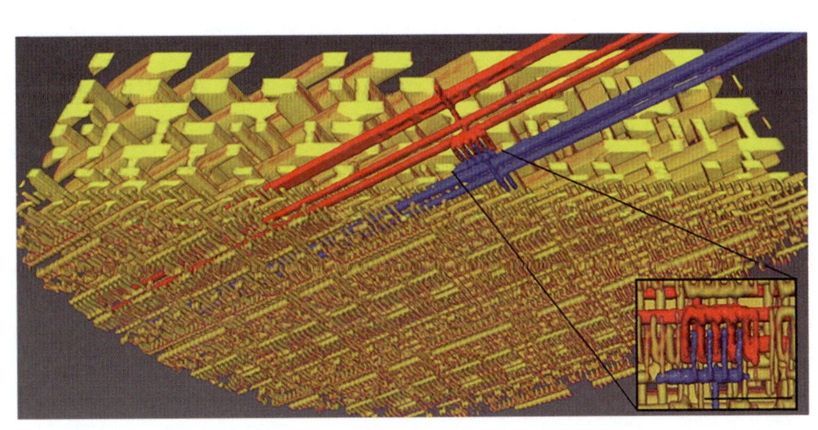

图9-6 利用Ptychography技术测量Gd/Fe多层薄膜中磁畴结构的示意图（a）；利用相干衍射成像技术获得的集成电路三维精细结构图像（b）[35-36]

第9章

扫描与样品旋转的基础上，可以实现Ptychography与X射线CT技术的融合，从而实现三维成像。例如，图9-6（b）展示了一个集成电路的三维重构图像，其分辨率达到14.6nm[36]。这意味着可以利用Ptychography对集成电路进行快速和非破坏性成像，解决芯片检测的问题，以及在芯片故障分析和生产工艺优化中得到应用。

9.2.3 实验技术的挑战

第四代同步辐射光源带来技术优势的同时，线站的设计也应充分考虑如何利用这些优势，并解决与这些优势相伴生的新问题[37]。线站的设计方面，在第三代光源的设计思路基础上，应进一步针对第四代光源的特点进行优化和改进。特别是在原位和工况研究方面，充分利用第四代光源的优势需要新的样品环境设计，复现实际的工艺条件，从而确保观察到真实的机制和动力学行为[38-39]。

保持相干性和聚焦光斑的稳定性是保障实验顺利进行的基础。第四代光源的谱学、成像与散射实验技术对光学元件、样品台和探测器的定位稳定性提出了更高的要求，因此机械稳定性成为关键指标。例如，利用软X射线进行相干衍射成像的实验站需要将样品与光斑的相对不稳定性控制在2nm以下。线站设计对这方面问题应充分考虑，并评估是否需要搭建棚屋以进一步抑制环境温度和气流扰动对机械稳定性的影响。此外，在实验过程中需要持续监测和修正样品台在变温过程中由热胀冷缩引起的样品位置变化。由于高亮度X射线会导致光学元件的热变形，还需考虑是否采用特殊的插入件降低热负载。如正在北京建设的高能同步辐射光源（High Energy Photon Source，HEPS）项目中，ARPES线站采用apple-knot型插入件降低光学元件上的热负载，从而提高光束的稳定性[40]。

考虑到聚焦光斑的高光通量，必须减轻由光束高功率密度引起的样品结构和化学变化的影响。已经证实，许多材料对强X射线光束非常敏感，这在软物质和生命科学研究中尤为突出。因为这些材料的特性通常与分子尺度的结构密切相关，而光电子引起的化学键变化会显著改变分子尺度的结构。因此，在设计上需要考虑具体问题，例如限制曝光时间或剂量、降低样品温度，以及实施自动化系统实现快速样品切换和高效数据采集等。这些措施将有助于减轻光束高功率密度对样品的影响，并提高实验的可靠性和准确性。

显微与谱学技术的融合将显著增加实验产出的数据量，给数据采集和分析技术带来了挑战。为应对快速增长的数据量，相关技术正在不断发展，并更有针对性地提供精准的数据和初步分析结果，从而提高实验效率，并提升成果的数量和质量[41]。因此，线站设计将充分利用正在进行的仪器和方法的发展，从光学设计、探测器、设备联动，以及数据处理与分析等方面系统地提高实验站的性能。此外，自动化在样品测量中也起着重要的作用，将显著提高同步辐射的机时利用效率。

9.3 展望

目前，科学和工程领域的研究已经进入一个新的时代。科学家们迫切需要在各种空间尺度和时间尺度上加深对复杂材料和物理/化学过程的理解，超越对平衡现象的探索，跳出以理想化材料和模型为基础的体系。为了实现这些目标，需要借助衍射极限储存环光源的高相干性和高亮度，以发现新的物理和化学性质、新的结构和功能等，从而推动科学与技术的前沿。然而，要实现这一切，仍然需要进一步发展实验技术，并在束线光学、样品制备、样品环境、探测技术以及数据管理和分析等多个方面进行综合完善，以发挥第四代同步辐射光源的全部潜能。

参考文献

[1] Als-Nielsen J, Morrow D. 现代 X 光物理原理 . 封东来译 . 上海 : 复旦大学出版社，2015.

[2] 麦振洪 , 等 . 同步辐射光源及其应用 (上下两册). 北京 : 科学出版社 , 2013.

[3] Mobilio S, Boscherini F, Meneghini C. Synchrotron radiation:Basics, methods and applications. Springer, 2015.

[4] Beaurepaire E, Bulou H, Joly L, et al. Magnetism and synchrotron radiation: Towards the fourth generation light sources, Springer, 2013.

[5] Eberhardt W. Synchrotron radiation: A continuing revolution in X-ray science-diffraction limited storage rings and beyond. J. Electron Spectrosc., 2015, 200: 31-39.

[6] Eriksson M, van der Veen J F, Quitmann C. Diffraction-limited storage rings—a window to the science of tomorrow. J. Synchrotron Radiat., 2014, 21: 837-842.

[7] 郜仁忠 . X 射线物理学 . 物理 , 2021, 50(8): 501-511.

[8] Mino L, Borfecchia E, Segura-Ruiz J, et al. Materials characterization by synchrotron X-ray microprobes and nanoprobes. Rev. Mod. Phys., 2018, 90(2): 025007.

[9] Cramer S P. X-Ray spectroscopy with synchrotron radiation fundamentals and applications. Springer, 2020.

[10] Stangl J, Mocuta C, Chamard V, et al. Nanobeam X-ray scattering: Probing matter at the nanoscale. Wiley-VCH, 2013.

[11] Hashimoto T. Principles and applications of X-ray, light and neutron scattering. Springer, 2020.

[12] Jeffries C M, Ilavsky J, Martel A, et al. Small-angle X-ray and neutron scattering. Nat. Rev. Method Prime, 2021;1(1): 70.

[13] Withers P J, Bouman C, Carmignato S, et al. X-ray computed tomography. Nat. Rev. Method Prime, 2021, 1(1): 18.

[14] Ou X, Chen X, Xu X, et al. Recent development in X-ray imaging technology: Future and challenges. Research, 2022, 2022(1): 380-397.

[15] 袁清习 , 邓彪 , 关勇 , 等 . 同步辐射纳米成像技术的发展与应用 . 物理 , 2019, 48(4): 205-218.

[16] Lou S, Sun N, Zhang F, et al. Tracking battery dynamics by operando synchrotron X-ray imaging: Operation from liquid electrolytes to solid-state electrolytes. Accounts Mater. Res., 2021, 2(12): 1177-1189.

[17] Hitchcock A P, Toney M F. Spectromicroscopy and coherent diffraction imaging: focus on energy materials applications. J Synchrotron Radiat, 2014, 21: 1019-1030.

[18] Sobota J A, He Y, Shen Z. Angle-resolved photoemission studies of quantum materials. Rev. Mod. Phys., 2021, 93(2): 025006.

[19] Rotenberg E, Bostwick A. MicroARPES and nanoARPES at diffraction-limited light sources: opportunities and performance gains. J. Synchrotron Radiat., 2014, 21: 1048-1056.

[20] Majchrzak P, Muzzio R, Jones A J H, et al. In operando angle-resolved photoemission spectroscopy with nanoscale spatial resolution: Spatial mapping of the electronic structure of twisted bilayer graphene. Small Sci., 2021,1(6): 2000075.

[21] Sutton M, Mochrie S G J, Greytak T, et al. Observation of speckle by diffraction with coherent X-rays. Nature, 1991, 352(6336): 608-610.

[22] Shpyrko O G. X-ray photon correlation spectroscopy. J. Synchrotron Radiat, 2014, 21: 1057-1064.

[23] Shpyrko O G, Isaacs E D, Logan J M, et al. Direct measurement of antiferromagnetic domain fluctuations. Nature, 2007, 447(7140): 68-71.

[24] Ju G, Xu D, Highland M, et al. Coherent X-ray spectroscopy reveals the persistence of island arrangements during layer-by-layer growth. Nat. Phys., 2019, 15(6): 589-594.

[25] Leheny R L. XPCS: Nanoscale motion and rheology. Curr Opin Colloid In, 2012, 17(1): 3-12.

[26] Leitner M, Sepiol B, Stadler L M, et al. Atomic diffusion studied with coherent X-rays. Nat. Mater., 2009, 8(9): 717-720.

[27] Sandy A R, Zhang Q, Lurio L B. Hard X-ray photon correlation spectroscopy methods for materials studies. Annual Review of Materials Research, 2018, 48: 167-190.

[28] Zhang Q, Dufresne E M, Sandy A R. Dynamics in hard condensed matter probed by X-ray photon correlation spectroscopy: Present and beyond. Curr. Opin. Solid. St. M., 2018, 22(5), 202-212.

[29] 范家东 , 江怀东 . 相干 X 射线衍射成像技术及在材料学和生物学中的应用 . 物理学报 , 2012, 61(21): 218702.

[30] Miao J, Ishikawa T, Robinson I K, et al. Beyond crystallography: Diffractive imaging using coherent X-ray light sources. Science, 2015, 348(6234): 530-535.

[31] Rau C. Imaging with coherent synchrotron radiation: X-ray imaging and coherence beamline (I13) at diamond light source. Synchrotron Radiation News, 2017, 30(5): 19-25.

[32] Lo Y, Zhao L, Gallagher-Jones M, et al. In situ coherent diffractive imaging. Nat. Commun., 2018,9: 1826.

[33] Prosekov P A, Nosik V L, Blagov A E. Methods of coherent X-ray diffraction imaging. Crystallogr Reports, 2021, 66(6): 867-882.

[34] Pfeiffer F. X-ray ptychography. Nat. Photonics, 2018, 12(1): 9-17.

[35] Tripathi A, Mohanty J, Dietze S H, et al. Dichroic coherent diffractive imaging. P. Natl. Acad. Sci. USA, 2011, 108(33): 13393-13398.

[36] Holler M, Guizar-Sicairos M, Tsai E H R, et al. High-resolution non-destructive three-dimensional imaging of integrated circuits. Nature, 2017, 543(7645): 402-406.

[37] Carbone D, Kalbfleisch S, Johansson U, et al. Design and performance of a dedicated coherent X-ray scanning diffraction instrument at beamline Nano MAX of MAX Ⅵ . J. Synchrotron Radiat., 2022, 29: 876-887.

[38] Arul K T, Chang H, Shiu H W, et al. A review of energy materials studied by in situ/operando synchrotron x-ray spectro-microscopy. J. Phys. D. Appl. Phys., 2021, 54(34): 343001.

[39] Varsha M V, Nageswaran G. Operando X-ray spectroscopic techniques: A focus on hydrogen and oxygen evolution reactions. Front Chem., 2020, 8: 23.

[40] Yang Y, Li X, Lu H. A practical design and field errors analysis of a merged APPLE-Knot undulator for high energy photon source. Nucl. Instrum. Meth. A, 2021, 1011: 165579.

[41] Li J, Huang X, Pianetta P, et al. Machine-and-data intelligence for synchrotron science. Nat. Rev. Phys., 2021, 3(12): 766-768.

作者简介

孙喆，中国科学技术大学教授、博导。分别于1998年和2001年在中国科学技术大学获得物理学学士和硕士学位，2006年在University of Colorado at Boulder获得博士学位，并随后在物理系从事博士后研究工作，2011年被聘为中国科学技术大学教授，长期从事角分辨光电子能谱和固体材料电子结构的研究。主要研究方向是超导材料、复杂氧化物材料以及各种新型量子材料的电子结构与物理机理的研究，探索多自由度之间的相互竞争与合作。在*Nature Physics*，*PNAS*，*PRL*，*Advanced Materials*等期刊发表SCI论文100余篇。